"十三五"国家重点出版物出版规划项目

现代机械工程系列精品教材

普通高等教育"十一五"国家级规划教材

北京高等教育精品教材

机械设计综合课程设计

第 3 版

主　编　王之栎　王大康

参　编　高　志　李　威　马　纲

　　　　李　艳　刘　莹

主　审　卢颂峰　吴瑞祥

机 械 工 业 出 版 社

本书按照教育部高等教育教学内容和课程体系改革精神，从机械设计系列课程体系改革建设的总体需求出发，为突出和加强学生的综合设计能力和创新能力培养，总结长期相关课程的教改经验而编撰。本书为普通高等教育"十一五"国家级规划教材、北京高等教育精品教材，并被列为"十三五"国家重点出版物出版规划项目——现代机械工程系列精品教材。

作为"机械设计课程设计"的主要教学用书，本书整合了机械原理和机械设计课程设计的内容，注重总体设计和结构设计相结合，培养学生发现问题、分析问题和解决问题的综合设计能力。全书分为三部分。第一部分为机械设计综合课程设计指导，第二部分为机械设计常用标准规范和参考图例，第三部分为设计任务书。本书各部分的选材注意兼顾不同专业、不同学时和不同课程设置要求的教学需求，可用于机械原理课程设计和机械设计课程设计整合后的课程设计教学，也可用于独立安排的课程设计教学。

本书适用于高等工科院校机械类和近机械类各专业，也可供机械工程师参考。

图书在版编目（CIP）数据

机械设计综合课程设计/王之栎，王大康主编. —3 版. —北京：机械工业出版社，2019.6（2024.6 重印）

"十三五"国家重点出版物出版规划项目　现代机械工程系列精品教材
普通高等教育"十一五"国家级规划教材　北京高等教育精品教材

ISBN 978-7-111-62210-9

Ⅰ. ①机…　Ⅱ. ①王…　②王…　Ⅲ. ①机械设计-课程设计-高等学校-教材　Ⅳ. ①TH122-41

中国版本图书馆 CIP 数据核字（2019）第 044382 号

机械工业出版社（北京市百万庄大街 22 号　邮政编码 100037）
策划编辑：刘小慧　责任编辑：刘小慧　朱琳琳　赵亚敏
责任校对：张　薇　封面设计：张　静
责任印制：常天培
北京铭成印刷有限公司印刷
2024 年 6 月第 3 版第 9 次印刷
184mm×260mm · 17 印张 · 418 千字
标准书号：ISBN 978-7-111-62210-9
定价：45.00 元

电话服务　　　　　　　　　网络服务
客服电话：010-88361066　　机　工　官　网：www.cmpbook.com
　　　　　010-88379833　　机　工　官　博：weibo.com/cmp1952
　　　　　010-68326294　　金　书　网：www.golden-book.com
封底无防伪标均为盗版　　机工教育服务网：www.cmpedu.com

第 3 版前言

本书第 1 版按照教育部组织实施的"高等教育面向 21 世纪教学内容和课程体系改革计划"精神，从机械设计系列课程体系改革总体需求出发，为突出和加强学生综合设计能力和创新能力培养，在总结多年教改实践经验的基础上编写，并于 2003 年出版发行。2007 年本书第 2 版出版发行。本书先后被评为北京高等教育精品教材和普通高等教育"十一五"国家级规划教材，2017 年列入"十三五"国家重点出版物出版规划项目——现代机械工程系列精品教材。

本次再版继续贯彻强化学生综合设计能力的教学目标和总体设计与设计主线意识，以加强学生总体设计能力和机械设计系统分析设计能力的培养，兼顾不同学时和不同专业的教学需求，鼓励学生应用现代设计手段完成任务分析和设计。这次修订，在保留原书基本框架的基础上，对全书进行了重新编撰，增加了部分结构的三维表达，并根据现行标准对书中所涉及的内容进行了更新，对文字进行了部分修改，充实了设计任务。鉴于网络信息技术的普及现状，本书不再附带光盘。

为适应新时代新形态教育教学需求，贯彻"科教兴国""人才强国"和"创新驱动发展"战略，本书在绪论中增加了机械系统设计的背景介绍，联系机械系统设计的成功实例，以加深读者对机械系统设计综合性特征的了解，使其对机械设计具体内容与大机械系统的联系、重要性和不可替代性有更深刻的认知，进一步激发学生精益求精、为科技强国做贡献的情怀。

本次仍由王之栎、王大康担任主编，高志、李威、马纲、李艳、刘莹参加修订。王之栎负责全书文字和标准的修订和统稿。原书主要作者和多位同行提出了许多宝贵的意见和建议，北京航空航天大学的刘晓玉、刘立坤、包振男提供了部分插图，吴浩宇参与了视频拍摄制作工作。机械工业出版社及本书责编刘小慧，从本书的首版开始一直对本书的策划、编辑和出版提供了很多帮助。

诚借本书再版之机，对为本书的编写、修订和出版做出贡献的各位同仁，表示衷心的感谢。

限于作者水平，书中如有不妥之处，恳请广大读者提出宝贵意见和建议。

编　者

于北京

第 2 版前言

本书第 1 版于 2003 年按照教育部组织实施的"高等教育面向 21 世纪教学内容和课程体系改革计划"精神，从机械设计系列课程体系改革总体需求出发，为突出和加强学生综合设计能力和创新能力培养，总结多年相关课程教学改革经验编写出版。本书由首批北京市高等教育精品教材（重点）立项支持，出版后通过评审获"北京高等教育精品教材"称号，2006 年获国家教育部普通高等教育"十一五"国家级规划教材立项支持。

本书的编写指导思想是：

1）强调机械设计中总体设计能力的培养，将原机械原理课程设计和机械设计课程设计的内容整合为一个新的综合课程设计体系，将学生在机械设计系列课程中所学的有关机构原理方案设计，运动和动力学分析，机械零部件设计理论、方法、结构及工艺设计等内容有机地结合起来，进行综合设计实践训练，使课程设计与机械设计工程实际的联系更为紧密。

2）加强学生对机械系统创新设计能力的培养，增加了机械总体构思和创新设计等内容，对学生的总体方案设计内容和质量要求有所加强，以利于增强学生的总体设计与创新能力培养和竞争意识。

3）兼顾不同专业、不同学时的教学要求。本书的基本内容和设计资料，在保留传统选材精华的基础上，增加了具有创新特点和不同难度的设计题目。其选题范围广泛，既可用于不同专业的机械设计综合课程设计，也可用于独立安排的机械原理或机械设计的课程设计。

4）提倡学生使用现代化设计手段。本书所附光盘内装 AutoCAD 环境下运行的计算机辅助设计平台，有利于强化学生的综合素质培养和训练。

全书分为四个部分：第一部分为机械设计综合课程设计指导，包括绪论、机械装置总体设计、传动装置的结构设计、装配和零件图样设计、编写设计计算说明书和准备答辩；第二部分为设计资料，内容为与机械设计相关的标准、规范和参考图例；第三部分为设计任务书；第四部分以光盘形式提供，内容包括部分设计任务书，电子版设计指导和机械 CAD 平台等。根据截止到 2006 年发布的国家标准，对书中相关内容及引用的国家标准做了相应修改和调整，对部分设计任务提供的技术数据和光盘内容做了增补和充实。

参加本书编写的有北京航空航天大学王之栎，北京工业大学王大康，清华大学高志、刘莹，北京科技大学李威，北京理工大学杨梦辰，北京航空航天大学陈心颐、马纲，北京印刷学院李艳。北京机械工程学院王科社，北京航空航天大学郭卫东、李建平为本书提供了部分图、表和资料。全书由王之栎统稿并与王大康担任主编。

本书由清华大学卢颂峰教授和北京航空航天大学吴瑞祥教授担任主审，他们对本书提出了许多宝贵的修改意见和建议，对提高本书质量起到很大作用。

诚借本书出版之机，对为本书编写和出版提供了各种帮助的各位同行表示衷心的感谢。

限于作者水平，书中如有不妥之处，恳请广大读者提出宝贵意见。

编　者

第1版前言

《机械设计综合课程设计》是按照教育部组织实施的"高等教育面向21世纪教学内容和课程体系改革计划"精神，从机械设计系列课程体系改革的总体目标出发，为突出和加强培养学生的综合设计能力和创新能力，总结近年来相关课程教学改革经验而编写的。

本书的编写指导思想是：

1）强调机械设计中总体设计能力的培养，将原机械原理课程设计和机械设计课程设计的内容整合为一个新的综合课程设计体系，将学生在机械设计系列课程中所学的有关机构原理方案设计，运动和动力学分析，机械零部件设计理论、方法，结构及工艺设计等内容有机地结合起来，进行综合设计实践训练，使课程设计与机械设计实际的联系更为紧密。

2）加强学生对机械系统创新设计能力的培养，增加了机械构思设计和创新设计等内容，对学生的方案设计内容和要求有所加强，以利于增强学生的创新能力和竞争意识。

3）兼顾不同专业、不同学时的教学要求。本书的基本内容和设计资料，在保留传统选材精华的基础上，增加了具有创新特点和不同难度的设计题目。其选题范围广泛，既可用于不同专业的机械设计综合课程设计，也可用于分开进行的机械原理或机械设计的课程设计。

4）提倡学生使用现代化设计手段。本书所附光盘内装 AutoCAD 环境下运行的计算机辅助设计平台，有利于提高学生的综合素质。

全书分为四个部分：第一部分为机械设计综合课程设计指导，包括绪论、机械装置总体设计、传动装置的结构设计、装配图样和零件图样设计、编写设计计算说明书和准备答辩；第二部分为设计资料，内容包括机械设计相关标准、规范和参考图例；第三部分为设计任务书；第四部分以光盘形式提供，内容包括部分设计任务书、电子版设计指导和机械 CAD 平台等。

参加本书编写的有北京航空航天大学王之栎，北京工业大学王大康，清华大学高志、刘莹，北京科技大学李威，北京理工大学杨梦辰，北京航空航天大学陈心颐、马纲，北京印刷学院李艳。北京机械工程学院王科社，北京航空航天大学郭卫东、李建平为本书提供了部分图、表和资料。全书由王之栎统稿并和王大康共同担任主编。

全书由清华大学卢颂峰教授担任主审，他对本书提出了许多宝贵的修改意见和建议，对提高本书质量起到很大作用。

借本书出版之机，对为本书提供了各种指导和帮助的各位同行表示衷心的感谢。

由于作者水平所限，书中如有不妥之处，恳请广大读者提出宝贵意见。

编　者

目 录

第一部分　机械设计综合课程设计指导

第二部分　机械设计常用标准规范和参考图例

第三部分　设计任务书

机械设计综合课程设计指导

第一章 绪 论

第一节 机械设计综合课程设计的目的、内容和一般步骤

机械设计综合课程设计是针对机械设计系列课程的要求，涵盖机械原理课程设计和机械设计课程设计的内容，是继机械原理与机械设计系列理论课程后的一门理论与实践紧密结合、培养工科学生机械工程设计与综合能力的设计实践性课程。

课程内容主要涉及机械设计、机械原理、机械制图、机械制造基础、材料学、力学等基础知识。教学内容围绕设计任务展开，主要包括：针对机械工程中常用传动装置和执行机构的分析选型，零部件运动学、动力学和结构的分析计算与设计，绘制机械系统图、部件装配图和零件图，编写设计计算说明书等。

一、课程设计的目的

课程设计的目的主要体现在三个方面：

1）培养学生综合运用所学的理论知识与实践技能，树立正确的设计思想，掌握机械设计的一般方法和规律，提高机械设计能力。

2）通过设计实践，熟悉设计过程，学会准确使用资料、设计计算、分析设计结果及绘制图样，在机械设计基本技能的运用上得到训练。

3）在教学过程中，为学生提供一个较为充分的设计空间，使其在巩固所学知识的同时，强化创新意识，让学生在设计实践中深刻领会机械工程设计的内涵，提高其发现问题、分析问题和解决问题的能力。

二、课程设计的内容和一般步骤

1. 设计内容

课程设计一般以简单机械装置或系统作为设计对象，如图1-1、图1-2分别为带式运输机和搓丝机简图。设计任务中可只给出工作机的原始运动、动力参数和工作要求（图1-1a、图1-2a）；也可给出该机械装置的布置图（图1-1b、图1-2b）或系统简图（图1-1c、图1-2c），作为设计参考。

设计内容主要包括：设计任务分析；总体方案论证，绘制总体系统图；选择原动机，确定传动装置和执行机构的类型，分配传动比；计算各设计零部件的运动和动力参数，如各轴的受力、转矩、转速、功率等；设计传动件、轴系零件、箱体、机构构件和为保证机械装置正常运转

所必需的附件，绘制装配图样和零件图样；整理和编写设计计算说明书；考核和答辩等。

课程设计应完成的作业有：

1）机械系统总体方案图 1 张。

2）传动装置装配图 1 张。

3）零件图 2～3 张。

4）设计计算说明书 1 份。

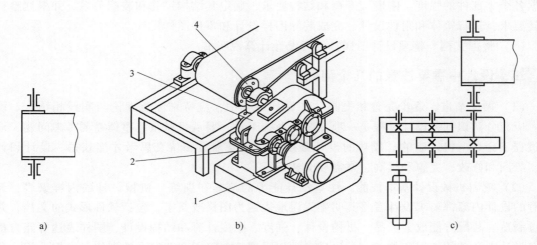

图 1-1　带式运输机简图

1—电动机　2—联轴器　3—减速器　4—驱动滚筒

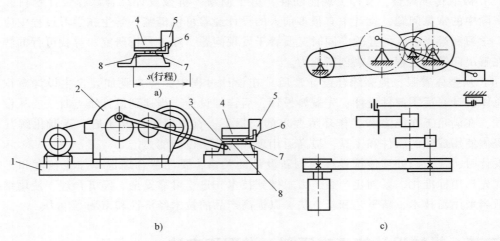

图 1-2　搓丝机简图

1—床身　2—传动系统　3—滑块　4—机头　5—送料装置

6—上搓丝板　7—工件　8—下搓丝板

2. 设计步骤

（1）设计准备　首先应明确设计任务、设计要求及其工作条件，针对设计任务和要求进行分析调研，查阅有关资料，有条件的可参观有相似机械装置的现场或实物。

（2）方案设计　根据分析调研结果，选择原动机、传动装置和执行机构及它们之间的连接方式，拟订若干可行的总体设计方案。

（3）总体设计　对所拟订的设计方案进行必要的计算，如总传动比和各级传动比、各轴的受力、转矩、转速、功率等，并对执行机构和传动机构进行初步设计和分析比较，择优确定一个正确合理的设计方案，绘制传动装置和执行机构的总体方案简图。

（4）结构设计　针对整机或某一部件，如部分传动装置或执行机构等，进行详细设计，根据各个零部件的强度、刚度、寿命和结构要求，确定其结构尺寸和装配关系，并根据整机运转要求，进行箱体和附件设计，完成装配图样设计和零件图样设计。

（5）整理文档　整理设计图样，编写设计计算说明书。

三、设计中需要注意的几个问题

（1）循序渐进，逐步完善和提高　在设计过程中，应特别注意理论与实践相结合。设计者应充分认识到，设计过程是一项复杂的系统工程，要从机械系统整体需要考虑问题，设计过程不会是一帆风顺的，成功的设计必须经过反复推敲和认真思考才能获得。设计和计算、绘图和修改、完善和提高，常需要交替进行。

（2）巩固机械设计基本技能，注重设计能力的培养和训练　机械设计的内容繁多，而所有的设计内容都要求设计者将其明确无误地表达为图样或文字，包括软件形式的文档，并经过制造、装配方能成为产品。机构设计，强度、刚度计算和结构设计，图样表达等能力都是在设计中必备的知识和技能。学生应自觉加强理论与工程实践结合的训练，掌握认识、分析、解决问题的基本方法，提高综合设计能力。

（3）汲取传统经验，发挥主观能动性，勇于创新　机械设计综合课程设计题目多选自工程实际中的常见问题，设计中有很多前人的设计经验可供借鉴。学生在学习过程中应注意了解、学习和继承前人的经验，同时又要善于发现问题，经过分析研究，寻找可行的解决方案，在解决问题的过程中提高创新能力。

（4）从整体着眼，提高综合设计素质　在设计过程中，应自觉加强自主设计意识，注意先总体设计，后零部件设计；先概要设计，后详细设计。当遇到设计难点时，要从设计目标出发，在满足工作能力和工作环境要求的前提下，首先解决主要矛盾，逐渐化解其他矛盾；提倡使用成熟的软件和工具，提高运用现代设计手段的能力。

设计时，要正确处理传统设计与创新设计的关系，要注意合理选择加工精度和工艺方法，优先选用标准化、系列化产品，力求做到技术先进、可靠安全、经济合理、使用维护方便。适当采用新技术、新工艺和新方法，以提高产品的技术经济性和市场竞争力。

第二节　机械设计的基本原则、过程和方法

一、机械设计的基本原则

机械的设计、生产和使用水平是工业技术水平及其现代化程度的标志之一。现代机械产品常具有机电一体化特征，而设计是决定产品技术经济性能的重要环节。

机械产品的成本、生产周期、产品质量、技术经济性能、工作性能及其安全性和可靠性

等指标，在很大程度上是由设计阶段决定的。统计表明，50%的质量事故是设计失误造成的，60%~70%的产品成本取决于设计本身，因此机械设计在产品的全生命周期中起着十分重要的作用。

机械设计应遵循以下基本原则：

（1）创新原则 设计是对人们为达到某种目的所做的创造性工作的描述，因而创新是设计的主要特征。现代机械设计，首先应是创新的设计，其特点常表现为理论和实践经验与直觉的结合。现代设计的综合性内涵已越来越突出地显现于产品的设计之中，产品的系统性、多标的、短周期、多品种的设计要求，使多领域跨学科交叉协同设计更为普遍，这虽然使设计的复杂性增加，但也给产品创新提供了更好的机遇。新的构思和创新设计，常使产品更具有生命力。

（2）安全原则 产品能安全可靠地工作是对设计的基本要求。设计中，为了保证机械装备的安全运行，必须在结构设计、材料性能、零部件强度和刚度、摩擦学性能、运动学和动力学性能及其可靠性和稳定性等方面依据相应的设计理论，按照相关的设计标准来完成设计。产品的安全性通常是指在某种工况条件及可靠度水平上的安全性，是设计中必须满足的指标。

（3）技术经济原则 产品的技术经济性常用产品本身的技术含量与价格成本之比来衡量，产品技术含量越高、价格成本越低，其技术经济性越好。由于市场竞争激烈，现代工业产品的设计周期、技术指标将直接影响产品的成本消耗和经济效益。设计对技术经济指标的影响，必须引起设计者的充分重视。

（4）工艺性原则 产品完成图样设计后，进入生产或试生产阶段，产品零部件的加工和装配工艺设计，是设计者在设计过程中要解决的问题之一。设计时应力求使零部件的结构工艺性合理，生产过程最简单，周期最短，成本最低。除传统机械加工外，现代工艺技术的发展为我们提供了多种先进的制造加工手段，如高精度组合加工、光加工和电加工等。合理的设计可以使产品的加工、装配易于实现，同时又具有良好的经济性。

（5）维护性原则 产品经流通领域到达最终用户后，其实用性、维护性就显得十分重要。平均无故障时间、最大检修时间通常是用户的基本维护指标，而这些指标显然取决于设计过程。良好的维护性和实用性，可以使产品较好地适应使用环境和生产节奏，在高效工作的同时，节省维护费用。事实上，产品的维护性好、可靠性高，可以更充分地发挥其潜在的社会效益和经济效益。

二、机械设计的基本过程

机械产品设计的过程是：经过产品的市场调查和需求分析，生产条件和成本效益分析，完成总体设计报告，经过评价审定程序，确定实施方案，再进行详细设计。

在产品的设计过程中，应认真做好以下工作：

1）通过分析设计任务要求，找出设计关键技术问题。

2）确定针对技术难点的解决方法及技术路线。

3）根据功能结构分析，确定机械总体方案。

4）进行设计方案评审，根据评价结果完善方案，最终形成设计实施方案。

5）进行详细设计，完成设计任务。

　　总体设计报告，应包括原理方案设计和结构方案的初步设计。设计者要针对设计任务要求进行全面分析，通过比较选择，确定总体方案，形成总体设计报告，并进行评审。在实施方案确定以后，还要进行详细的设计计算和结构设计，并用设计计算说明书和规定的图样来表达设计结果，然后交付制造。最终形成的设计文件要详尽，且包括工艺要求和维护要求等技术内容。

三、机械设计常用理论与方法

　　设计工作应充分体现设计目标的社会性、设计方案的多样性、工程设计的综合性、设计条件的约束性、设计过程的完整性、设计结果的创新性和设计手段的先进性。对于大机械系统或装备而言，其机械部分通常是整机质量的关键，承载着众多功能的实现。无论是我国高校在 20 世纪 50 年代自行设计生产制造的"北京 1 号"客运飞机，还是现代有人或无人驾驶飞行平台，飞机的心脏——航空发动机，或高铁车厢与轨道

北京 1 号运输机

间的轮轴系统等，其中无不涉及机械零部件的精巧设计。调整飞行轨迹的舵面、飞机滑跑支承的起落架收放、航空发动机中的主轴轴系支承和提供全机动力的齿轮传动，高铁车轮中高速转动的承载轴承，都是保证这些机械装备正常工作必不可少的关键零部件，而这些零部件的质量更是以设计人员的高素质、生产过程的高质量和设计理论方法的不断创新、提升为重要基础。科学技术的进步为设计者提供了越来越丰富的技

航空发动机

术手段和方法，机械工程设计也有它自己的特点和必须遵循的科学规律，只有掌握设计规律和先进的设计方法，充分发挥聪明才智，才能圆满地完成设计任务。下面简要介绍几种常用的设计方法。

　　1. 机械系统设计

　　机械系统设计是研究组成系统的各部分及其内在联系，从整体系统出发，建立基本设计原则，辩证解决设计问题的一种设计方法。系统设计方法的主要思想是在设计过程中强调系统内部和外部环境的关系，强调整体系统和分系统的关系，并以之贯穿于整个设计过程。在分解与综合中，要考虑各分系统联络关系的强弱及其与整体系统关联的完整性。

　　2. 优化设计

　　优化设计是应用数学最优化原理解决实际问题的设计方法。它是针对某一设计任务，以结构最合理、工作性能最佳、成本最低等为设计要求，在多种方案、多组参数、多个设计变量中确定主要设计变量的取值，使之满足最优设计要求。在机械设计中，优化设计体现为最佳设计方案的确定和最佳设计参数的确定。

　　进行优化设计时，首先要对具体的工程问题进行比较深入的了解，选择优化计算方法，构造合适的数学模型，寻找最优设计结果，找出最佳设计参数。例如，在减速器设计中，可以将材料最省和结构最紧凑作为设计目标。这样，在传动装置的设计计算中，应该注意合理地选择热处理工艺，参数选择时尽量使各部分的强度裕量合理。使用优化设计方法，可以加速设计过程、缩短设计周期，达到事半功倍的效果。

　　3. 可靠性设计

　　可靠性是指系统在规定时间内、在给定条件下完成规定功能的能力。产品的可靠性需有

一个定量的表述，但可靠性的定量表述具有随机性，对于任何产品来讲，在其可靠工作与失效之间，都具有时间上的不确定性。因此，对于不同类型的可靠性问题，就需要有不同的表述方式，常见的有可靠度、无故障率、失效率、平均无故障时间等。合理规划分配各部分的可靠性指标，可以最大限度地发挥各部分的设计优势，保证产品在工作品质、技术标准和安全使用等方面达到高效、优质。

机械设计中常用到可靠性的概念，如齿轮设计中，计算许用应力时所用的安全系数与其设计可靠度有关；滚动轴承的寿命，一般取为可靠度是90%时的工作次数或时间等。

对于系统而言，其总体可靠性是由各部分零部件的可靠性来保证的，采用标准件、通用件，简化零件结构，减少零部件数量等都是提高可靠性的途径。

4. 摩擦学设计

摩擦学是研究摩擦、磨损和润滑的科学，涉及材料、化学及流体力学等多个学科，依据摩擦学原理和方法进行的设计称为摩擦学设计。统计表明，全球生产能源的 $1/3 \sim 1/2$ 消耗于摩擦，80%的机械零件失效与摩擦学问题有关。因此摩擦学设计在工业生产中具有重要地位。

机械系统中有利用摩擦和尽量减小摩擦两类设计。前者如摩擦式离合器、制动器和带传动等，后者的典型应用有滑动轴承等。

5. 反求设计

反求设计是在已有设计经验的基础上，设计更新产品品质的设计方法。反求设计可以分成两个阶段，即使用、消化、吸收同类产品和运用新技术创新、设计出适合具体工况的新产品。反求设计在有些国家的技术进步中起到了十分重要的作用。例如，第二次世界大战后，某国经济状况近于瘫痪。在 $1945 \sim 1970$ 年间，该国投入 60 亿美元，用相当于自行研制费用的 1/30 和自行研制周期的 1/6 时间，消化吸收了众多先进国家的技术产品，并加以研究发展，开发专项技术，使其产品突破了当时某些先进工业国家的水平，30 余年后成为世界经济强国。

反求设计过程一般经过反求分析、创新设计和产品试制几个阶段，可与仿制设计、变形设计和针对性与适应性设计并行实施。

6. 创新设计方法

机械设计是为达到预定设计目标的思维和实现的过程，设计产品应有所创新。因而，设计者应具有良好的专业技术水平和广博的知识视野，才能借鉴前人的经验，推陈出新，最终得到符合设计标准和独创新颖的设计结果。创新设计是在设计中采用新的技术原理、技术手段、非常规的设计过程和方法进行设计，以提高产品的技术经济内涵和市场竞争能力。

常用的创新设计方法有：智力激励法、提问列举法、联想类推法、组合创新法、仿生移植法和系统搜索法等。

7. 其他常用设计方法

当今科学技术迅速发展，为了满足社会的各种需求，产生了很多新的设计理论和方法，如并行设计、计算机辅助设计、三次设计、虚拟设计、智能设计、相似性设计、人机工程等。所有这些设计方法都是以系统性、社会性、创造性、智能化、数字化和最优化为特征，以快速、便捷的方式获得高技术经济价值为目标的。

第二章　机械装置总体设计

机械装置通常由原动机、传动部分和执行机构组成。机械装置总体设计的任务是拟订执行机构和传动部分的方案，选定原动机的类型和具体的规格型号，确定传动部分的总传动比，合理分配各级传动比，计算传动机构和执行机构的运动及动力参数，为传动机构和执行机构的设计提供依据。

第一节　机械装置总体设计方案的确定

机械装置总体设计方案通常按照以下设计原则确定。

1）保证机械装置功能实现的质量。要求设计原理正确，实现方法合理，满足产品的功能及品质需求。

2）满足相关的安全可靠性指标。这些指标应包括在非正常工作条件下，对产品本身及操作者的安全提供保证。例如，飞机设计中的救生系统，电梯停电时的保护和自救装置等。

3）具有良好的工艺性。所设计的产品在工艺上要求加工和装配易于实现，并具有较好的经济性。设计者应力求简化设计对象的施工工艺，使生产过程简单、周期短、成本低。

4）使用维护简单易行。在设备使用过程中，要求在较短时间内，设备能完成指定的检修维护过程，通常以设备的平均无故障时间和最大检修时间作为基本维护指标。

5）提高产品的技术经济价值。技术经济性是以产品的技术价值与经济价值之比来衡量的。产品技术含量越高，价格成本越低，其技术经济性越好。

6）追求践行创新设计。创新性决定了产品的自主知识产权含量，是评价设计水平的重要依据之一。独创新颖的设计需要创新思维，也需要借鉴前人的经验，研究优秀的设计产品，发挥主观能动性，并勇于创新。

鉴于设计在产品生命周期中的重要性，设计者在设计中遵循以上设计原则，把握设计方向是十分重要的。

第二节　原动机的选择

机械装置的原动机应按照其工作环境条件、机器的结构以及相关的运动和动力参数要求选择。原动机的类型主要有内燃机、电动机、气压和液压作动件等，其中以电动机最为常用。

原动机是机器的驱动部分，表 2-1 给出了几种常用的原动机及其应用实例。

电动机是一种标准系列产品，它具有效率高、价格低、选用方便等特点。不同品种的电动机适用于不同的工作条件，如不同的功率、转速、转矩和工作环境等。电动机分为交流、直流、步进电动机等。也有直线电动机和伺服电动机，但其造价高，多用于特殊需求。工作机所需的运动和动力可以通过电动机与工作机之间的传动装置和执行机构获得。

表 2-1　几种常用的原动机及其应用实例

原动机	动力来源	输出运动	应　用　实　例
内燃机	燃料燃烧	转动，振动较大	汽车、飞机等独立移动的大功率机器
电动机	电力电源	转动，运动平稳	机床、机器人等整机固定的机器设备
气压缸	压缩空气	直线运动	生产线、车门等中小功率往复运动的装置
液压缸	液压泵站	直线运动	汽车吊臂、压力机等车载或强力输出的装置

气压缸和液压缸可以直接输出直线运动，但需要气、液供给系统，工厂车间配有气、液压源时，可以选用。

气压缸和液压缸多用于直线运动的驱动，也可用于输出旋转运动。设计时主要根据供压条件下的缸杆出力计算，选用标准直径缸体、长度和行程，也可以按设计要求订做。一般气/液压元件有配套的安装支架、各种阀、专用传感器等，设计时可根据设计要求参考相关产品样本选择，也可以按总体设计要求自行设计。

汽车、舰艇、飞机等的原动机大多采用内燃机。内燃机可将燃料的化学能转化为机械能，直接为工作机提供动力。列车、卫星、电动车等越来越多地使用电力驱动，其能源一般来自电网、光能源或蓄电池等。

第三节　执行机构的选型和设计

机械装置的执行机构通常由一个或多个机构组成。执行机构的选型和设计要在满足不同任务的运动和动力要求的同时，对其结构及工艺可行性进行分析比较，应优先选用结构简单、工艺要求低的机构。

一、常用机构的类型及特点

机构设计时，首先要将设计任务所需的动作或功能分解为一系列基本动作或功能，然后根据基本动作或功能对执行构件运动规律的输出要求，选择或构思适合的机构类型，通过设计和综合实现设计的总体要求。

表 2-2 给出了一些常用机构的形式及工作特点。

表 2-2　常用机构的形式及工作特点

机构名称		基本功能	机构简图	特　点
连杆机构	四杆机构	转动——一般运动转换	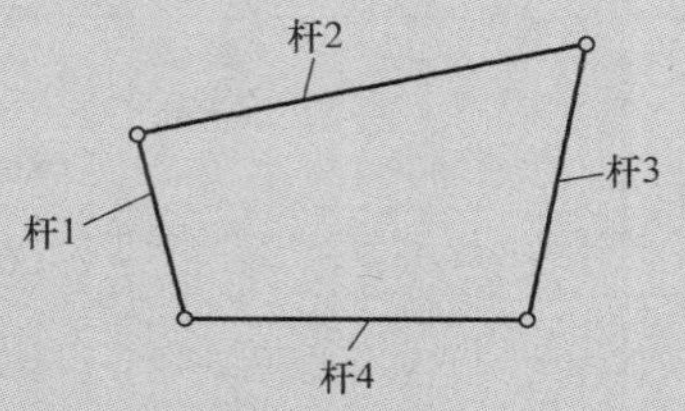 杆2　杆3　杆1　杆4	不同杆件固定，则具有不同的运动转换功能。杆4（机架）固定时为曲柄摇杆机构，杆1转动，杆2（连杆）可实现多种封闭曲线轨迹，杆3摆动。杆1固定，杆2、杆4构成双曲柄机构

（续）

机构名称	基本功能	机构简图	特 点
连杆机构	曲柄滑块机构	转动—直线运动转换	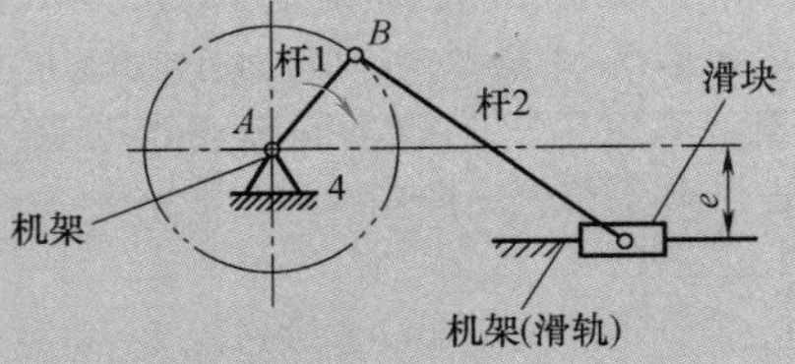 杆1等速转动时，驱动滑块做非等速往复运动，滑块偏置（$e \neq 0$）时，其往复运动所用的时间不同，具有急回特性
凸轮机构	直线从动件凸轮机构	转动—直线运动转换	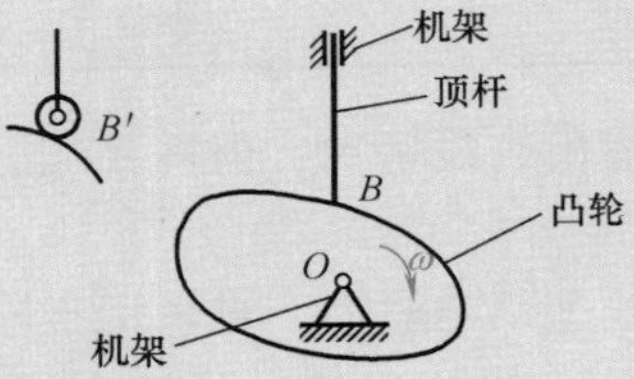 凸轮等速转动，从动杆件按凸轮廓线给定运动规律做往复运动，从动件顶端可以为尖顶（B），也可以设计为滚子（B'）
凸轮机构	摆动从动件凸轮机构	转动—摆动转换	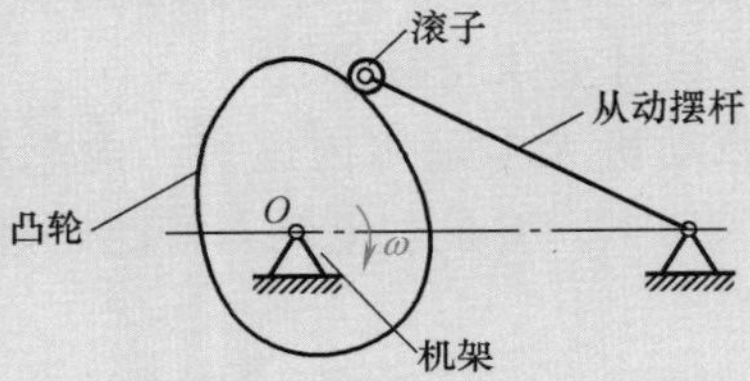 凸轮等速转动，滚子或尖顶按凸轮给定运动规律摆动
间歇运动机构	棘轮机构	单向/间歇转动	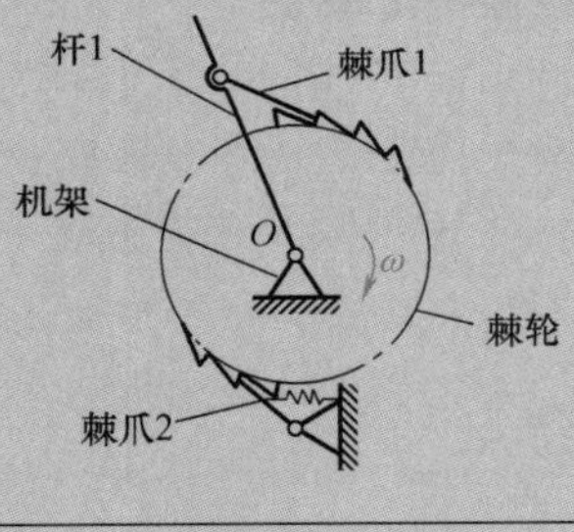 棘爪2有限固定，杆1往复运动，棘爪1驱动棘轮间歇运动 去掉棘爪2，棘轮主动时，正转时杆1不运动，反转时杆1转动
间歇运动机构	槽轮机构	双向间歇运动	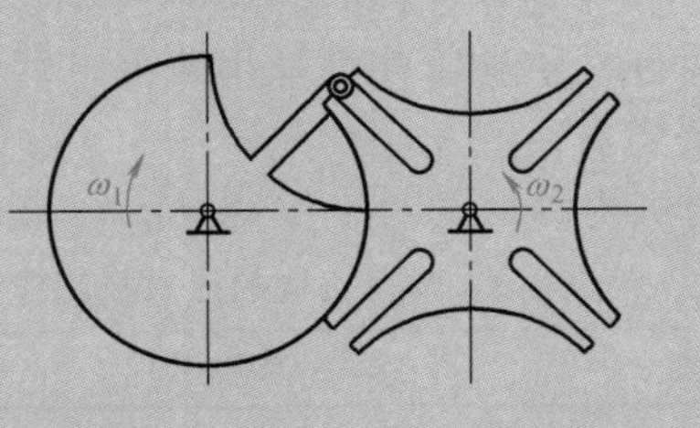 主动轮等速转动，从动槽轮间歇运动。主动轮转一周，从动轮转 $1/z$（z 为从动轮槽数）
啮合传动机构	齿轮机构	两轴等速比转动	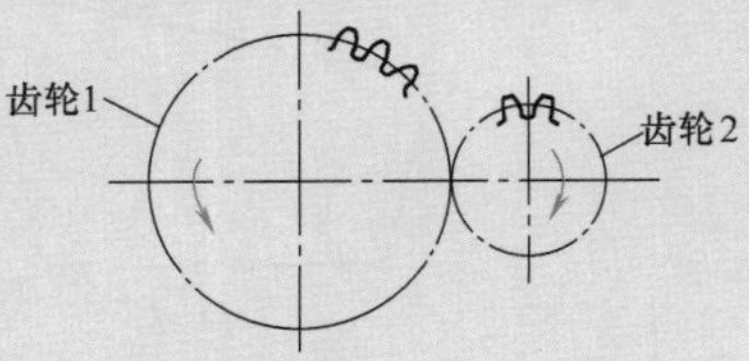 实现齿轮1与齿轮2之间的等速比传动

（续）

机构名称		基本功能	机构简图	特 点
啮合传动机构	齿轮齿条	转动—平动转换		齿条相当于将一齿轮直径延展至无限大，实现转动-平动转换
	蜗杆蜗轮	两轴等速比转动		实现单级大速比传动。一般为蜗杆主动
螺旋机构	双螺旋—连杆—滑块	转动—双向平动—单向平动		左右两侧分别为左旋和右旋螺杆，旋转螺杆时，双侧螺母运动方向相反。当螺母同时向外/内侧运动时，连杆将驱动滑块上下运动

二、执行机构的选型与设计

机械装置中执行机构的选型与设计要满足：

1）保证执行构件的运动和工艺动作要求。

2）选用合适的机构组合，协调运动动力需求，合理布局。

3）优先选择简洁的传动路线和机构，优化几何参数，提高工作效率。

执行机构的选型与设计过程如图 2-1 所示。其中：

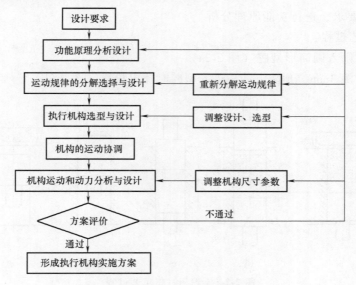

图 2-1 执行机构选型与设计过程

1）功能原理分析是根据机械系统预期的功能要求，构思可行的功能原理方案，进行分析比较，并根据使用和工艺等要求，选择既能满足功能要求，又能使工艺动作简单的功能原理方案，以供实施。

2）运动规律的分解是按总体设计需求将运动规律、工艺动作模式及外部约束分解成若干个基本运动，选取简单适用的运动单元，形成该执行机构的运动方案。

3）执行机构的选型与设计是对可用于实现同一运动规律的不同机构组合进行分析，选择或构思合适的机构组合来实现执行构件的运动或动作要求，同时要考虑其动力特性、外形尺寸、外部约束、机械效率和制造成本等因素，进行综合分析比较，择优选用。

4）机构的运动协调是根据各工艺动作过程和要求，分析确定执行机构间的动作协调与配合，设计机构系统的运动循环图，以作为各执行机构的设计、安装和调试的依据。

5）机构运动和动力分析与设计是对所选择的执行机构进行运动和动力计算，确定执行机构构件的几何尺寸，绘制机构运动简图，并对整个执行机构进行运动和动力分析，确定其动力需求，检验其是否满足预期的设计要求。

6）通过方案评价，根据具体情况做出相应的修改，直至获得满意的设计结果，最终确定执行机构的实施方案，并绘制机构运动简图。

设计过程是一个先分析，后综合；先拟订若干待选方案，再评价优选的过程。设计结果要在满足执行构件功能设计要求的前提下，尽可能简单紧凑，以减少构件数和运动副数，从而降低制造和装配的难度和成本，减少误差环节，提高执行机构的刚度、效率及工作可靠性。运动副的形式会影响到机械结构、寿命、效率和加工工艺的难易。一般转动副制造简单，运动副构件的配合精度容易保证，效率较高；移动副的配合精度较低；高副机构易于实现较复杂的运动规律或轨迹，有可能减少构件和运动副数目，但一般高副形状复杂，工作时较易磨损。

设计时还应考虑机构的传力特性（压力角、效率、惯性力平衡、动载荷、冲击、振动等）和所需驱动功率，机构运动精度的保证和调整，人机适应性以及对生产率的影响等。

例 2-1　设计 18t 冲压机的执行机构。冲压对象为陶瓷干粉，压制直径为 34mm、厚度为 5mm 的圆形片坯，冲头压力为 18t（18×10^4N），生产率为 25 片/min，机器不均匀系数 ≤10%。

1. 根据设计要求，进行功能原理分析

冲压机的工艺过程：

1）干粉均匀筛入圆筒形型腔（图 2-2a）。

2）下冲头下沉 3mm，预防上冲头进入型腔时扑出粉料（图 2-2b）。

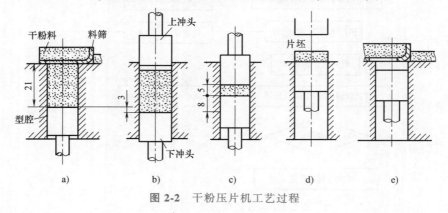

图 2-2　干粉压片机工艺过程

3）上、下冲头同时加压（图 2-2c），并保压一段时间。

4）上冲头退出，下冲头随后顶出压好的片坯（图 2-2d）。

5）料筛推出片坯（图 2-2e）。

2. 按工艺动作要求分解运动规律

上冲头、下冲头和料筛作为冲压机的三个执行构件，其运动要求和规律分别为：

1）上冲头完成垂直上下的往复直线运动。上冲头下压至终点后要有短时间的停歇，起保压作用。冲头上升后，因要留出料筛进入的空间，故其行程约为 90~100mm。

2）下冲头上下往复运动，承载、出坯。下冲头先下沉 3mm，然后上升 8mm（加压），停歇保压，之后再上升 16mm，将成形片坯顶到与台面平齐后停歇，待料筛将片坯推离冲头后，下冲头再下移 21mm 到待料位置。

3）料筛水平往复运动，上料和运送片坯。料筛在模具型腔上方往复振动筛料，然后向左退回，待坯料冲压成形并被推出型腔后，料筛再水平右移约 45~50mm，推走成形的片坯，并回到供料位置。

3. 执行机构的选型与设计

三个执行机构用同一原动机驱动。原动机选用电动机，同步转速为 1500r/min，传动装置总传动比为 60，执行机构原动件输出等速圆周运动，功率初定 2.8kW。

（1）上冲头主加压机构的设计 要实现上冲头主加压机构的基本运动功能，需要考虑以下几个方面的具体要求：

1）机构的原动件做回转运动，转速为 25r/min。主加压机构应具有运动交替功能和运动转换功能，即将原动件的回转运动转变为上冲头的直线运动。

2）机构上冲头在下移行程末端有较长的停歇或近似停歇，以实现保压功能。

3）在机构设计时，应在冲头冲压行程段实现最大出力，同时使速度渐缓，趋向于零，则机构所需功率达到最小。

总之，在机构设计时，要合理匹配出力和速度的关系，速度小时，出力较大；保证机构具有良好的传力特性，即压力角较小，以获得较大的有效作用力。

根据必备功能来设计机构方案时，若将实现减速、运动交替和运动转换等基本功能的功能元进行组合，见表 2-3，理论上可组合成数十种方案。在这些方案中，有些可同时具有运动转换和交替换向功能，如曲柄滑块机构；而有些方案的动作、结构或机构组合明显繁琐，不理想。经分析筛选，从中选出四种方案作为评选方案，如图 2-3a、b、c、d 所示。

表 2-3 实现所需功能的基本机构

基本功能 \ 基本机构	齿轮机构	连杆机构	凸轮机构
运动形式变换 转动—平动		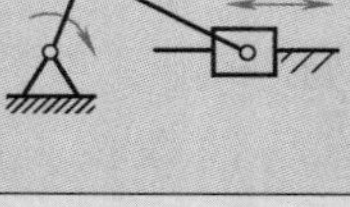	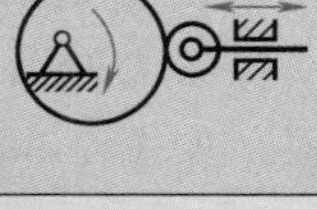
运动方向 交替变换 正向转动— 正反向转动	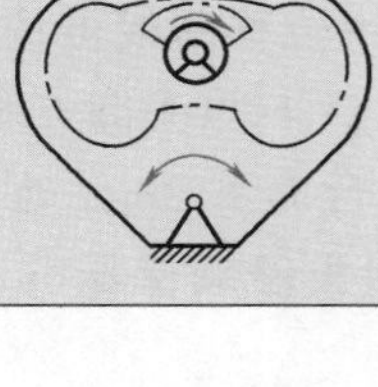	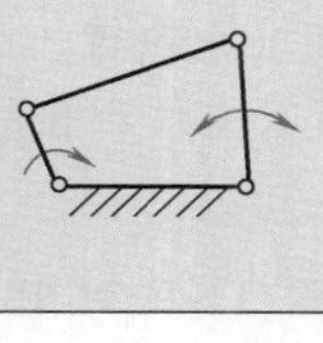	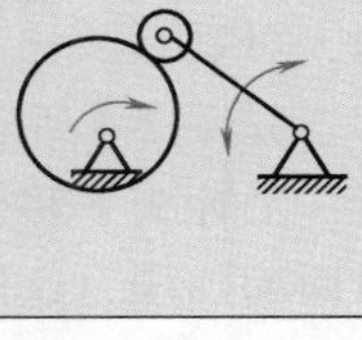

（续）

基本机构 基本功能	齿轮机构	连杆机构	凸轮机构
运动速度变换 高速—低速			

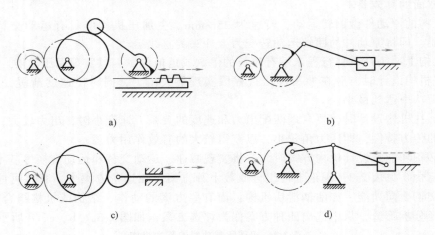

方案一：用齿轮齿条机构实现运动形式的转换功能，用摆动从动件凸轮机构实现停歇功能。

方案二：用对心曲柄滑块机构实现运动形式的转换功能，利用曲柄和连杆共线、滑块处于极限位置时得到瞬时停歇的功能。

方案三：用凸轮驱动从动件做直线运动，同时实现运动形式的转换与停歇功能。

方案四：由曲柄摇杆机构和摇杆滑块机构串联组合，实现运动形式的转换功能，设计使两机构的输出构件（摇杆和滑块）同时处于极限位置，且使滑块在该位置附近获得较长时间的近似停歇。

（2）料筛机构的设计 由于压片工艺过程对料筛的运动有行程要求，但受力不大，机构设计时，可考虑选择图 2-3a、b 所示的方案。

a)

b)

c)

d)

图 2-3 上冲头主加压机构设计方案
a）方案一 b）方案二 c）方案三 d）方案四

（3）下冲头加压机构的设计 （略）

4. 执行机构的运动协调

根据上冲头的工艺动作顺序，可拟定出上述三个机构中执行构件运动协调关系的运动循环图，如图 2-4 所示。原动件每转一周，完成一个运动循环，以原动件的转角为横坐标（0°～360°），以各执行构件的位移为纵坐标画出位移曲线，对于各段动作无明确运动要求的，可重点关注其起始和终止位置，因此图 2-4 中位移曲线可按直线段设计。

如图 2-4 所示，料筛退出加料位置①后停歇；下冲头即开始下沉 3mm②；下冲头下沉后，上冲头下移到型腔入口处③；待上冲头到达台面下 3mm 处时，下冲头开始上升，对粉料两面加压，这时上、下冲头各移 8mm④；两冲头停歇保压⑤，保压时间为 0.4s，即相当于原动件转 60°左右，完成压片；然后上冲头开始退出，下冲头向上稍慢移动至与台面平齐，顶出成形片坯⑥；当下冲头停歇等待卸片坯时，料筛推进到型腔上方推卸片坯⑦；在下冲头下移 21mm 的同时，料筛振动粉料⑧后进入下一个循环。

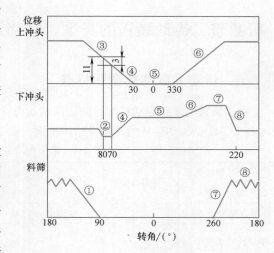

图 2-4　压片机运动循环图

5. 机构的运动和动力分析

机构的尺寸设计应根据已知几何关系和设计条件进行。设计方法有图解法和解析法。图解法通过几何作图求得设计结果，机构尺寸可直接从图上量取，简单方便，形象直观，便于检查，但精度不高。解析法用求解方程的方法得到机构尺寸，计算精度较高。图解法与解析法各有优缺点，它们可互为补充。在满足设计精度要求的前提下，应力求简捷，使设计工作做到又快又好。

对机构进行运动、静力和动力学分析时，可将设计结果绘制成相关曲线，如平衡力矩 T_b-φ 曲线、机座总反力 F_x-φ 和 F_y-φ 曲线、等效驱动力矩 T_d-φ 和阻力矩 T_c-φ 曲线、等效转动惯量 J_v-φ 曲线和等效构件真实角速度 ω-φ 曲线等。

使用软件仿真可对已知结构进行针对性快速计算，进行运动学和动力学分析，并获得相关参数曲线。

6. 方案评价

（1）上冲头主加压机构的方案评价　方案一、三都采用了凸轮机构。凸轮机构虽能容易地获得理想的运动规律，但要使执行滑块达到 90～100mm 的行程，并保证工作时处于较小的压力角范围，将使凸轮的径向尺寸较大，其所需的运动空间较大。此外，凸轮与从动件为高副接触，不宜用于低速重载场合。方案二采用对心曲柄滑块机构，曲柄长仅为滑块行程的一半，故机构尺寸较小，结构简单，但滑块在行程末端只做瞬时停歇，运动规律不够理想。方案四将曲柄摇杆机构和摇杆滑块机构串联，可以使滑块有较长一段时间做近似停歇，运动规律较为理想，尺寸适中，且全部由低副机构组成，适用于低速重载场合。

综合分析结果：方案四作为压片机上冲头主加压机构的实施方案较为合适。

（2）料筛机构的方案评价（略）

设计结果如图 2-5 所示。如有某些指标不理想，则可重复上述步骤，直至满意为止。

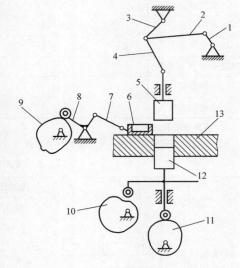

图 2-5　压片机机构运动简图
1—上冲头机构驱动件　2、3、4—上冲头驱动机构构件　5—上冲头　6—料筛　7、8—料筛机构驱动机构构件　9—料筛机构驱动件　10、11—下冲头机构辅、主驱动件　12—下冲头　13—含片坯型腔的工作台

第四节 传动装置的类型、特点及选型

一、传动装置的类型和特点

传动装置用来将原动机输出的运动和动力，以一定的转速、转矩或推力传递给执行机构。表2-4列出了常见传动装置的性能及适用范围，表2-5列出了常用减速器的形式及应用特点。

表 2-4 常用传动装置的性能及适用范围

传动类型 / 性能	平带传动	V带传动	圆柱摩擦轮传动	链传动	齿轮传动	蜗杆传动
常用功率/kW	≤20	≤100	≤20	≤100	≤50000	≤50
单级传动比荐用 i	2~4 ≤5	2~4 ≤7	2~4 ≤5	2~5 ≤6	2~5[①] ≤5~8[①]	10~40 ≤80
线速度荐用 v/(m/s)	≤25	≤25~30	≤15~25	≤40	≤18/36/100[②]	≤50
传动效率	中	中	较低	中	高	较低
外廓尺寸	大	较大	大	较大	小	小
传递运动准确性	有滑差	有滑差	有滑差	有波动	传动比恒定	传动比恒定
工作平稳性	好	好	好	差	较好	好
过载保护能力	有	有	有	无	无	无
使用寿命	较短	较短	较短	中	长	中
缓冲吸振能力	好	好	好	较差	差	差
制造安装精度要求	低	低	中	中	高	高
润滑要求	无	无	少	中	较高	高
自锁能力	无	无	无	无	无	可有

① 锥齿轮荐用小值。
② 三值为6级精度直齿、非直齿和5级精度直齿荐用值。

表 2-5 常用减速器的形式及应用特点

名称	运动简图	传动比范围 一般	最大值	特点及应用
一级圆柱齿轮减速器	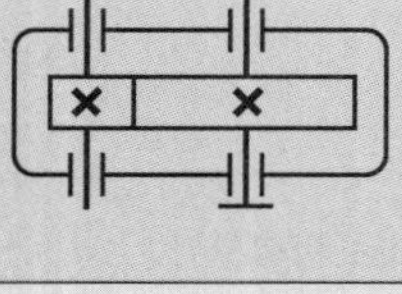	≤5	8	齿轮一般有直齿、斜齿或人字齿。直齿用于速度较低或载荷较轻的传动；斜齿或人字齿用于速度较高或载荷较重的传动
二级圆柱齿轮减速器 展开式	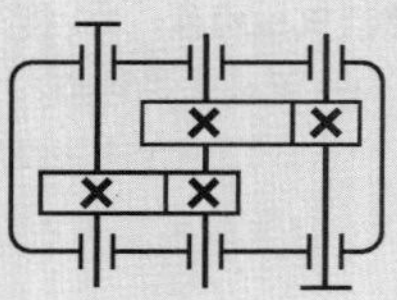	8~40	60	齿轮相对轴承的位置不对称，轴应具有较大刚度，以缓和轴在弯矩作用下产生弯曲变形所引起的载荷沿齿宽分布不均匀的现象。轮齿可做成直齿、斜齿或人字齿

（续）

名　称		运动简图	传动比范围		特　点　及　应　用
			一般	最大值	
二级圆柱齿轮减速器	同轴式	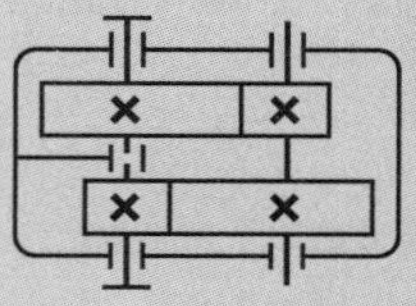	8~40	60	减速器的长度较短，但轴向尺寸较大。两对齿轮浸入油中的深度可大致相等 中间轴承润滑较难；中间轴较长，刚性较差
	分流式				高速级做成对称斜齿，低速级做成直齿。结构较复杂，但齿轮相对于轴承对称布置，载荷沿齿宽分布均匀，轴承受载均匀。中间轴的转矩相当于轴所传递转矩之半。可用于大功率、变载荷的场合
一级锥齿轮减速器			≤3	5	用于输入轴和输出轴两轴线相交的传动，可做成卧式或立式。轮齿可做成直齿、斜齿或曲齿
二级圆锥-圆柱齿轮减速器			8~15	直齿22 斜齿40	锥齿轮应布置在高速级，使其不致因尺寸过大而造成加工困难。锥齿轮可做成直齿、斜齿或曲齿；圆柱齿轮可做成直齿或斜齿
蜗杆减速器	蜗杆下置式	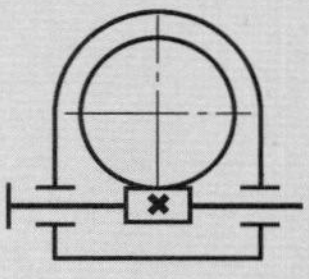	10~40	80	蜗杆与蜗轮啮合处的冷却和润滑都较好，同时蜗杆轴承的润滑也较方便，但当蜗杆圆周速度过大时，搅油损失大。这种减速器一般用于蜗杆圆周速度 $v \leqslant 4 \sim 5 m/s$ 的场合
	蜗杆上置式				蜗杆的圆周速度允许高一些，但蜗杆轴承的润滑不太方便，需采取特殊的结构措施。这种减速器一般用于蜗杆圆周速度 $v>4 \sim 5 m/s$ 的场合
齿轮—蜗杆减速器	齿轮传动布置在高速级	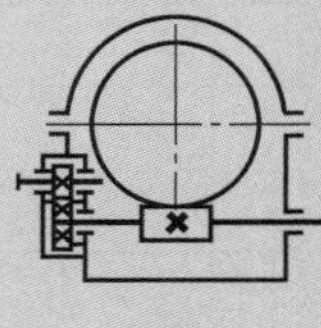	60~90	180	齿轮传动布置在高速级，整体结构比较紧凑
	蜗杆传动布置在高速级			320	蜗杆传动布置在高速级，其传动效率较高，适合较大的传动比

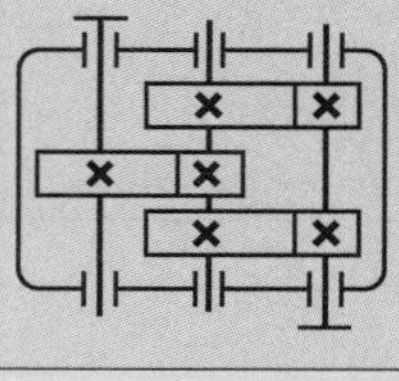

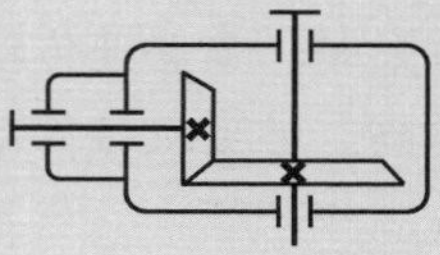

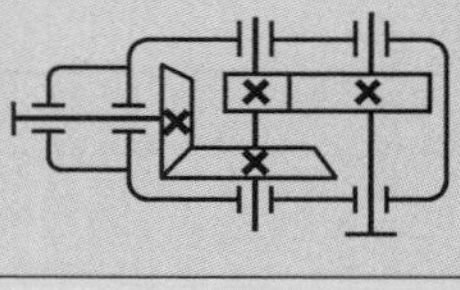

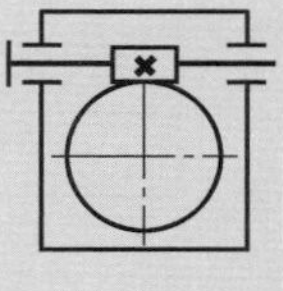

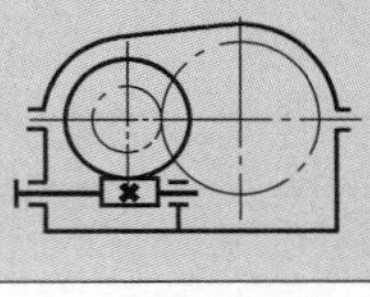

（续）

名　称	运动简图	传动比范围		特　点　及　应　用
		一般	最大值	
行星齿轮减速器	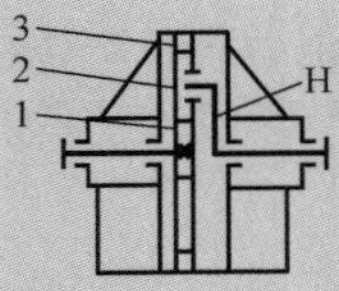 3 2 1　H 1—太阳轮　2—行星轮 3—内齿轮　H—转臂 （NGW 型）	3～9	20	行星齿轮减速器体积小，结构紧凑，重量轻，但结构较复杂，制造和安装精度要求高

二、传动方案的合理选择

传动装置主要由传动、支承等零部件组成。在选择传动方案时，要保证传动装置工作可靠，力求结构简单、紧凑，易于加工与维护，且成本低，效率高。常见机械传动和支承的效率取值范围见表 2-6。

表 2-6　常见机械传动和支承的效率取值范围

传动种类及工作状态		效　率 η
圆柱齿轮传动	油润滑很好跑合的 6、7 级精度齿轮	0.98～0.99
	油润滑 8 级精度齿轮	0.97
	油润滑 9 级精度齿轮	0.96
	脂润滑开式齿轮	0.94～0.96
锥齿轮传动	油润滑很好跑合的 6、7 级精度齿轮	0.97～0.98
	油润滑 8 级精度齿轮	0.94～0.97
	脂润滑开式齿轮	0.92～0.95
蜗杆传动	油润滑自锁蜗杆	0.40～0.45
	油润滑单头蜗杆	0.70～0.75
	油润滑 2～4 头蜗杆	0.75～0.92
带传动	平带无张紧轮	0.98
	平带有张紧轮	0.97
	V 带	0.96
链传动	滚子链	0.96
	齿形链	0.97
摩擦传动	平摩擦轮	0.85～0.92
	槽形摩擦轮	0.88～0.90
复滑轮组	滑动轴承支承（$i=2\sim6$）	0.90～0.98
	滚动轴承支承（$i=2\sim6$）	0.95～0.99

（续）

传动种类及工作状态		效 率 η
联轴器	浮动联轴器（十字滑块联轴器等）	0.97~0.99
	齿式联轴器	0.99
	弹性联轴器	0.99~0.995
	万向联轴器（α 小，η 值大）	0.95~0.98
传动滚筒	驱动传动带运动的滚筒等	0.96
滚动轴承	球轴承	0.99（一对）
	滚子轴承	0.98（一对）
滑动轴承	液体润滑	0.99（一对）
	润滑良好（压力润滑）	0.98（一对）
	一般正常润滑	0.97（一对）
	润滑不良	0.94（一对）
减/变速器	一级圆柱齿轮减速器	0.97~0.98
	二级圆柱齿轮减速器	0.95~0.96
	行星圆柱齿轮减速器	0.95~0.98
	一级锥齿轮减速器	0.95~0.96
	圆锥-圆柱齿轮减速器	0.94~0.95
	无级变速器	0.92~0.95
	摆线针轮减速器	0.90~0.97
一般滑动螺旋传动		0.30~0.60

　　机械传动中，带传动靠摩擦传力，承载能力相对较小，结构尺寸相对较大，但传动平稳，宜布置在高速级。齿轮传动承载能力高，结构紧凑，应用广泛。其中斜齿轮传动较平稳，闭式传动润滑条件较好，应置于高速级；而直齿轮、开式传动一般放在低速级；锥齿轮加工较困难，尺寸不宜过大，应置于高速级。蜗杆传动的传动比大、结构紧凑，但效率较低，适宜用在中、小功率的场合，设计时应注意润滑。链传动冲击较大，宜用于低速传动。螺旋传动、连杆机构和凸轮机构等的设计布置常靠近执行元件。

第五节　电动机选择和运动、动力参数计算

一、电动机的选择

　　一般机械装置设计中，原动机多选用电动机。电动机输出连续转动，工作时经传动装置调整转速和转矩，可满足工作机的各种运动和动力要求。

　　电动机为标准化、系列化产品，由专门厂家按国家标准生产，性能稳定，价格较低。设计时可根据设计任务的具体要求，从标准产品目录中选用。

　　1. 电动机的类型和结构形式

　　电动机按电源不同分为直流和交流两种。一般工程上常用三相异步交流电动机，其中

YE3 系列（IP55）为超高效率三相异步电动机，电源电压 380V，可用于非易燃、易爆、腐蚀性工作环境，无特殊要求的机械设备，如机床、农用机械、运输机等。如有较小的转动惯量和较大的过载能力，频繁起制动和正反转工作状况等特殊工作场合，应按特殊要求选择，如井下设备对防爆要求严格，可选用防爆电动机等。

2. 电动机的容量和转速

电动机主要按照其容量和转速要求选取。电动机容量大，则体积大，重量重，价格高；电动机转速高，磁极对数少，则体积小，重量轻，价格低。

所选电动机的容量应不小于工作要求的容量，即电动机额定功率 P_{ed} 一般要略大于设备工作机所需的电动机功率 P_d，此功率也是电动机的实际输出功率，即

$$P_{ed} \geqslant P_d \tag{2-1}$$

式中，P_d 由工作机所需的功率 P_w 和传动装置的总效率 η 决定，即

$$P_d = P_w / \eta \tag{2-2}$$

式中，η 是传动装置各部分效率的连乘积，即 $\eta = \eta_1 \eta_2 \cdots \eta_n$。

$$P_w = Fv/1000 = Tn_w / 9550 \tag{2-3}$$

式中，P_w 是工作机所需功率（kW）；F 是工作机所需牵引力或工作阻力（N）；v 是工作机受力方向上的速度（m/s）；T 是工作机所需转矩（N·m）；n_w 是工作机转速（r/min）。

效率 η 的具体取值，与相关零件的工作状况有关，加工装配精度高、工作条件好、润滑状况佳时，可取高值，反之应取低值。资料中所给的是一般工作状况下的效率范围，标准组件的效率可按厂家提供的样本选取或计算；需要准确计算时，可参照相关标准或方法计算；工况不明时，为安全起见，可选偏低值。

电动机同步转速的高低取决于交流电频率和电动机绕组级数。一般常用电动机的同步转速有 3000r/min、1500r/min、1000r/min、750r/min 等几种。相同同步转速，有各种容量的电动机可选。电动机同步转速越高，磁极对数越少，其外廓尺寸就小，重量就轻，相应地价格就低。但当工作机转速要求一定时，原动机转速高将使传动比加大，则传动系统中的传动件数、整体体积将相对较大，这可能导致传动系统造价增加，造成整机成本增加。因此，电动机的选择，必须从整机的设计要求出发来考虑，综合平衡。为了能较好地保证方案的合理性，应试选几种电动机、经初步计算后决定取舍。实际计算时可按电动机的满载转速计算。

此外，还有速度可调的变频调速电动机、转速转角可控的步进电动机和伺服控制电动机，以及电动机传动组合动力产品供设计者选择。

▌ 二、传动比分配

传动装置的总传动比根据电动机的满载转速 n_d 和工作机轴的转速 n_w 计算确定。

$$i = n_d / n_w \tag{2-4}$$

当传动装置为多级组合时，总传动比 i_a 为各级传动比的连乘积，即

$$i_a = i_1 i_2 \cdots i_n \tag{2-5}$$

传动装置各级传动比的分配结果对传动装置的外廓尺寸和重量均有影响。分配合理，可以使其结构紧凑、成本降低，且较易获得良好的润滑条件。传动比分配主要应考虑以下几点：

1）对于不同的传动形式和不同的工作条件，传动比常用值见表 2-5。其传动比最好在推荐范围内选取，一般不超过最大值。

2）各级传动零件应做到尺寸协调，避免发生相互干涉，且要易于安装。图 2-6 所示的传动方案，由于高速级传动比过大，导致高速级大齿轮直径过大，而与低速轴干涉，需重新分配传动比。又如图 2-7 所示，由 V 带和一级圆柱齿轮减速器组成的二级传动中，由于带传动的传动比过大，使大带轮外圆半径大于减速器中心高，造成尺寸不协调，安装时需将地基局部降低或将减速器垫高。为简化安装条件，可适当降低带传动的传动比。

3）尽量使传动装置的外廓尺寸紧凑或重量较轻。图 2-8 所示为二级圆柱齿轮减速器的两种传动比分配方案，在总中心距和总传动比相同（$a=a'$，$i_1 i_2 = i_1' i_2'$）时，图 2-8a 所示方案的 i_2 较小，低速级大齿轮直径也较小，因而获得较为紧凑的结构外形尺寸。

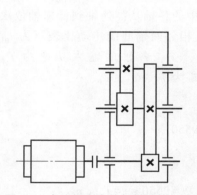

图 2-6　高速级大齿轮与低速轴干涉

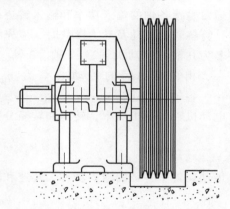

图 2-7　带轮过大造成安装不便

4）在卧式二级齿轮减速器中，各级齿轮既要同时得到充分润滑，又要避免因齿轮浸油过深而加大搅油损失，设计时应使各级大齿轮直径相近，一般高速级传动比略大于低速级，如图 2-8a 所示。此时，高、低速级大齿轮都能浸到油，且浸油深度均在合理范围内。图 2-8b 所示的方案，两个齿轮的几何尺寸不协调，除体积大外，两齿轮半径差值大，浸油润滑时，将使大尺寸齿轮浸油过深，造成过大搅油损失。

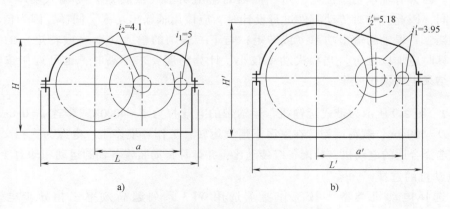

图 2-8　不同的传动比分配对外廓尺寸的影响

$H < H'$，$L < L'$

设计时，传动比的分配应综合考虑各方面因素，以获得较佳的设计方案为准。对于展开式二级圆柱齿轮减速器的传动比，一般推荐按 $i_1 \approx (1.3 \sim 1.4)i_2$ 分配；同轴式二级减速器可取 $i_1 \approx i_2$（i_1、i_2 分别为高速级和低速级齿轮的传动比）。对于圆锥-圆柱齿轮减速器，为了便于加工，大锥齿轮尺寸不宜过大，为此应限制高速级锥齿轮的传动比，使 $i_1 \leqslant 3$，一般取 $i_1 \approx 0.25i$。

三、机械装置的运动和动力参数计算

在选定电动机型号、分配传动比之后，应计算传动装置各部分的功率及各轴的转速、转矩，为传动零件和轴的设计计算提供依据。

各轴的转速可根据电动机的满载转速 n_m 及传动比进行计算；传动装置各部分的功率和转矩通常是指各轴的输入功率和输入转矩。

计算各轴的运动及动力参数时，应先将传动装置中的各轴从高速轴到低速轴依次编号，如定名为 0 轴（电动机轴）、1 轴、2 轴、…，由此，相邻两轴间的传动比表示为 i_{01}、i_{12}、i_{23}、…，相邻两轴间的传动效率为 η_{01}、η_{12}、η_{23}、…，各轴的输入功率为 P_1、P_2、P_3、…，各轴的转速为 n_1、n_2、n_3、…，各轴输入转矩 T_1、T_2、T_3、…。

电动机轴的输出功率、转速和转矩分别为

$$P_0 = P_d, \quad n_0 = n_m, \quad T_0 = 9550\frac{P_0}{n_0}$$

传动装置中各轴的输入功率、转速和转矩分别为

$$P_1 = P_0\eta_{01}(\mathrm{kW}), \quad n_1 = \frac{n_0}{i_{01}}(\mathrm{r/min}), \quad T_1 = 9550\frac{P_1}{n_1} = T_0 i_{01}\eta_{01}$$

$$P_2 = P_1\eta_{12}(\mathrm{kW}), \quad n_2 = \frac{n_1}{i_{12}}(\mathrm{r/min}), \quad T_2 = 9550\frac{P_2}{n_2} = T_1 i_{12}\eta_{12}$$

$$P_3 = P_2\eta_{23}(\mathrm{kW}), \quad n_3 = \frac{n_2}{i_{23}}(\mathrm{r/min}), \quad T_3 = 9550\frac{P_3}{n_3} = T_2 i_{23}\eta_{23}$$

$$\cdots \qquad\qquad \cdots \qquad\qquad \cdots$$

注意：因为有轴承功率损耗，同一根轴的输出功率（或转矩）与输入功率（或转矩）的数值不同，因此，在对传动零件进行设计时，应该用轴输出功率。同样，因为传动零件存在功率损耗，一根轴的输出功率（或转矩）与下一根轴的输入功率（或转矩）的数值也不相同，计算时应加以区分。当损失功率较小、计算精度要求不高时，也可近似按输入值计算，计算结果也将偏于安全。

例 2-2 图 2-9 所示为带式运输机，运输带的有效拉力 $F = 4000\mathrm{N}$，带速 $v = 0.8\mathrm{m/s}$，传动滚筒直径 $D = 500\mathrm{mm}$，载荷平稳，在室温下连续运转，工作环境多尘，电源为三相交流，电压 380V，试选择合适的电动机，分配各级传动比，并计算传动装置各轴的运动和动力参数。

1. 电动机的选择

（1）选择电动机类型　按工作要求选用 YE3 系列超高效率三相异步电动机，电压 380V。

（2）选择电动机容量　按式(2-2)，电动机所需工作功率为

$$P_{\mathrm{d}} = \frac{P_{\mathrm{w}}}{\eta}$$

按式（2-3），工作机所需功率为

$$P_{\mathrm{w}} = \frac{Fv}{1000}$$

传动装置的总效率为

$$\eta = \eta_1 \eta_2^4 \eta_3^2 \eta_4 \eta_5$$

按表 2-6 确定各部分的效率为：V 带传动效率 $\eta_1 = 0.96$，滚动轴承效率（一对）$\eta_2 = 0.99$，闭式齿轮传动效率 $\eta_3 = 0.97$，联轴器效率 $\eta_4 = 0.99$，传动滚筒效率 $\eta_5 = 0.96$，代入得

$$\eta = 0.96 \times 0.99^4 \times 0.97^2 \times 0.99 \times 0.96 = 0.825$$

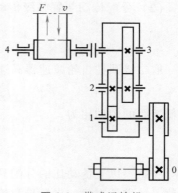

图 2-9　带式运输机

所需电动机功率为

$$P_{\mathrm{d}} = \frac{Fv}{1000\eta} = \frac{4000 \times 0.8}{1000 \times 0.825} \mathrm{kW} = 3.88 \mathrm{kW}$$

因载荷平稳，电动机额定功率 P_{ed} 略大于 P_{d} 即可。由第六章中 YE3 系列电动机技术数据，选电动机的额定功率 P_{ed} 为 4kW。

（3）确定电动机转速　滚筒轴工作转速为

$$n_{\mathrm{w}} = \frac{60 \times 1000 v}{\pi D} = \frac{60 \times 1000 \times 0.8}{\pi \times 500} \mathrm{r/min} = 30.56 \mathrm{r/min}$$

通常，V 带传动的传动比常用范围为 2～4，二级圆柱齿轮减速器为 8～40，则总传动比的范围为 $i_{\mathrm{a}}' = 16 \sim 160$，故电动机转速的可选范围为

$$n_{\mathrm{d}}' = i_{\mathrm{a}}' n_{\mathrm{w}} = (16 \sim 160) \times 30.56 \mathrm{r/min} = 489 \sim 4890 \mathrm{r/min}$$

符合这一范围的同步转速有 750r/min、1000r/min、1500r/min 和 3000r/min。现以同步转速 3000r/min、1500r/min 及 1000r/min 三种方案进行比较。由第六章及相关资料查得的电动机数据及计算出的总传动比列于表 2-7 中。

表 2-7　额定功率为 4kW 时电动机选择对总体方案的影响

方案	电动机型号	额定功率/kW	同步转速/满载转速 n_{m}/（r/min）	电动机质量/kg	价格/元	传动比 i_{a}
1	YE3112M—2	4.0	3000/2890	45	910	2.91i
2	YE3112M—4	4.0	1500/1440	49	918	1.50i
3	YE3132M1—6	4.0	1000/960	75	1433	i

在表 2-7 中，方案 1 的电动机质量小，价格便宜，但总传动比大，传动装置外廓尺寸大，制造成本高，结构不紧凑，故不可取。而将方案 2 与方案 3 相比较，综合考虑电动机和传动装置的尺寸、质量、价格以及总传动比，可以看出，如为使传动装置结构紧凑，选用方案 3 较好；如考虑电动机质量和价格，则应选用方案 2。现选用方案 2，即选定电动机型号为 YE3112M—4。

2. 分配传动比

（1）总传动比　总传动比为

$$i_a = \frac{n_m}{n_w} = \frac{1440}{30.56} = 47.12$$

（2）分配传动装置各级传动比　取 V 带传动的传动比 $i_{01} = 3$，则减速器的传动比 i 为

$$i = \frac{i_a}{i_{01}} = \frac{47.12}{3} = 15.70$$

取二级圆柱齿轮减速器高速级的传动比

$$i_{12} = \sqrt{1.4i} = \sqrt{1.4 \times 15.70} = 4.688$$

则低速级的传动比为

$$i_{23} = \frac{i}{i_{12}} = \frac{15.70}{4.688} = 3.349$$

注意：以上传动比的分配只是初步的。传动装置的实际总传动比必须在各级传动零件的参数，如带轮直径、齿轮齿数等确定以后才能计算出来。一般，总传动比的实际值与设计要求值的允许误差为 3% ~ 5%。

3. 运动和动力参数计算

0 轴（电动机轴）：

$$P_0 = P_d = 3.88\text{kW}$$

$$n_0 = n_m = 1440\text{r/min}$$

$$T_0 = 9550\frac{P_0}{n_0} = 9550 \times \frac{3.88}{1440}\text{N} \cdot \text{m} = 25.7\text{N} \cdot \text{m}$$

1 轴（高速轴）：

$$P_1 = P_0\eta_{01} = P_0\eta_1 = 3.88\text{kW} \times 0.96 = 3.72\text{kW}$$

$$n_1 = \frac{n_0}{i_{01}} = \frac{1440}{3}\text{r/min} = 480\text{r/min}$$

$$T_1 = 9550\frac{P_1}{n_1} = 9550 \times \frac{3.72}{480}\text{N} \cdot \text{m} = 74\text{N} \cdot \text{m}$$

2 轴（中间轴）：

$$P_2 = P_1\eta_{12} = P_1\eta_2\eta_3 = 3.72\text{kW} \times 0.99 \times 0.97 = 3.57\text{kW}$$

$$n_2 = \frac{n_1}{i_{12}} = \frac{480}{4.688}\text{r/min} = 102.4\text{r/min}$$

$$T_2 = 9550\frac{P_2}{n_2} = 9550 \times \frac{3.57}{102.4}\text{N} \cdot \text{m} = 333\text{N} \cdot \text{m}$$

3 轴（低速轴）：

$$P_3 = P_2\eta_{23} = P_2\eta_2\eta_3 = 3.57\text{kW} \times 0.99 \times 0.97 = 3.43\text{kW}$$

$$n_3 = \frac{n_2}{i_{23}} = \frac{102.4}{3.349}\text{r/min} = 30.58\text{r/min}$$

$$T_3 = 9550\frac{P_3}{n_3} = 9550 \times \frac{3.43}{30.58}\text{N} \cdot \text{m} = 1071\text{N} \cdot \text{m}$$

4 轴（滚筒轴）：

$$P_4 = P_3 \eta_{34} = P_3 \eta_2 \eta_4 = 3.43\text{kW} \times 0.99 \times 0.99 = 3.36\text{kW}$$

$$n_4 = \frac{n_3}{i_{34}} = \frac{30.58}{1}\text{r/min} = 30.58\text{r/min}$$

$$T_4 = 9550\frac{P_4}{n_4} = 9550 \times \frac{3.36}{30.58}\text{N} \cdot \text{m} = 1049\text{N} \cdot \text{m}$$

1~3 轴的输出功率或输出转矩分别为各轴的输入功率或输入转矩乘以轴承效率 0.99。例如，1 轴的输出功率 $P'_1 = P_1 \times 0.99 = 3.72 \times 0.99 = 3.68\text{kW}$；输出转矩 $T'_1 = T_1 \times 0.99 = 74 \times 0.99 = 73.3\text{N} \cdot \text{m}$。其余类推。

运动和动力参数的计算结果汇总于表 2-8，供以后的设计计算使用。

表 2-8 各轴运动和动力参数

轴　名	功　率 P/kW		转　矩 T/N·m		转　速 n/(r/min)	传动比 i	效　率 η
	输入	输出	输入	输出			
电动机轴		3.88		25.7	1440		
1　轴	3.72	3.68	74	73.3	480	3	0.96
2　轴	3.57	3.53	333	330	102.4	4.688	0.96
3　轴	3.43	3.40	1071	1060	30.58	3.349	0.96
滚筒轴	3.36	3.33	1049	1039	30.58	1	0.98

第三章　传动装置的结构设计

传动装置中包含传动零件（如齿轮、蜗轮）、轴系和支承零件（如轴、轴承、箱体、箱盖）及附件等。本章将介绍传动装置的结构设计及其装配图样的设计要求。

第一节　常用减速器结构

在传动装置中，减速器较为常用。图 3-1～图 3-3 分别给出了二级圆柱齿轮减速器、二级圆锥-圆柱齿轮减速器、蜗杆减速器的部分剖分立体图。表 3-1 列出了减速器箱体各部分结构的推荐尺寸。

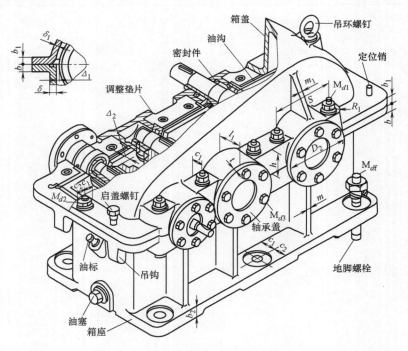

图 3-1　二级圆柱齿轮减速器

在进行减速器结构设计时，要考虑整体或局部结构的工作特点与材料的选择；零部件结构的形状与强度；零部件和系统刚度与其结构位置的关系及固定方式；系统运转精度和灵活性与各零件的加工装配精度和使用寿命；零部件生产周期与加工装配维护工艺性要求；设计

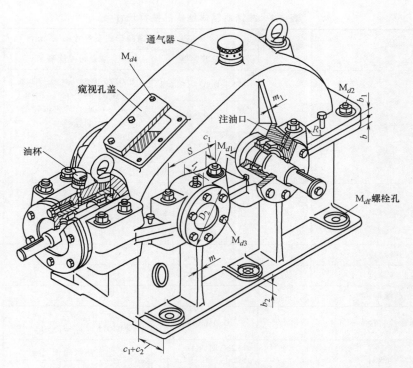

通气器

M_{d4}

窥视孔盖

油杯

注油口

m_1

M_{d2}

b_1

R_1

b

c_1

M_{d1}

S

L

D_2

M_{d3}

m

M_{df}螺栓孔

b_2

c_1+c_2

图 3-2　二级圆锥-圆柱齿轮减速器

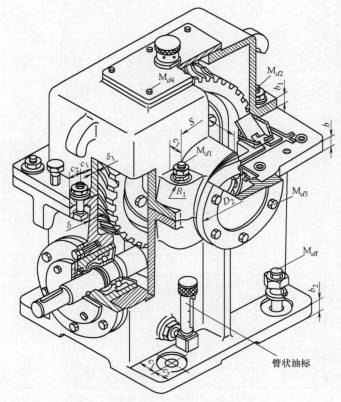

M_{d4}

M_{d2}

b_1

b

S

c_1

c_2 c_1

δ_1

M_{d1}

R_1

D_2

M_{d3}

δ

M_{df}

b_2

c_1 c_2

管状油标

图 3-3　蜗杆减速器

表 3-1　减速器箱体结构的推荐尺寸

名　　称	符　号	减速器形式及尺寸关系/mm						
		齿轮减速器		锥齿轮减速器				蜗杆减速器
箱座壁厚	δ	一级	$0.025a+1 \geqslant 8$	$0.0125(d_{1m}+d_{2m})+1 \geqslant 8$ 或 $0.01(d_1+d_2)+1 \geqslant 8$ d_1、d_2——小、大锥齿轮的大端直径 d_{1m}、d_{2m}——小、大锥齿轮的平均直径				$0.04a+3 \geqslant 8$
		二级	$0.025a+3 \geqslant 8$					
		三级	$0.025a+5 \geqslant 8$					
		考虑铸造工艺，毛坯壁厚一般不小于 8						
箱盖壁厚	δ_1	一级	$0.02a+1 \geqslant 8$	$0.01(d_{1m}+d_{2m})+1 \geqslant 8$ 或 $0.0085(d_1+d_2)+1 \geqslant 8$				蜗杆在上：$\approx \delta$ 蜗杆在下：$=0.85\delta \geqslant 8$
		二级	$0.02a+3 \geqslant 8$					
		三级	$0.02a+5 \geqslant 8$					
箱座凸缘厚度	b	1.5δ						
箱盖凸缘厚度	b_1	$1.5\delta_1$						
箱座底凸缘厚度	b_2	2.5δ						
地脚螺栓直径	d_f	$0.036a+12$		$0.018(d_{1m}+d_{2m})+1 \geqslant 12$ 或 $0.015(d_1+d_2)+1 \geqslant 12$				$0.036a+12$
地脚螺栓数目	n	$a \leqslant 250$ 时，$n=4$ $a>250 \sim 500$ 时，$n=6$ $a>500$ 时，$n=8$		$n = \dfrac{箱座底凸缘周长之半}{200 \sim 300} \geqslant 4$				4
轴承旁联接螺栓直径	d_1	$0.75d_f$						
箱盖与箱座联接螺栓直径	d_2	$(0.5 \sim 0.6)d_f$						
联接螺栓 d_2 的间距	l	$150 \sim 200$						
轴承端盖螺钉直径	d_3	$(0.4 \sim 0.5)d_f$						
窥视孔盖螺钉直径	d_4	$(0.3 \sim 0.4)d_f$						
定位销直径	d	$(0.7 \sim 0.8)d_2$						
螺栓扳手空间与凸缘宽度	安装螺栓直径　d_x	M8	M10	M12	M16	M20	M24	M30
	至外箱壁距离　c_{1min}	13	16	18	22	26	34	40
	至凸缘边距离　c_{2min}	11	14	16	20	24	28	34
	沉头座直径　D_{cmin}	20	24	26	32	40	48	60
轴承旁凸台半径	R_1	c_2						
凸台高度	h	根据 d_1 位置及轴承座外径确定，以便于扳手操作为准						
外箱壁至轴承座端面距离	l_1	$c_1+c_2+(5 \sim 8)$						
大齿轮顶圆（蜗轮外圆）与内壁距离	Δ_1	$>1.2\delta$						
齿轮（锥齿轮或蜗轮轮毂）端面与内壁的距离	Δ_2	$>\delta$						
箱盖、箱座肋厚	m_1、m	$m_1 \approx 0.85\delta_1$　　　$m \approx 0.85\delta$						
轴承端盖外径	D_2	$D+(5 \sim 5.5)d_3$；对嵌入式端盖，$D_2=1.25D+10$（D 为轴承外径）						
轴承端盖凸缘厚度	t	$(1 \sim 1.2)d_3$（图 3-1）						
轴承旁联接螺栓距离	S	尽量靠近，以 M_{d1} 和 M_{d3} 互不干涉为准，一般取 $S \approx D_2$						

注：表中 a 为中心距。多级传动时，a 取大值。对圆锥-圆柱齿轮减速器，按圆柱齿轮传动中心距取值。

结果的合理性与技术表达，包括正确的工程图样表达等。设计、计算和绘制图样一般应交叉进行，并应注意："边计算，边设计，边修改，边完善"。

第二节 传动零件的设计计算

在装配图设计前，要先对传动零部件、执行机构构件以及联接件进行设计计算，以获得其基本结构尺寸。当减速器外有其他传动零件时，可先对外部传动和执行构件进行计算，包括连杆机构、凸轮机构等。设计传动装置时，可先设计传动零件，再根据传动零件的工作要求，设计确定支承零件、联接零件和附件等。传动零件的设计包括确定传动零件的材料、热处理方法、参数和主要结构尺寸。各类传动零件的设计方法可按有关教材或设计手册进行，这里仅就设计时应注意的问题做一简要介绍。

一、减速器外传动及传动零件设计

减速器外常用的传动和传动零件有普通 V 带传动、链传动、开式齿轮传动和联轴器等。

1. 普通 V 带传动

普通 V 带传动设计的内容主要包括：确定 V 带型号、长度和根数；带轮材料和结构；传动中心距及带传动的张紧装置；带工作时对轴的作用力等。

设计时应检查带轮的尺寸与传动装置外廓尺寸是否匹配，如装在电动机轴上的小带轮直径与电动机中心高及大带轮外圆与其安装轴的支承箱体中心高是否匹配；各轴孔直径和长度与安装轴等的设计是否协调。如有不合理的情况，应考虑改选带轮直径，修改设计。

带轮轮毂宽度与带轮轮缘宽度不一定相同，一般轮毂宽度 l 和轴孔直径 d 的大小可按联接键的强度确定，常取 $l = (1.5 \sim 2)d$。安装在电动机上的带轮轮毂宽度，应按电动机输出轴的长度确定，而轮缘宽度，则取决于带的型号和根数。

2. 链传动

链传动设计的内容主要包括：确定链条的节距、排数和链节数；传动中心距；链轮的材料和结构尺寸；张紧装置和润滑方式，以及作用在轴上的力的大小和方向等。

与前述带传动设计中应注意的问题类似，设计时应检查链轮的直径尺寸、轴孔尺寸、轮毂尺寸等是否与减速器或工作机相适应。大、小链轮的齿数最好选择奇数或不能整除链节数的数，一般限定 $z_{\min} = 17$，$z_{\max} = 120$；为避免使用过渡链节，链节数最好取为偶数；当采用单排链传动而计算出的链节距过大时，应改选双排链或多排链。

3. 开式齿轮传动

开式齿轮传动设计的内容主要包括：选择材料；确定齿轮传动的齿数、模数、中心距、螺旋角、变位系数、齿宽等参数；齿轮的其他几何结构尺寸及其受力大小和方向等。

由于开式齿轮一般不发生点蚀，故只需按弯曲强度计算，考虑到齿面磨损对强度的影响，应将强度计算求得的模数加大 10% ~ 20%；当开式齿轮悬臂布置时，轴的支承刚度相对较小，易发生轮齿偏载，因而齿宽系数应取小些。

开式齿轮传动一般用于低速，为使支承结构简单，常采用直齿轮；由于润滑及密封条件差，故应注意齿轮材料的匹配，使之具有较好的减摩和耐磨性能。当尺寸参数确定后，应检查传动件的外廓尺寸与相关零部件是否会发生干涉。若发生干涉，应视情况进行修改，并重新进行参数计算。

4. 联轴器的选择

联轴器分为刚性联轴器和弹性联轴器，前者结构简单，刚性好，传力大，安装精度要求高；后者可以缓冲、减振，且对两轴间的安装精度要求不高。在设计时，一般按联轴器所需传递的转矩、轴的转速和安装轴头的几何尺寸要求从标准件中选择。常用的刚性联轴器有凸缘联轴器、齿式联轴器等；弹性联轴器有弹性套柱销联轴器、弹性柱销联轴器、梅花形弹性联轴器等。

5. 连杆机构设计

连杆机构设计的内容主要包括：确定连杆的长度和截面形状等几何参数；选择材料和加工方法；铰链结构和安装形式；注意连杆结构设计不要造成与相关结构发生干涉；作用力的大小、方向，以及传力特性（如压力角）对其他传动件的影响等。有些连杆设计时，有一些特殊结构要求，如需要将铰链处制成剖分结构，以便于安装；采用连杆长度可调结构等。

6. 凸轮机构设计

凸轮机构设计的内容主要包括：按运动和强度要求，确定凸轮的廓线形状和接触宽度等几何参数；选择材料、热处理工艺和加工方法；作用力的大小、方向以及传力特性（如压力角）对传动的影响；注意凸轮廓线设计不能使运动失真，从动件设计应力求减少摩擦等。

■ 二、减速器内传动零件设计

1. 圆柱齿轮传动

闭式传动齿轮应满足齿面接触疲劳强度和齿根弯曲疲劳强度的要求。选择齿轮材料及热处理方法时，要考虑齿轮的毛坯尺寸和加工工艺过程。当齿轮的齿顶圆直径 $d_a \leqslant 400mm$ 时，一般采用锻造毛坯；当 $d_a > 400mm$ 时，常因受锻造设备的限制，而采用铸造毛坯；若齿轮直径与轴的直径相差不大，应将齿轮和轴做成一体，选材时要考虑齿轮与轴加工和工作要求的一致性；同一减速器内各级大、小齿轮材料最好对应相同，以减少材料牌号和简化工艺要求。

齿轮传动的几何参数和尺寸应分别进行标准化、圆整或准确计算，并保留其精确值。例如，模数必须标准化；中心距和齿宽应该圆整；分度圆、齿顶圆和齿根圆直径、螺旋角，变位系数等啮合尺寸必须保留其精确值。长度尺寸要求精确到小数点后二至三位（单位为 mm），角度精确到角度秒。为便于制造和测量，中心距应尽量圆整成尾数为 0、5 或偶数。对直齿圆柱齿轮传动，可以通过调整模数和齿数，或采用角变位的方法来圆整；对斜齿圆柱齿轮传动，则可以通过调整螺旋角来实现参数圆整的要求。设计齿轮结构时，轮毂直径和宽度，轮辐的厚度和孔径，轮缘的宽度和内径等与正确啮合条件无关的参数，应按给定的公式计算后合理圆整。

计算齿宽 b 是指该对齿轮的工作宽度，为补偿齿轮轴向位置加工和装配误差，小齿轮设计宽度一般大于大齿轮宽度 5~8mm。

2. 锥齿轮传动

锥齿轮传动同样应满足齿面接触疲劳强度和齿根弯曲疲劳强度的要求。在进行几何计算时，直齿锥齿轮的锥距 R、分度圆直径 d（大端）等几何尺寸，应按大端模数和齿数精确计算，并保留至小数点后三位数值。两轴交角为 90° 时，分度圆锥角 δ_1 和 δ_2 可以由齿数比 $u = z_2/z_1$ 计算，其中小锥齿轮齿数 z_1 可取 17~25。u 值的计算应达到小数点后第四位，δ_1、δ_2 值的计算应精确到角度秒。大、小锥齿轮的齿宽应相等，齿宽 b 的数值应圆整。

3. 蜗杆传动

由于蜗杆传动工作时齿面相对滑动速度较大，效率较低，又因蜗杆轴跨度较大，设计时常需做热平衡计算和刚度计算。蜗杆副材料要求有较好的减摩性、耐磨性和跑合性能，其选择与滑动速度有关，可按输入转速和蜗杆估计直径初步估算；待蜗杆传动几何尺寸确定以后，应校核滑动速度和传动效率，如与初估值有较大出入，则应做修正计算，包括检查材料选择是否恰当。为了便于加工，蜗杆和蜗轮的螺旋线方向多采用右旋。

模数 m 和蜗杆分度圆直径 d_1 按标准选用；中心距应尽量圆整；对蜗轮进行变位时，变位系数应在 $-1 \sim +1$ 之间。如不符合，则应调整 d_1 值或将蜗轮齿数增减 $1 \sim 2$ 个。蜗杆分度圆圆周速度小于 $4 \sim 5 m/s$ 时，蜗杆一般下置；否则可将其上置。

其他传动零部件的设计可参见有关资料。

第三节 传动装置装配草图和零部件结构设计

传动装置装配图和零部件结构设计的主要任务是，设计出各零件的形状和尺寸，相对位置、装配关系和要求，并用装配图样表达清楚。在设计过程中，需综合考虑各零件的工作状况、强度及刚度要求、制造、装配及工艺条件等。一般应先进行装配草图设计，经反复修改完善后，形成正式装配图样，最后绘制出全部零件图样，作为加工装配的依据。

本节以传动装置中常用的减速器为例，讨论传动装置零部件结构和装配草图的设计过程及应注意的问题。

一、装配草图设计准备

装配草图的设计内容主要包括：初绘装配草图；轴、轴承、键的设计和计算；轴系设计及箱体与附件设计。

草图设计前的准备工作包括：

1）通过参观或装拆实际减速器，观看录像，阅读相关手册、图册和教材上的相关内容，了解减速器的构成、各零部件的功用、结构及其相互关系，做到对设计内容心中有数。

2）根据设计计算确定传动零件的主要尺寸，如齿轮或蜗轮的分度圆和齿顶圆直径、宽度、轮毂长度、传动中心距、电动机型号及轴端的相关设计要求。

3）明确各个零部件的工作要求，如键、轴承、传动件、滚动轴承的润滑、密封方式等。

4）确定减速器箱体的结构形式（如剖分式或整体式等），并计算其各部分尺寸以及附件设计等。

二、绘制装配草图的步骤

减速器中的齿轮、轴、轴承等是减速器的主要零件，其他零件如箱体及附件的结构是为了满足主要零件工作条件而设计的，因此，本阶段的工作可参考以下步骤进行。

1）确定各级轴及传动零件在装配图中的相对位置和布局。

2）初步估计轴径尺寸及箱体相关结构尺寸。

3）初步确定轴承型号和润滑方式，轴承盖及联轴器的类型、型号等，确定轴系部件的轴向位置。

4）轴的受力分析及设计计算。

5）轴承的计算和型号的确定。

6）校核键和其他零件的强度。

7）完成减速器的总体设计。

减速器的典型构造如图 3-1~图 3-3 所示，相关结构尺寸见表 3-1。

三、初绘装配草图

传动零件、轴和轴承是减速器的主要零件，其他零件的结构尺寸应围绕其进行设计。绘制装配草图时，应先绘制主要零件，然后绘制次要零件；由内向外，内外兼顾；由粗到细，逐步完成。绘图时，可以先以一个视图为主，兼顾其他视图。

1）绘图时，应尽量选用 1:1 的比例尺。布置图面时，应根据传动件的中心距、顶圆直径及轮宽等主要尺寸，估计出减速器的轮廓尺寸，合理布置图面。

2）确定减速器各零件的相互位置时，参考图 3-1~图 3-6 和表 3-1，先在主、俯视图上画出箱体内传动零件的中心线、齿顶圆（或蜗轮外圆）、分度圆、齿宽和轮毂长等轮廓尺寸。

3）确定轴承和外部相关零件的位置，为轴和轴承的计算提供依据。

四、轴系零件的计算

1. 轴的强度计算

（1）按许用切应力计算　对于主要受转矩作用的轴，可按许用扭转切应力 $[\tau]$ 计算轴径。对受弯扭矩组合作用的轴，可先用其对轴的直径进行估算，将估算值圆整后，作为轴最细处的直径，用作轴系结构设计和选择轴承时的参考。设计应使轴上扭转切应力 τ 满足 $\tau \leqslant [\tau]$。

（2）按许用弯曲应力计算　对一般受弯扭矩组合作用的轴，其所受弯曲应力不应超过对称循环应力状态下的许用弯曲应力 $[\sigma_{-1b}]$，轴上所受最大弯曲应力 σ_b，是轴受弯矩、转矩所产生应力综合作用的结果。设计须满足条件：$\sigma_b \leqslant [\sigma_{-1b}]$。

（3）安全系数校核计算　对于减速器中重要的轴，在变应力作用下，对载荷较大、轴径较小、应力集中严重的危险断面，除进行弯扭组合强度计算外，还应进行疲劳强度和静强度的安全系数校核。计算时应满足安全系数 $S \geqslant [S]$。

2. 轴承的选择计算

轴承应根据其所受载荷、工作转速、安装调整和经济性等条件选择。对一般的工作条件和结构要求时，可选用深沟球轴承或角接触球轴承；受力大的支承可选用圆锥滚子轴承或用其与圆柱滚子轴承、推力轴承的适当组合来完成支承设计。具体尺寸型号可根据轴径选取，并要满足寿命要求。同一轴的两个支点上，以选择相同轴承为宜，这样可使轴承安装孔在壳体上一次加工成形，精度容易保证。

对于角接触球轴承，正反安装会对轴系的刚性和加工装配工艺产生影响。支承固定方式应视轴上受力情况、轴上零件安装位置和轴的几何尺寸及对工艺性的影响等方面的因素确定。

轴承的寿命应满足设计要求，一般按可靠度为90%时的寿命计算。轴承所受当量动载荷根据轴系支点所受径向和轴向载荷计算确定。

3. 键的强度计算

键常作为轴与轮毂间的联接件，其最大截面尺寸 $b \times h$ 根据安装处轴径大小按标准查取。用于静联接的键应满足挤压应力 $\sigma_p \leqslant [\sigma_p]$；用于动联接的键应满足承载面压强 $p \leqslant [p]$。$[\sigma_p]$、$[p]$ 为键、轴、轮毂三者中材料强度较低的许用应力或许用压强。当键强度不够时，可考虑采用较长的键、双键、花键、加大轴径和强化相关零件等途径来解决。采用双键时，两键应对称布置，考虑到载荷分布不均匀，其承载能力按 1.5 个键计算。

五、轴系结构设计

1. 箱体与轴系零件位置

传动件、箱体、轴、轴承及轴承盖的结构布局和主要尺寸，可参考图 3-1~图 3-3，然后初步绘出相关零部件的位置。图 3-4~图 3-6 分别根据二级圆柱齿轮、圆锥-圆柱齿轮和蜗杆

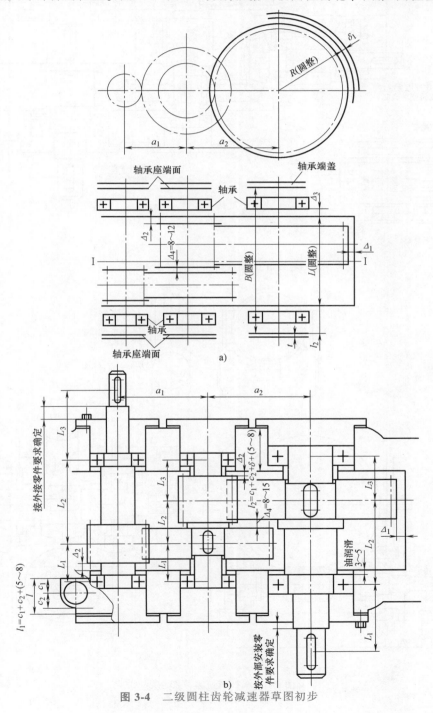

图 3-4 二级圆柱齿轮减速器草图初步

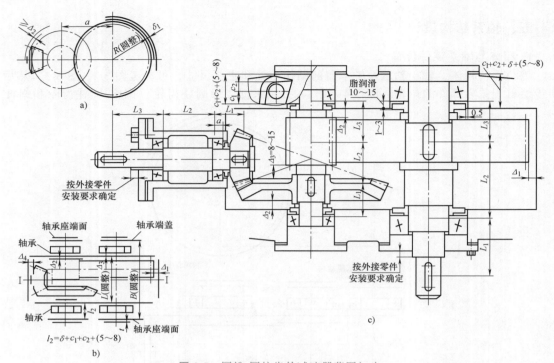

图 3-5　圆锥-圆柱齿轮减速器草图初步

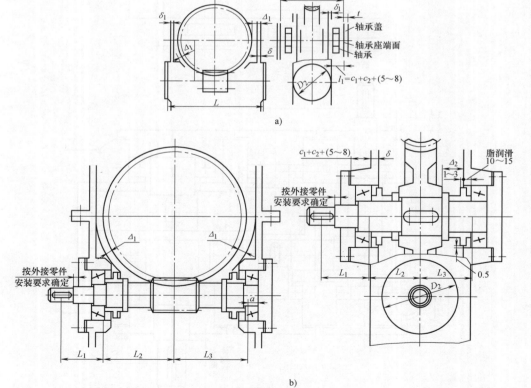

图 3-6　蜗杆减速器草图初步

传动方案绘制。图中 c_1、c_2、δ 的确定参见表 3-1。确定轴系零件轴向位置时应注意：

1）不同轴上的旋转零件间，轴上旋转零件与箱体间，均要留有一定距离，以免发生碰撞。该距离一般取 8~15mm。

2）滚动轴承的间距设计应使轴系具有较大的刚度。滚动轴承距箱体内机壁的距离 Δ_3，应根据滚动轴承的润滑和密封方式确定。当传动零件边缘圆周速度大于 2~3m/s 时，可采用飞溅润滑方式润滑轴承，这时可取 $\Delta_3 = 3~5$mm；当轴承的 dn 值小于 2×10^5mm · r/min 时，可采用润滑脂润滑，Δ_3 取 8~12mm，如图 3-7 所示。

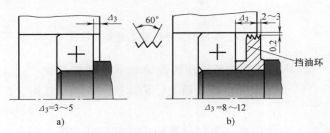

图 3-7 轴承距内机壁的距离

3）为了提高蜗杆轴的刚度，轴承应尽量靠近，如图 3-6 所示方案中，轴承座采用了内凸结构。当蜗杆轴较长时，应考虑将支承布置成一端固定、一端游动式结构，必要时固定端可考虑采用一对角接触球轴承，如图 3-8 所示。

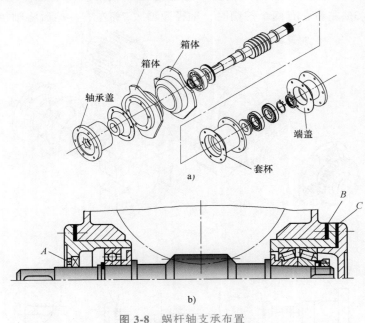

图 3-8 蜗杆轴支承布置
a）轴系零件 b）支承布局

4）轴的外伸长度取决于外接零件及轴承盖的结构。例如，轴端装有联轴器，则应留有足够的装配距离。安装弹性套柱销联轴器所要求的安装尺寸 B 如图 3-9 所示。

5）采用不同的轴承盖结构时，箱体宽度不同，轴的外伸长度也不同。当采用凸缘式轴

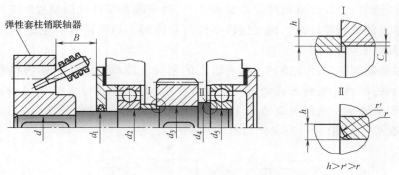

图 3-9 外伸端安装联轴器的安装尺寸

承盖时（图 3-10），轴的外伸长度应考虑预留拆装轴承盖螺栓长度 L，以保证在不拆卸外接零件的情况下，能拆装轴承盖螺钉，打开箱盖；采用嵌入式轴承盖时，L 可取较小值。

2. 轴系结构

根据轴上各零件和支承的位置，通过计算确定轴径尺寸和轴承后，在进行轴系结构的详细设计时应注意以下问题：

1）当外伸轴通过联轴器与电动机联接时，计算轴径和电动机轴径均应在所选联轴器孔径的允许范围内，否则应改变轴径 d，与其相匹配。

2）当轴上开有键槽时，应增大轴径以考虑键槽对轴强度的削弱。一般在有一个键槽时，轴径应增大 3% 左右；有两个键槽时，轴径应增大 7% 左右，然后将轴径圆整。

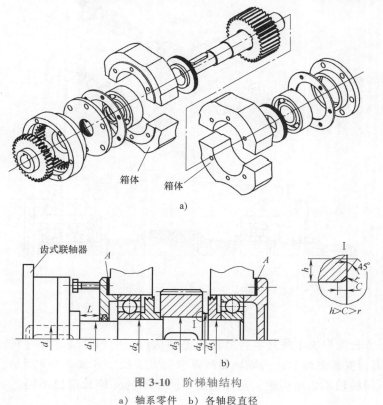

图 3-10 阶梯轴结构

a）轴系零件 b）各轴段直径

3）轴和轴上零件要有准确的定位，要便于装拆和调整，且应具有良好的制造工艺性，因此，一般把轴做成阶梯形，如图 3-10 所示。图 3-8b 中 C 处和图 3-10b 中 A 处是为调整轴承间隙所设置的调整垫片。图 3-8b 中 A 处为拆卸内侧密封圈用工艺孔，B 处为轴系轴向位置调整垫片。

4）当相邻轴段直径变化处的轴肩是为了固定轴上零件或承受轴向力时，其直径变化值要大些，如图 3-9 中直径 d 和 d_1、d_3 和 d_4、d_4 和 d_5，图 3-10b 中 d_3 和 d_4 处的变化。轴肩根部圆角半径 r 应小于轴上零件的倒角 C 或圆角半径 r'。定位轴肩的尺寸见表 3-2。当用定位轴肩固定滚动轴承时，轴肩高度可参见第六章，以便于拆卸轴承，如图 3-11 所示；仅为装拆方便或区别加工表面时，其直径变化值可

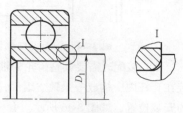

图 3-11 轴承拆卸要求

较小，甚至可采用同一公称直径而取不同的偏差值，如图 3-10b 中 d_2 段和图 3-14 等。图 3-10b 中直径 d_1 和 d_2、d_2 和 d_3，一般直径变化量可取 1~3mm。

表 3-2   定位轴肩的尺寸   （单位：mm）

	d	r	C	d_1
	>18~30	1.0	1.6	$d_1 = d + (3\text{~}4)C$
	>30~50	1.6	2.0	
	>50~80	2.0	2.5	（计算值应尽量圆整）
	>80~120	2.5	3.0	

5）当轴表面需要磨削加工或切削螺纹时，为了便于加工和提高加工效率，轴径变化处应留有砂轮越程槽或退刀槽（图 3-12），其具体结构尺寸参见第六章。

6）轴上安装传动零件的轴段长度应根据所装零件的轮毂长度确定，由于存在制造误差，为了保证零件轴向定位可靠，应使轴的端面与轮毂端面间留有一定距离，如图 3-13 所示，一般取 $\Delta l = 1\text{~}3$mm。

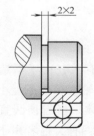

图 3-12   砂轮越程槽或退刀槽

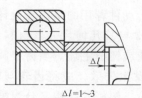

$\Delta l = 1\text{~}3$ $\Delta l = 1\text{~}3$

图 3-13   阶梯轴与轮毂端面间的距离

7）安装键的轴段，为便于装配时使轮毂上的键槽与键对准，键槽的布置应靠近轴上零件装入端，如图 3-14 所示。键的长度可比轴毂配合长度短 5~10mm，并按标准圆整。

8）对于悬臂支承结构（如图 3-5 中的小锥齿轮轴），为使轴系具有较大的刚度，两轴承支点跨距不宜太小，轴上零件尽量靠近支点。图 3-15 给出了支点跨距与悬臂零件间的推荐距离。

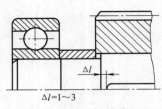

图 3-14 轴上键槽位置

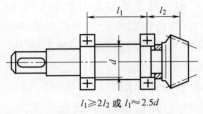

$l_1 \geqslant 2l_2$ 或 $l_1 \approx 2.5d$

图 3-15 支点跨距与悬臂零件间的推荐距离

9）装配时需要调整齿轮的轴向位置时（如为保证大、小锥齿轮锥顶重合），常将小锥齿轮轴系装在套杯内，构成一个独立组件，并可用调整垫片调整套杯轴向位置，从而将小锥齿轮调整到正确的安装位置，如图 3-16 所示。套杯用于固定轴承的凸肩高度，应按轴承安装尺寸要求确定。

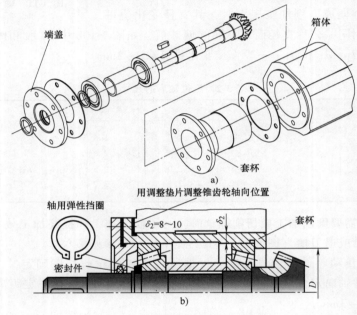

图 3-16 套杯结构与轴向位置的调整

a）轴系结构及零件　b）轴承固定及锥齿轮调整

3. 传动零件的结构设计

常用锻造、铸造和组合结构传动件荐用的结构和设计尺寸见表 3-3。

（1）齿轮结构　齿轮结构通常与其几何尺寸、材料及制造工艺有关，由于锻造后的钢材力学性能较好，一般多采用锻造或铸造毛坯。当齿根圆直径与该处轴直径差值过小时，为避免由于键槽处轮毂过于薄弱而发生失效，应将齿轮与轴加工成一体。当齿顶圆直径较大时，可采用实心或辐板式结构齿轮。辐板式结构又分为模锻和自由锻两种，前者用于批量生产。辐板式结构重量轻，节省材料。齿顶圆直径 $d_a \leqslant 400 \sim 500 \text{mm}$ 时，通常采用锻造毛坯；当受锻造设备限制或齿顶圆直径 $d_a > 500 \text{mm}$ 时，常采用铸造毛坯加工齿轮，设计时要考虑铸造工艺性，如断面变化的要求，以降低应力集中或铸造缺陷。

（2）蜗杆蜗轮结构　蜗杆常与轴制成一体，称为蜗杆轴，如图 3-17 所示；仅在 $d_f/d \geqslant 1.7$ 时才将蜗杆齿圈与轴分开制造。

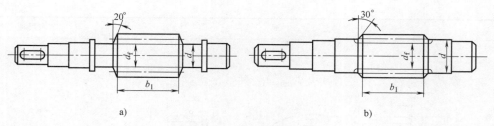

图 3-17 蜗杆轴

a）车制蜗杆 b）铣制蜗杆

常用蜗轮结构有整体式（表 3-3 中蜗轮图 d）和组合式。整体式结构适用于铸铁蜗轮和直径小于 100mm 的青铜蜗轮。当蜗轮直径较大时，为节约材料，提高轮芯承载力，可采用轮箍式（表 3-3 中蜗轮图 a）、螺栓联接式（表 3-3 中蜗轮图 b）和镶铸式（表 3-3 中蜗轮图 c）等组合结构。其中轮箍式结构是将青铜轮缘压装在钢制或铸铁轮毂上，再进行齿圈的加工。为了防止轮缘松动，应在配合面圆周上加装 4~8 个紧固螺钉。受剪螺栓联接形式在大直径蜗轮上应用较多，这种形式装拆方便，磨损后容易更换齿圈。镶铸式蜗轮是在轮毂上预制出榫槽，将轮缘镶铸在轮毂上，适用于大批量生产。

（3）结构设计参数选择 在设计齿轮或蜗轮结构时，通常先按其直径选择适宜的结构形式，然后再根据推荐的经验公式计算相应的结构尺寸，见表 3-3。设计结果可根据具体工艺要求圆整。

表 3-3 齿轮、蜗轮结构

齿坯	工 件	结构尺寸
锻造齿轮	（圆柱齿轮及锥齿轮图） （圆柱齿轮轮齿 x 图、锥齿轮轮齿 x 图）	圆柱齿轮： 当 $d_a < 2d$ 或 $x \le 2.5m_t$ 时，应将齿轮做成齿轮轴 锥齿轮： 当 $x \le 1.6m$（m 为大端模数）时，应将齿轮做成齿轮轴
	$d_a < 200mm$ （齿轮结构图，标注 Cn、δ_0、d_a、D_2、d_h、D_1、D_0、$3 \sim 5$、b、l 及锥齿轮结构图标注 d_h、D_1、l）	$D_1 = 1.6d_h$ $l = (1.2 \sim 1.5)\ d_h$, $l \ge b$ $\delta_0 = 2.5m_n$，但不小于 $8 \sim 10mm$ $n = 0.5m_n$ $D_0 = 0.5\ (D_1 + D_2)$ $d_0 = 10 \sim 29mm$，当 d_0 较小时不钻孔

（续）

齿坯	工　　　件	结构尺寸
锻造齿轮	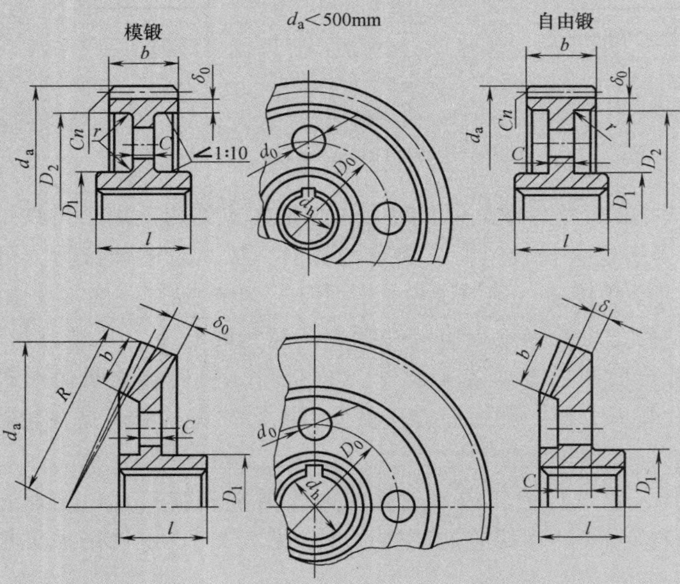	$D_1 = 1.6d_h$ $l = (1.2 \sim 1.5) \ d_h,\ l \geqslant b$ $\delta_0 = (2.5 \sim 4) \ m_n$，但不小于 $8 \sim 10$mm $n = 0.5m_n$ $r \approx 0.5C$ 圆柱齿轮： $D_0 = 0.5 \ (D_1 + D_2)$ $d_0 = 15 \sim 25$mm $C \begin{cases} = (0.2 \sim 0.3) \ b，模锻 \\ = 0.3b，自由锻 \end{cases}$ 锥齿轮： $\delta = (3 \sim 4) \ m$，但不小于 10mm $C = (0.1 \sim 0.17) \ R$ D_0、d_0 按结构确定
铸造齿轮	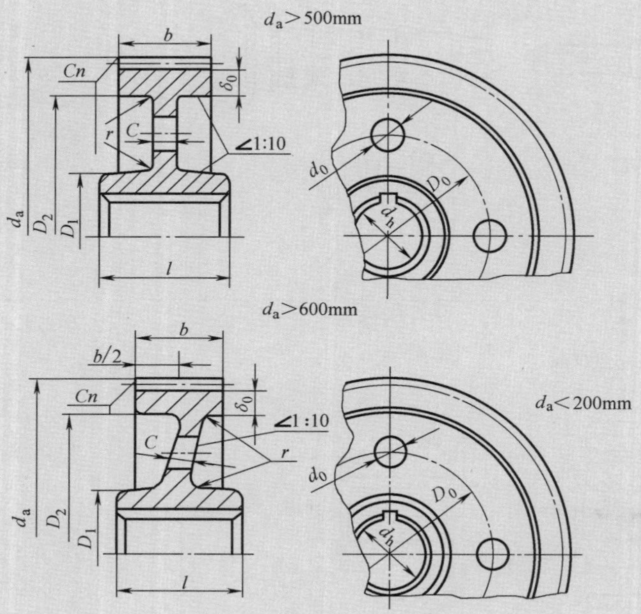	$D_1 = 1.6d_h$（铸钢） $D_1 = 1.8d_h$（铸铁） $l = (1.2 \sim 1.5) \ d_h,\ l \geqslant b$ $\delta_0 = (2.5 \sim 4) \ m_n$，但不小于 $8 \sim 10$mm $n = 0.5m_n$ $r \approx 0.5C$ $D_0 = 0.5 \ (D_1 + D_2)$ $d_0 = 0.25 \ (D_2 - D_1)$ $C = 0.2b$，但不小于 10mm

（续）

齿坯	工 件	结构尺寸

铸造齿轮

$d_a = 400 \sim 1000\text{mm}$

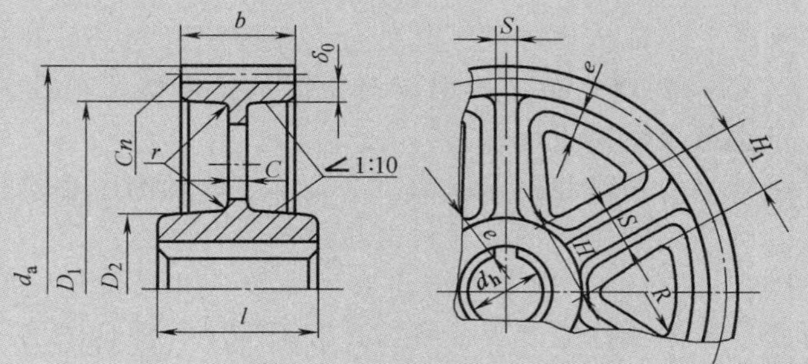

$d_a > 300\text{mm}$

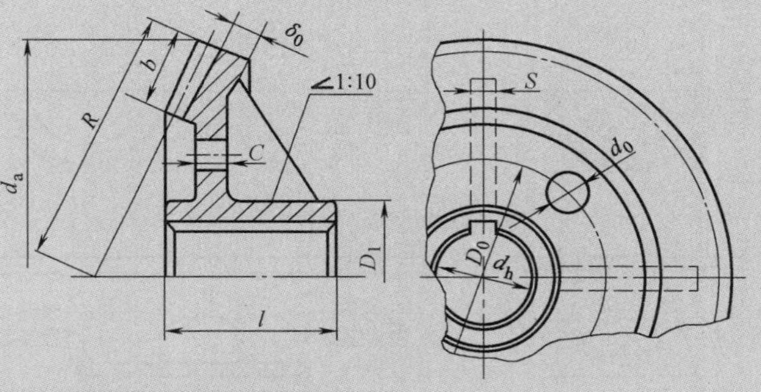

$D_1 = 1.6 d_h$（铸钢）

$D_1 = 1.8 d_h$（铸铁）

$l = (1.2 \sim 1.5)\, d_h$

$\delta_0 = (2.5 \sim 4)\, m_n$，但不小于 8mm

圆柱齿轮：

$n = 0.5 m_n$

$r \approx 0.5 C$

$C = H/5$；$S = H/6$，但不小于 10mm

$e = 0.8 \delta_0$

$H = 0.8 d_h$

$H_1 = 0.8 H$

锥齿轮：

$C = (0.1 \sim 0.17) R$，但不小于 10mm

$S = 0.8 C$，但不小于 10mm

D_0、d_0 按结构确定

蜗轮

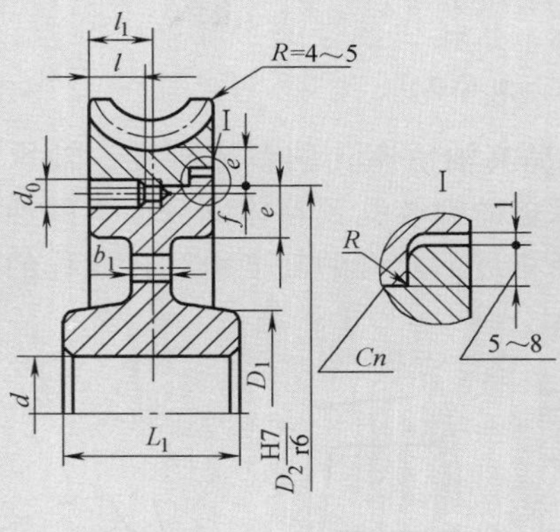

a)

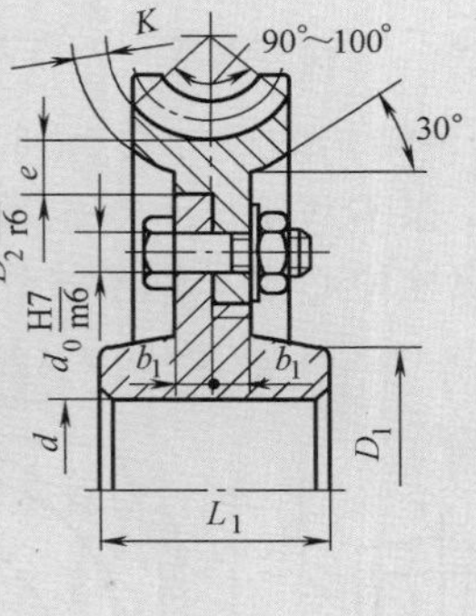

b)

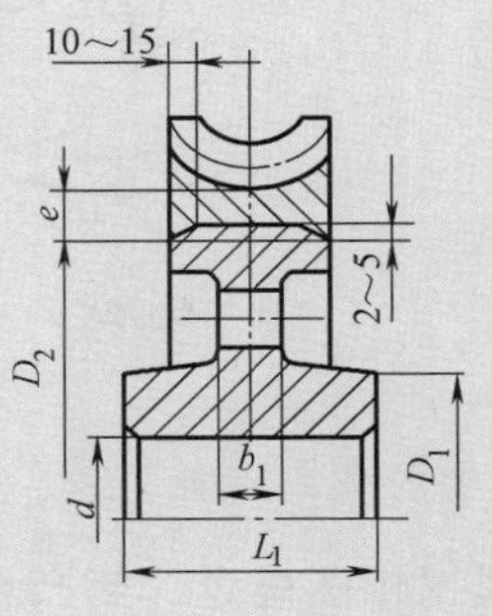

c)

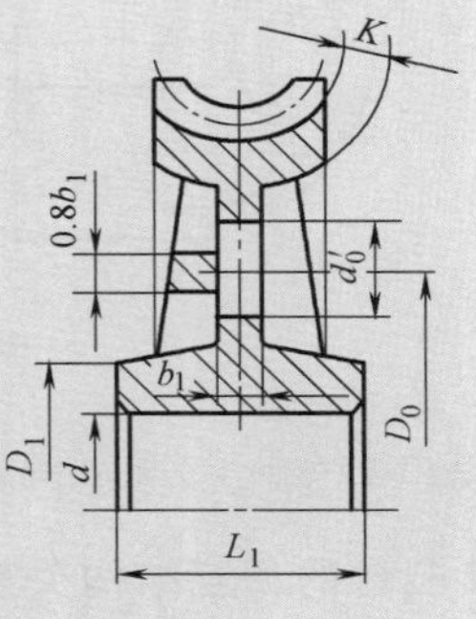

d)

$K = 2m > 10\text{mm}$

$e = 2m > 10\text{mm}$

$f = 2 \sim 3\text{mm}$

$d_0 = (1.2 \sim 1.5)\, m$

$l = 3 d_0$

$l_1 = l + 0.5 d_0$

$b_1 \geqslant 1.7 m$

$D_1 = (1.5 \sim 2)\, d$

$L_1 = (1.2 \sim 1.8)\, d$

d_0——按螺栓组强度计算确定

$D_0 \approx \dfrac{1}{2}(D_2 + D_1)$

$n > R$

d_0'——视腹板径向可用空间确定

六、箱体及轴承盖的结构

1. 箱体

减速器箱体是支承轴系部件、保证传动零件正常啮合、良好润滑和密封的基础部件，应具有足够的强度和刚度。箱体结构相对复杂，多用灰铸铁铸造；重型传动箱体，为提高强度，可用铸钢铸造；单件生产也可采用钢板焊接。

为便于轴系部件安装，箱体多由箱座和箱盖组成。剖分面多取轴的中心线所在平面，箱座和箱盖采用普通螺栓联接，圆锥销定位。剖分式铸造箱体的设计要点如下：

1）为保证减速器支承刚度，箱体轴承座处应有足够的厚度，并设置加强肋。箱体加强肋有外肋和内肋两种结构形式。内肋结构刚度大，箱体外表面平整，但会增加搅油损耗，制造工艺也比较复杂；外肋或凸壁式箱体结构可在增加局部刚度的同时加大散热面积，采用较多，如图 3-18 所示。

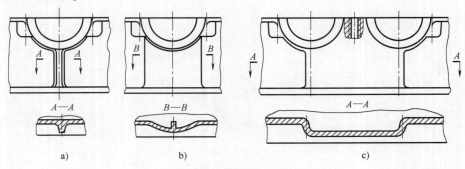

图 3-18 箱体加强肋结构
a) 外肋式 b) 内肋式 c) 凸壁式

2）轴承旁联接螺栓凸台结构的设计要有利于提高轴承座孔的整体刚度，轴承座孔两侧联接螺栓应尽量靠近轴承，以不与箱体上固定轴承盖的螺纹孔及箱体剖分面上的油沟等发生干涉为准。通常取两联接螺栓中心距与轴承盖外径相近，凸台的高度由联接螺栓的扳手空间确定，如图 3-19 所示。

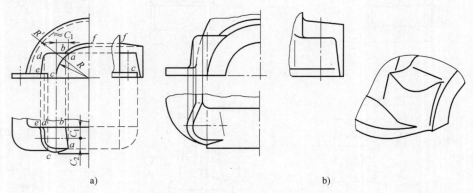

图 3-19 轴承旁联接螺栓凸台结构

轴承座凸台与联接螺栓安装凸台的相互结构关系应根据作图确定，当凸台位于箱壁内侧时，如图 3-19a 所示；当凸台位置突出箱壁外侧时，如图 3-19b 所示。轴承座凸台高度应设计一致，以便于加工，如图 3-20 所示。

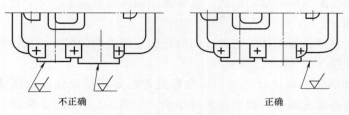

图 3-20 凸台端面设计

3）箱盖与箱座联接凸缘应有一定的厚度，以保证箱盖与箱座的联接刚度；箱体剖分面应加工平整，且有足够的宽度；螺栓间距应不大于 100~150mm，以保证箱体的密封性。

4）箱座底面凸缘的宽度 B 应超过箱座内壁，有利于提高支承刚度和强度，同时使机壁与凸缘铸造厚度尽量均匀过渡，并尽量减少加工面，如图 3-21、图 3-22b 所示。

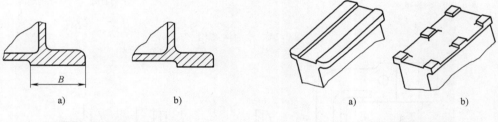

图 3-21 箱体底座凸缘
a）正确 b）不好

图 3-22 箱体底面的结构形状

5）箱体的中心高由油池深度确定。当传动零件采用浸油润滑时，对于圆柱齿轮，通常取浸油深度为一个齿高，锥齿轮浸油深度为 0.5~1 个齿宽，但不小于 10mm。为避免传动零件转动时将沉积在油池底部的污物搅起，造成齿面磨损，大齿轮齿顶距油池底面距离不小于 30~50mm，如图 3-23 所示。但浸油深度一般不超过传动件分度圆半径的 1/3，以免造成过大的搅油损失。对于下置式蜗杆减速器，油面高度一般不超过支承蜗杆轴滚动轴承最低滚动体的中心位置。

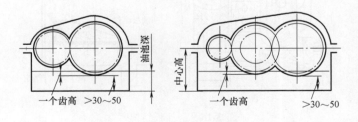

图 3-23 箱体中零件浸油深度

为保证润滑及散热的需要，减速器内应有足够的油量。单级减速器每传递 1kW 功率，约需油量为 0.35~0.7L，润滑油黏度大时，则用量较大；多级减速器则按级数成比例增加。一般油池深度大有利于减速器润滑和散热，但其高度方向尺寸增加，占用空间加大。

6）输油沟设计于箱座的剖分面上，用来输送传动零件飞溅起来的润滑油以润滑轴承。

飞溅起的润滑油沿箱盖内壁斜面流入输油沟内，经轴承盖上的导油槽流入轴承腔。输油沟有铸造油沟和机械加工油沟两种结构形式。机械加工油沟容易制造，工艺性好，较为多见，如图 3-24 和图 3-3 所示。

回油沟是为提高减速器箱体的密封性而设计的。回油沟的尺寸与输油沟相同，并设计有回油槽，其结构如图 3-25 所示。

传动零件（如蜗轮）转速较低时，可在靠近传动零件端面处设置刮油板，将油从轮上刮下，通过输油沟将润滑油引入轴承腔润滑轴承，如图 3-26、图 3-3 所示。

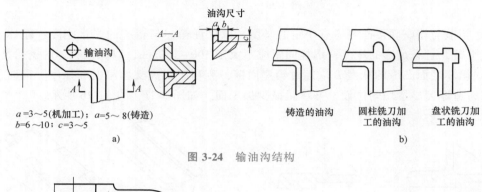

图 3-24　输油沟结构

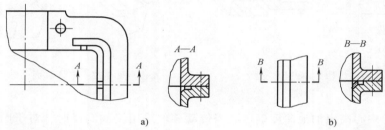

图 3-25　回油沟结构

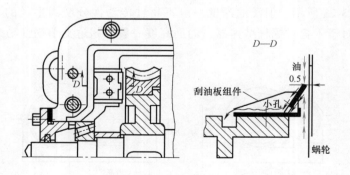

图 3-26　刮油板结构

7）要注意箱体结构的工艺性。对于铸造箱体，为便于造型、浇注及减少铸造缺陷和避免金属积聚，设计时应力求形状简单、壁厚均匀、过渡平缓，不应过薄，不宜采用形成锐角的倾斜肋和壁，如图 3-27 所示；要避免出现狭缝，如图 3-28 所示。铸件表面沿起模方向应设计成 1：20～1：10 的起模斜度；在起模方向上应尽量减少凸起结构，必要时可设置活块，有多个凸起结构时，应尽量连成一体，以减少活块数量，如图 3-29、图 3-30 所示。

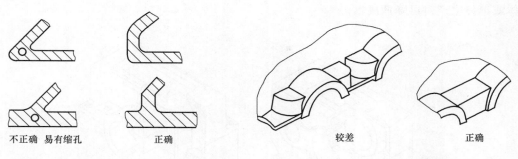

图 3-27　箱壁结构　　　　　　　　图 3-28　设计避免出现狭缝

　　箱体上加工面与非加工面必须分开，并尽量减少箱体的加工面积。如箱体轴承座端面与轴承盖、窥视孔与视孔盖、螺塞及吊环螺钉的支承面处均应做出凸台或沉头座，铣平或锪平。图 3-31 所示为凸台及沉头座的加工方法。

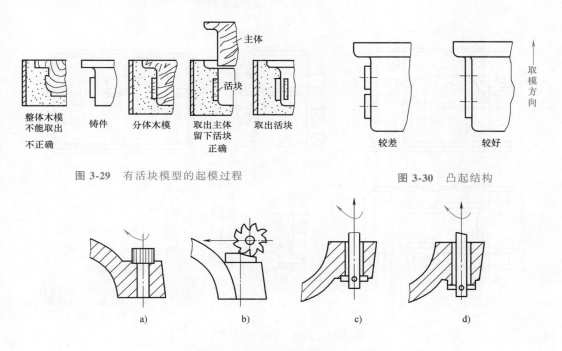

图 3-29　有活块模型的起模过程　　　　　　图 3-30　凸起结构

图 3-31　凸台及沉头座的加工方法

　　8）蜗杆减速器的发热量大，其箱体大小应满足散热面积的需要，设计时应适当增大箱体尺寸，或增设散热片，如图 3-32a 所示；图 3-32b 所示结构不易起模，需做活块。散热片仍不能满足散热要求时，可在蜗杆轴端部加装风扇，或在油池中设置冷却水管路。

　　9）箱体造型应简洁明快、形体美观。图 3-33 所示为方形外廓铸造减速器箱体，采用内肋，外部几何形状简单；图 3-34 所示为焊接箱体，对于大型箱

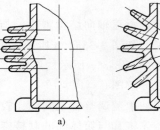

图 3-32　散热片结构

体或单件生产时可降低成本。

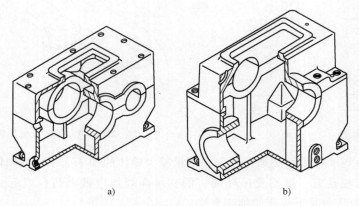

图 3-33　方形外廓铸造减速器箱体

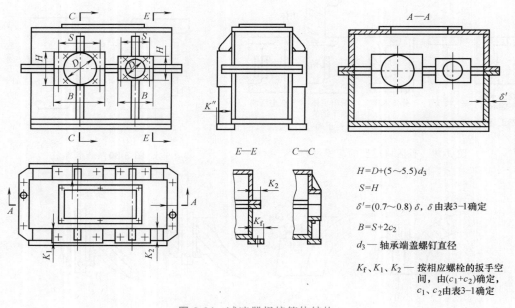

$H=D+(5\sim5.5)d_3$

$S=H$

$\delta'=(0.7\sim0.8)\delta$，$\delta$ 由表3-1确定

$B=S+2c_2$

d_3 —— 轴承端盖螺钉直径

K_f、K_1、K_2 —— 按相应螺栓的扳手空
间，由(c_1+c_2)确定，
c_1、c_2由表3-1确定

图 3-34　减速器焊接箱体结构

2. 轴承盖

轴承盖用来密封、轴向固定轴承、承受轴向载荷和调整轴承间隙。轴承盖有嵌入式和凸缘式两种。

嵌入式轴承盖轴向结构紧凑，与箱体间无须用螺栓联接，与 O 形密封圈配合使用可提高密封效果，如图 3-35a、b 所示。但调整轴承间隙时，需打开箱盖增减调整垫片，不易操作；也可采用图 3-35c 所示的结构，用调整螺钉调整轴承间隙，图 3-35d 所示为相关结构各零件的装配分解图。

凸缘式轴承盖调整轴承间隙比较方便，密封性能好，应用较多，但调整轴承间隙和装拆箱体时，需先将其与箱体间的联接螺栓拆除，如图 3-36、图 3-37 所示。

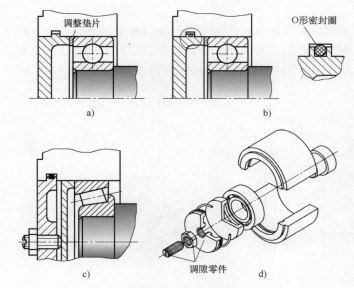

图 3-35　嵌入式轴承盖

a）垫片调隙　b）带 O 形密封圈的结构　c）螺纹组件调隙　d）调隙结构相关零件

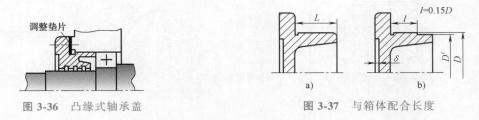

图 3-36　凸缘式轴承盖

图 3-37　与箱体配合长度

　　轴承盖多用铸铁制造，设计时应使其厚度均匀，如图 3-37 所示。轴承盖长度 L 较大时，在保留足够配合长度的条件下，可采用图 3-37b 所示的结构，以减少加工面。

　　轴承采用箱体内的润滑油润滑时，为将润滑油从油沟引入轴承腔，应在轴承盖上开槽，并将轴承盖端部外径做小些，以保证油路畅通，如图 3-38 所示。轴承盖的结构推荐尺寸参见第六章。

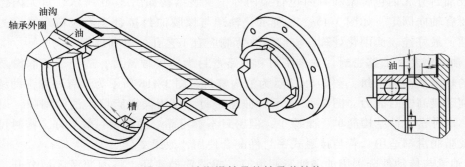

图 3-38　油润滑轴承的轴承盖结构

3. 轴承密封

对有轴穿出的轴承盖，在轴承盖孔与轴之间应设置密封件，以防止润滑剂外泄及外界的灰尘、水分渗入，保证轴承的正常工作。常见的密封结构形式有以下几种：

1）毡圈油封适用于脂润滑及转速不高的油润滑，其结构形式如图 3-39 所示。

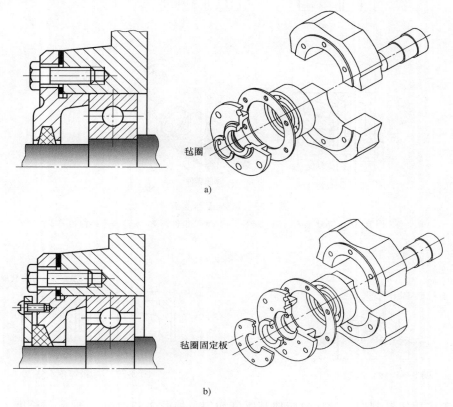

图 3-39　毡圈油封结构

2）橡胶油封适用于较高的工作速度。设计时密封唇方向应朝向密封方向。例如，为了封油，密封唇应朝向轴承一侧，如图 3-40a 所示；为了防止外界灰尘、杂质浸入，应使密封唇背向轴承，如图 3-40b 所示；双向密封时，可使用两个橡胶油封反向安装，如图 3-40c 所示。橡胶油封分无内包骨架和有内包骨架两种，安装结构如图 3-40 所示。对无内包骨架油封，需要有轴向固定，如图 3-40a、c 所示。轴颈与橡胶油封接触表面应精车或磨光，为增强耐磨性，最好经表面硬化处理。安装位置背侧应有工艺孔，以利拆卸。

3）油沟密封和曲路密封。油沟密封和曲路密封为非接触密封，适用于脂润滑及工作环境清洁的轴承或高速密封，图 3-41 所示为油沟密封。图 3-41b 所示为开有回油沟的结构，该结构有利于提高密封能力。图 3-42 所示为曲路密封，可用润滑脂填满油沟间隙，以加强密封效果。这种密封件结构简单，摩擦小，但密封不够可靠。曲路密封效果好，密封可靠，对油润滑及脂润滑都适用。若与接触式密封件配合使用，效果更佳。

4）轴承与传动件分别用油和油脂润滑时，应设置挡油环，将两润滑区域分开，其结构尺寸可参考图 3-7b。

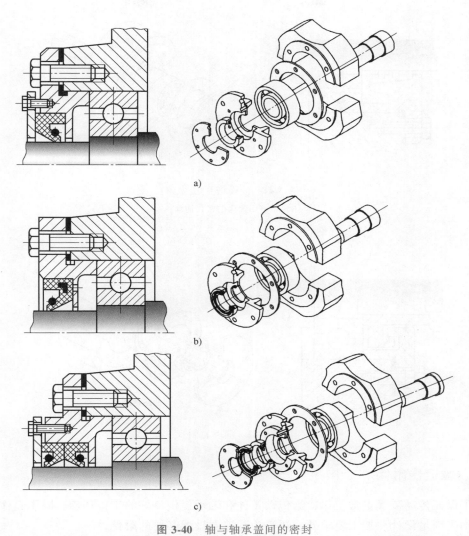

图 3-40　轴与轴承盖间的密封

a）J 型无骨架密封（向内安装）　b）J 型有骨架密封（向外安装）　c）双 J 型密封件组合密封

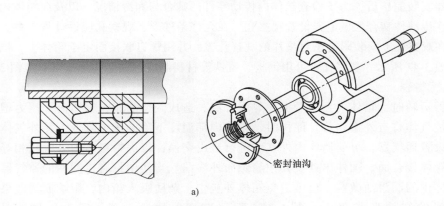

密封油沟

a)

图 3-41　油沟密封

a）密封油沟结构

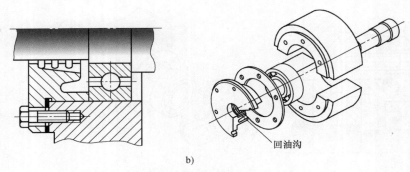

b)

图 3-41 油沟密封（续）

b）带有回油沟的密封油沟

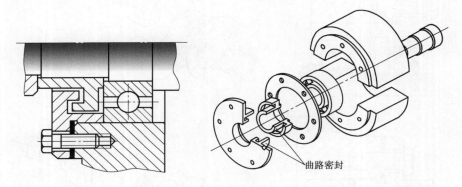

图 3-42 曲路密封

七、减速器附件

为了保证传动装置正常工作，给传动零件和轴承提供良好的工作环境，除了箱体、轴系部件结构应满足设计、加工要求外，还需为减速器设置必要的附件。

1. 观察孔及观察孔盖

减速器安装完毕后，为了检查箱体内传动零件的啮合与润滑情况，以及向箱体内注入润滑油，需要在传动件啮合区域上方设置观察孔。在允许条件下，观察孔应设计得大些，以便于检查操作。在观察孔上安装附有密封垫片的观察孔盖，并用螺钉联接固定于箱体上，以防润滑油渗漏，如图 3-43 所示。观察孔盖可用钢板、铸铁等材料制造，其结构形式可参考图 3-44。

2. 通气器

减速器运转时，箱体内会因摩擦发热而升温，造成气体膨胀，箱体内部压力增大，这时箱体内含油气体将有外逸趋势。停机时，箱体内部温度下降，压力降低，箱外气体将进入箱体内部。设置通气器，可使箱体内外气体进行自由交换，以保持箱体内外气压相等，使润滑油不致沿箱体接合面、轴伸出处及其他缝隙向外渗漏。当使用带有过滤网的通气器时，可过滤溢出气体中的润滑油微粒，也可避免箱体外灰尘、杂质吸入箱内，影响润滑效果。

通气器的结构形式很多，图 3-45a 所示为简单的通气器，用于比较清洁的场合。图 3-45b 所示为设计比较完善的通气器，其内部设计成曲路，并设有滤网。通气器通常安装

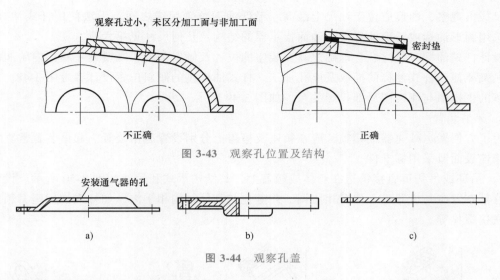

图 3-43　观察孔位置及结构

图 3-44　观察孔盖

在箱盖顶部或观察孔盖上，其结构尺寸见第六章。

3. 放油孔及螺塞

为了调整箱体内油面高度，检修时将污油排净，需在油池的最低位置处设置放油孔。放油孔的位置可参考图 3-46。当减速器工作时，放油孔用带密封垫圈的螺塞封闭。密封垫圈的材料为耐油橡胶、塑料或皮革等。螺塞直径约为箱体壁厚的 2~3 倍。螺塞及密封垫圈的尺寸参见第六章。

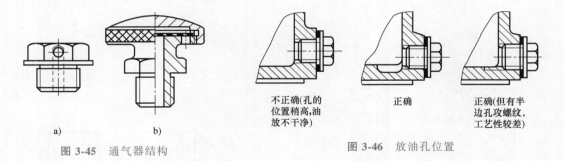

图 3-45　通气器结构

图 3-46　放油孔位置

4. 油面指示器

为了测量箱体内的油面高度，以保持正常的油量，应在便于观察和油面较稳定的部位设置油面指示器。

油面指示器上应分别标出允许最高油面和最低油面的位置。最低油面为传动零件正常运转时所要达到的油面，其位置根据传动零件的浸油润滑要求确定，可参考图 3-23；对于中小型减速器，最高油面与最低油面间的差值常取 5~10mm。当需要在机器运转过程中测量油面高度时，为排除油面波动对油位测量的影响，可用带隔离套的杆式油标，如图 3-47 所示。

杆式油标结构简单，使用方便，应用较多，常见结构形式如图 3-47 所示。图 3-47a 所示为常用杆式油标结构及安装方式；图 3-47b 所示为带隔离套的结构，它可避免油面搅动的影响，便于在不停车的情况下随时检查油面位置；图 3-47c 所示为直装式油标，油标上附设有通气孔，可用于箱体较矮且不便安装于其侧面时；图 3-47d 所示为简易油标。检查油面时将油标尺拔出观察，油痕应位于油尺上最高、最低油面位置标线之间。无法使用杆式油标时，也可选用圆形油标或长形油标等。油面指示器的结构及几何尺寸见第六章。

设计杆式油标时要注意合理确定其安装座的位置及倾斜角度，既要避免箱体内的润滑油溢出，又要便于杆式油标的插取及座孔加工。杆式油标座的倾斜位置设计参考图3-48。杆式油标座的主视图与侧视图局部投影关系，如图3-49所示。

5. 起吊装置

为了方便搬运减速器或箱盖，应在箱座及箱盖上分别设置起吊装置。起吊装置常直接铸造在箱体表面或采用标准件。

1）吊环或吊钩可直接铸造在箱体或箱盖上，其结构形式和尺寸如图3-50所示。设计时需注意其布置应与机器重心位置相协调，并避免与其他结构相干涉，如杆式油标座、箱座与箱盖联接螺栓等。

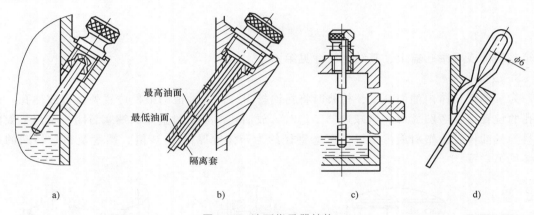

图 3-47　油面指示器结构

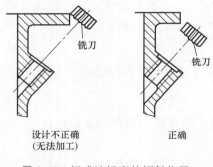

图 3-48　杆式油标座的倾斜位置

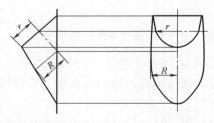

图 3-49　杆式油标座的主视图与侧视图局部投影关系

2）吊环螺钉是标准件，设计时按起吊重量选取。吊环螺钉通常用于吊运箱盖，也可用于吊运小型减速器。吊环螺钉安装在箱盖凸台上经加工的螺孔中，螺孔结构应按吊环螺钉标准要求设计，如图3-51所示。

6. 定位销

对于对开或同轴不同体加工的轴承座，为保证轴承座孔加工与装配的准确性和一致性，使轴承座上下半孔或同轴的两个轴承座孔在加工和装配时都能保持位置精度，应在相关的两

865

655

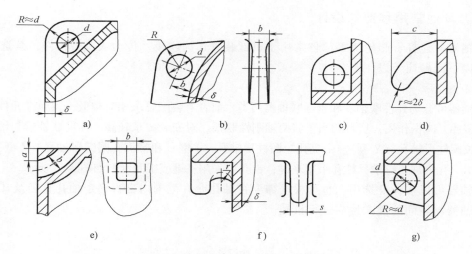

图 3-50　吊环、吊钩的结构形式和尺寸

$a=(1.6\sim1.8)\delta$；$b=(2\sim3)\delta$；$c=(4\sim5)\delta$；$d=(2\sim3)\delta$；$s=(2\sim3)\delta$

零件间，如箱盖和箱座间，设计定位销，在镗孔和装配拧紧螺栓之前，安装定位销。两定位销应相距较远，且不宜对称布置。定位销的位置应便于钻、铰加工，且不妨碍联接螺栓及其他附件的加工和装拆。圆锥销的公称直径（小端直径）可参考圆柱销选取，长度应稍大于该处零件的总厚度，如图 3-52 所示，以便拆卸。定位销直径 d 应取标准值。

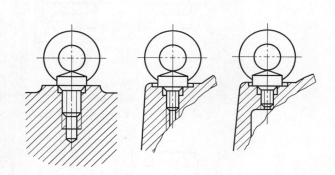

图 3-51　吊环螺钉螺孔与安装结构

7. 启盖螺钉

为了保证箱体密封，防止润滑油从箱体剖分面处渗漏，在装配箱盖和箱座时，通常需在剖分面上涂水玻璃或密封胶，因而在拆卸时往往因粘接较紧，不易分开。为此，需在箱盖凸缘的适当位置设置 1~2 个启盖螺钉。启盖螺钉的直径可取与箱盖凸缘联接螺栓直径相同，其螺纹长度应大于箱盖凸缘厚度，端部应加工为圆柱形或半圆形，以免其端部螺纹被损坏，如图 3-53 所示。

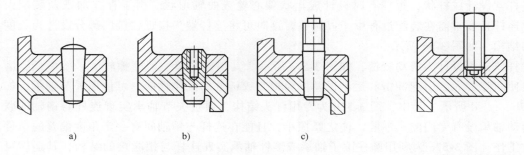

图 3-52　定位销结构　　　　　　　　图 3-53　启盖螺钉结构

八、其他常用零部件设计

联轴器、连杆、凸轮等零部件常用于机械装置作为联接、传动或执行构件，其选择与设计中有以下问题应予以注意。

1. 联轴器

联轴器可分为弹性联轴器和刚性联轴器两类。前者对装配要求相对较低，其弹性元件可起到一定的缓冲、减振作用；后者相当于将两轴刚性联接，对安装要求较高。标准联轴器与轴配合的孔分为长圆柱形轴孔（Y 型）、带沉孔短圆柱形轴孔（J 型）和带沉孔圆锥形轴孔（Z 型），如图3-54 所示。孔内加工键槽，柱孔采用平键，锥孔可采用平键或半圆键，如图 3-55 所示。

联轴器可以按标准选用，也可根据需要在轴孔允许范围内自行确定轴孔直径及其加工要求。联轴器与轴间的键联接应进行校核。

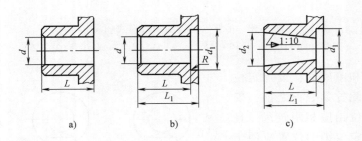

图 3-54　联轴器孔类型结构

a）Y 型轴孔　b）J 型轴孔　c）Z 型轴孔

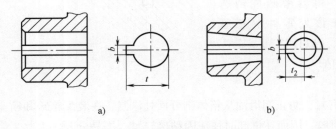

图 3-55　联轴器孔键槽类型

2. 连杆

连杆常设计成杆状，短杆有时设计成盘状偏心轮或曲轴形状。由于存在加工及装配误差，故连杆长度常需在装配过程中予以调整，这时可将连杆端头接近铰链的部分设计为长度可调的结构，如图 3-56 所示。

连杆铰链可设计为滑动铰链，如图 3-57a 所示。其结构简单，但摩擦较大，效率低，磨损后会使间隙加大，引起冲击和运动误差。为提高铰链处的工作性能，可使用关节轴承，如图 3-57b、c、d 所示。其中，图 3-57b 为专用杆头结构，通过关节轴承实现连杆与销轴的联接。滑动轴承设有专门的供油腔，使之摩擦小，且能在连杆与销轴间有一定角度偏差的条件下正常工作。图 3-57c 为利用圆柱滚子轴承或滚针轴承实现连杆与销联接的结构，其运转灵活，结构简单，但铰链处局部径向尺寸较大，设计中也可用深沟球轴承替代圆柱滚子轴承。

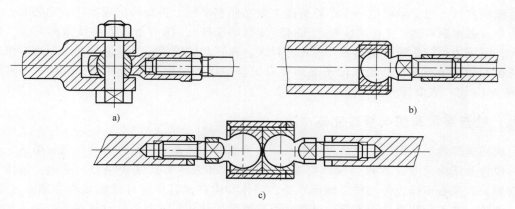

图 3-56 连杆端头长度调节结构

a）带圆弧滑动衬套的可调杆　b）带球头的可调杆　c）双侧杆可调结构

图 3-57d 为将连杆销头设计成球铰的结构，它运转灵活，安装方便。图 3-57c 中的轴承部分和图 3-57d 中的球铰部分均设有润滑腔，使用中可按设计要求添加润滑油或润滑脂，使其润滑状态始终保持良好。

此外，在连杆结构设计时，除应进行强度和刚度计算外，还要避免杆件与其他构件间发生运动干涉，并保持压杆稳定。

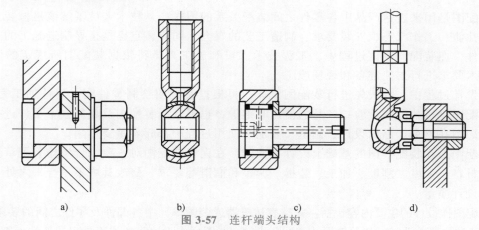

图 3-57 连杆端头结构

3. 凸轮

凸轮的轮廓曲线应根据从动件的运动规律设计，它对加工质量要求较高，因此，除需根据从动件的接触和受力情况合理选择材料和热处理工艺外，还应注意凸轮安装位置及其与廓线尤其是工作段位置的一致性。由于凸轮廓线为非标准曲线，加工时一般需按图样标注加工。图 3-58 所示为一凸轮廓线的图样标注示例。

设计滚子推杆凸轮机构时应注意，当

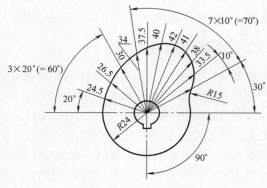

图 3-58 凸轮廓线示例

凸轮廓线确定后，滚子半径应小于凸轮廓线上最小曲率半径，否则将出现推杆运动失真；推程压力角一般限制在30°（移动推杆）和45°（摆动推杆），压力角过大将使效率降低、磨损加大，但压力角较小时，则凸轮几何尺寸较大；高速凸轮廓线应尽量避免冲击，这样可以减少机械振动和噪声等；凸轮和滚子表面要有足够的接触强度和耐磨性能；凸轮材料常选45钢和40Cr钢，表面淬火处理。

九、检查装配草图与修改完善

完成减速器装配草图后，应认真检查机械装置总装配图是否与总体方案一致，输入、输出轴的位置及结构尺寸是否符合设计要求；图面布置和表达方式是否完整、准确；视图选择、投影关系是否正确；传动件、轴系零件、箱体和附件及其他零件结构是否合理；定位、固定、调整、加工和装拆是否方便、可靠；重要零件的结构尺寸与设计计算是否一致，如中心距、分度圆直径、齿宽、锥距、轴的结构尺寸等。

图3-59所示为减速器装配草图设计中常见的错误及改正示例。

第四节　装配图样设计

一、装配图样的设计要求

装配图是用来表达产品中各零件之间装配关系的图样，是技术人员了解该机械装置总体布局、性能、工作状态、安装要求、制造工艺的媒介。同时，它也是指导制造施工的关键性技术文件，在装配、调试过程中，工程技术人员和施工人员将依据装配图所规定的装配关系、技术要求进行工艺准备和现场施工。

在设计过程中，一般先进行装配图设计，再根据装配图绘制零件图。零件加工完成后，根据装配图进行装配和检验；产品的使用和维护，也都依据装配图及相关技术文件进行。所以，装配图在整个产品的设计、制造、装配和使用过程中都起着重要作用。

装配图是在装配草图的基础上设计完成的，在完善装配图时，要综合考虑装配草图中各零件的材料、强度、刚度、加工、装拆、调整和润滑等要求，修改其中不尽合理之处，以提高整体设计质量。

装配图样设计的主要内容包括：完整表达机器或装配单元中各部件及零件之间的装配特征、结构形状和位置关系；标注关键尺寸和配合代号；对图样中无法表达或不易表达的技术细节以技术要求、技术特性表的方式，用文字表达；对零件进行编号，并列于明细栏中；填写标题栏。

二、装配图的绘制

绘制装配图前应根据装配草图确定图形比例和图纸幅面，综合考虑装配图的各项设计内容，合理布置图面，图纸幅面及格式按国家标准的规定选择。

减速器装配图可用两个或三个视图表达，必要时加设局部视图、辅助断面或剖视图，主要装配关系应尽量集中表达在基本视图上。例如，对于展开式齿轮减速器，常把俯视图作为基本视图；对于蜗杆减速器则一般选择主视图作为基本视图。装配图上一般不用虚线表示零件的结构形状，不可见而又必须表达的内部结构，可采用局部剖视等方法表达。在完整、准确地表达设计对象的结构、尺寸和各零部件间相互关系的前提下，装配图的视图应简明扼要。

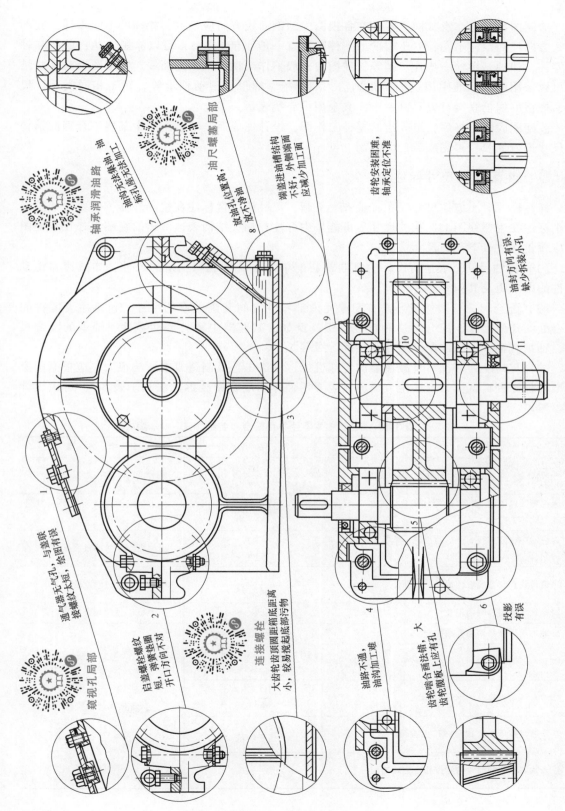

轴承润滑油路 油沟无法送来油，油构无法送来油加工标孔匿无法送油

油尺螺塞局部

放油孔位置高，放不净油

端盖进油槽结构不好，外侧端面应减少加工面

齿轮安装困难，轴承定位不准

油封方向有误，缺少拆装小孔

通气器无气孔，与盖联接螺纹太短，绘图有误

连接螺栓

大齿轮齿顶圆距箱底距离小，较易搅起底部污物

启盖螺栓螺纹短，弹簧垫圈开口方向不对

油路不通，油沟加工难

齿轮啮合画错，齿轮腹板上应有孔

投影有误

观视孔局部

图 3-59 减速器装配草图常见错误及改正示例

绘制图样时应注意，同一零件在各视图中的剖面线方向应一致；相邻的不同零件，其剖面线方向或间距应不同；对于较薄的零件断面（一般小于 2mm），可以涂黑表达；肋板和轴类零件，如轴、螺栓、垫片、销等，在图中一般不作剖视，不画剖面线。装配图上的某些结构可以采用国家标准中规定的简化画法，如螺栓、螺母、滚动轴承等。对于相同类型、尺寸、规格的螺栓联接可以只画一个，其余用中心线表示。

装配图底图绘好后，可先绘制零件工作图，设计完成后，对装配图中某些不合理的结构或尺寸进行修改，再完成装配图绘制。

三、装配图的尺寸标注

标注尺寸时，应使尺寸线布置整齐、清晰，尺寸应尽量标注在视图外面，主要尺寸尽量集中标注在主要视图上，相关尺寸尽可能集中标注在相关结构表达清晰的视图上。在装配图中应着重标注以下几类尺寸：

（1）特性尺寸　表达所设计的机器或装配单元主要性能和规格的尺寸，如减速器传动零件的中心距及其偏差。

（2）配合尺寸　表达机器或装配单元内部零件之间装配关系的尺寸，包括主要零件间配合处的几何尺寸、配合性质和精度等级。例如，减速器中轴与传动零件、轴承的配合尺寸，轴承与轴承座孔的配合尺寸与精度等级等。

配合与精度的选择对于减速器的工作性能、加工工艺及制造成本影响很大，应根据国家标准和设计资料认真选择确定。减速器主要零件荐用配合和装拆方法列于表 3-4，可供设计时参考。

表 3-4　减速器主要零件荐用配合和装拆方法

配 合 零 件	荐 用 配 合	装 拆 方 法
一般齿轮、蜗轮、带轮、联轴器与轴的配合	$\dfrac{H7}{r6}$	压力机（中等压力配合）
大中型减速器的低速级齿轮（蜗轮）与轴的配合；轮缘与轮芯的配合	$\dfrac{H7}{r6}，\dfrac{H7}{s6}$	压力机或温差法（中等压力配合，小过盈配合）
要求对中良好和很少装拆的齿轮、蜗轮、联轴器与轴的配合	$\dfrac{H7}{n6}$	压力机（较紧的过渡配合）
小锥齿轮和较常装拆的齿轮、联轴器与轴的配合	$\dfrac{H7}{m6}，\dfrac{H7}{k6}$	锤子打入（过渡配合）
滚动轴承内圈与轴的配合	见表 6-66	压力机（过盈配合）
滚动轴承外圈与箱体孔的配合	见表 6-67、表 6-68	木槌或徒手装拆
轴套、挡油环、封油环、溅油轮等与轴的配合	$\dfrac{D11}{k6}，\dfrac{F9}{k6}，\dfrac{F9}{m6}，\dfrac{F8}{h7}，\dfrac{F8}{h8}$	
轴承套杯与箱体孔的配合	$\dfrac{H7}{h6}，\dfrac{H7}{js6}$	
轴承盖与箱体孔（或套杯孔）的配合	$\dfrac{H7}{h8}，\dfrac{H7}{f9}$	
嵌入式轴承盖的凸缘与箱体孔槽之间的配合	$\dfrac{H11}{h11}$	

（3）安装尺寸　表达图中机器或装配单元与其他相关联零部件间的位置、安装和装配关系。包括其与外部安装零、部件的配合尺寸，如轴与联轴器联接处的轴头长度与配合尺寸等。表达其安装位置的尺寸，如箱体底面尺寸；地脚螺栓间距、直径，地脚螺栓与输入、输出轴之间的几何尺寸；轴外伸端面与减速器某基准面间的跨度；减速器中心高等。

（4）外形尺寸　表达机器总长、总宽和总高的尺寸。该尺寸表现其最大占用空间，可供包装运输和车间布置时参考。

四、标题栏和明细栏

1. 标题栏

技术图样的标题栏应布置在图纸右下角，其格式、线型及内容应按国家标准规定完成，允许根据实际需要增减标题栏中的内容。图 3-60 所示为按课程设计要求简化的标题栏示例。

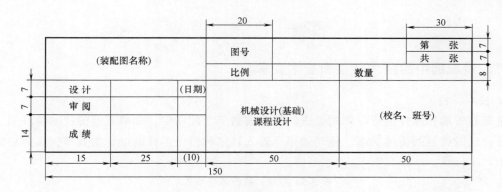

图 3-60　课程设计用简化标题栏示例

2. 明细栏

（1）零件编号　为了便于读图、装配及生产准备工作（备料、订货及预算等），需对装配图上的所有零件进行编号。零件序号与零件种类一一对应，不可遗漏和重复。不同种类的零件，如尺寸、形状、材料任一项目不同，均应单独编号，相同零件共用一个编号。零件引线不得交叉，尽量不与剖面线平行，编号数字应比图中数字大 1~2 号。对于独立组件，如滚动轴承、垫片组、油标、通气器等，可用一个编号。对于装配关系清楚的零件组（如成组使用的螺栓、螺母、垫圈），可共用一条引线再分别编号，如图 3-61 所示。

图 3-61　零件引线和编号

零件编号按顺时针或逆时针顺序排列，也可将标准件与非标准件分别排列。零件编号在水平和垂直方向应排列整齐。

（2）填写明细栏　明细栏是装配图中所有零件的详细目录，填写明细栏的过程也是对各零、部、组件的名称、品种、数量、材料进行审查的过程。明细栏布置在标题栏的上方，明细栏中每一零件编号占一行，由下而上顺序填写。零件较多时，允许紧靠标题栏左边自下而上续表，必要时也可另页单独编制。其中，标准件必须按照国家标准的规定标记，完整地写出零件名称、材料牌号、主要尺寸及标准代号。明细栏应按国家标准设置，也可按规定简化。简化明细栏的示例如图 3-62 所示。

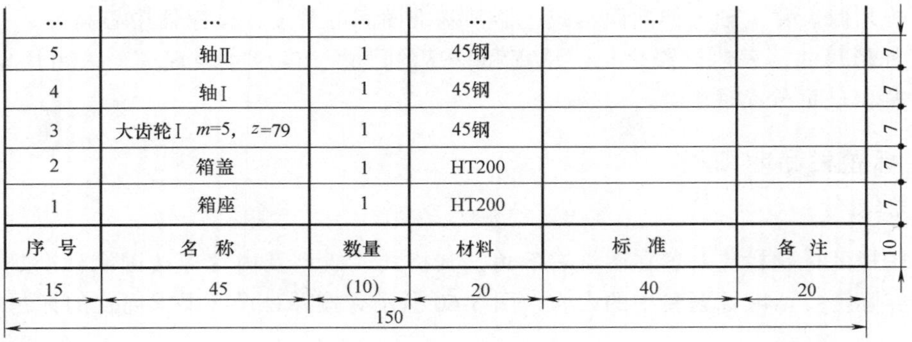

...	...	...	...	...	
5	轴Ⅱ	1	45钢		7
4	轴Ⅰ	1	45钢		7
3	大齿轮Ⅰ $m=5$, $z=79$	1	45钢		7
2	箱盖	1	HT200		7
1	箱座	1	HT200		7
序 号	名 称	数量	材料	标 准	备 注 10
15	45	(10)	20	40	20

150

图 3-62 简化明细栏示例

五、装配图中的技术特性和技术要求

1. 技术特性

机械装置的技术性能指标常用简表的形式表达于装配图中，如减速器的技术特性表，所列项目包括减速器的传递功率、传动效率、输入转速和传动零件的设计参数等，参考格式见表 3-5。

表 3-5 减速器的技术特性表

输 入 功 率 P/kW	输入转速 $n/$ (r/min)	传动 效率 η	总传动比 i	传 动 特 性							
				第一级				第二级			
				m_n	z_2/z_1	β	精度等级	m_n	z_2/z_1	β	精度等级

2. 技术要求

装配图的技术要求是用文字表述图面上无法表达或表达不清的关于装配、检验、润滑、使用及维护等内容和要求。技术要求的执行是保证减速器正常工作的重要条件。技术要求的制定一般要考虑以下几个方面。

（1）装配前要求 减速器装配前，必须按图样检验各零部件，确认合格后，用煤油或其他方法清洗，必要时可对零件的非配合表面进行防蚀处理；箱体内不允许有任何杂物，箱体内表面应涂防浸蚀涂料。根据零件的设计要求和工作情况，可对零件的装配工艺做出具体规定。

（2）装配中对安装和调整的要求

1）滚动轴承的安装和调整。为了保证滚动轴承的正常工作，在安装时应留有一定的轴向游隙。对于可调间隙轴承（如角接触球轴承和圆锥滚子轴承）的轴向游隙值可按标准选取（见第六章）；对于不可调间隙轴承（如深沟球轴承），可在轴承盖与轴承外圈端面间留出间隙 $\Delta \approx 0.25 \sim 0.4mm$，具体数值应根据设计参数及轴承使用要求确定。

用垫片调整轴向游隙的方法如图 3-63 所示，先用轴承盖将轴承顶紧，测量轴承盖凸缘与轴承座之间的间隙值 δ，再用一组厚度为 $\delta+\Delta$ 的调整垫片置于轴承盖凸缘与轴承座端面之间，拧紧螺栓，即可保证设计间隙 Δ。图 3-64 所示是用螺纹零件调整轴向游隙，可将螺栓或螺柱拧紧至基本消除轴向游隙，然后再退转到留有需要的轴向游隙时为止，最后锁紧螺母。

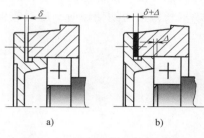

图 3-63 用垫片调整轴向游隙

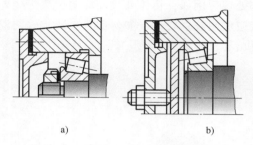

图 3-64 用螺纹零件调整轴向游隙

2）传动侧隙和接触状况检验。为了保证传动精度，齿轮、蜗杆、蜗轮等安装后，传动侧隙和齿面接触斑点要满足相应的国家标准。传动侧隙可用塞尺或将铅丝放入相互啮合的两齿面间，然后用测量塞尺或经过啮合区后变形铅丝厚度的方法检查。接触斑点是在轮齿工作表面着色，将其转动若干周后，观察分析着色接触区的位置、接触面大小来检验接触状况。

当传动侧隙或接触斑点不符合要求时，应对齿面进行刮研、跑合或调整传动件的啮合位置。锥齿轮减速器可调整锥齿轮传动中两轮位置，使其锥顶重合。蜗杆减速器可调整蜗轮轴的轴向位置，使蜗杆轴线与蜗轮主平面重合。

3）润滑要求。润滑对减速器的传动性能影响较大，良好的润滑具有减少摩擦、降低磨损、冷却散热、清洁运动副表面，以及减振、防腐蚀等功用。在技术要求中应规定润滑剂的牌号、用量、加注方法和更换期等。对于高速、重载、频繁起动等工况，温升较大，不易形成油膜，应选用黏度高、油性和极压性好的油品。例如，重型齿轮传动可选用黏度高、油性好的齿轮油；高速、轻载传动可选用黏度较低的润滑油；开式齿轮传动可选耐蚀、抗氧化及减摩性好的开式齿轮油。

当传动件与轴承采用同一种润滑剂时，应优先满足传动件的要求，适当兼顾轴承润滑的要求。对多级传动，可按高速级和低速级对润滑剂黏度要求的平均值来选择润滑剂。减速器换油时间取决于油中杂质的多少和被氧化与被污染的程度，一般为半年左右。

箱体内油量主要是根据传动、散热要求和油池基本高度等因素计算确定的。轴承部位如用脂润滑，其填入量一般小于轴承腔空间的 2/3；轴承转速较高时，如 $n>1500r/min$，一般用脂量不超过轴承空腔体积的 $1/3 \sim 1/2$。

减速器的润滑剂应在跑合后立即更换，使用期间应定期检查、更换；轴承用脂润滑时应定期加脂，用润滑油润滑时应按期检查，发现润滑油不足时，应及时添加。

4）密封要求。为了防止润滑剂流失和外部杂质侵入箱体，减速器剖分面、各接触面和密封处均不允许漏油。在不允许加密封垫片的密封界面，如箱盖与箱体间的剖分面处，装配时可涂密封胶或水玻璃。螺塞处的密封件应选用耐油材料。

（3）试验要求 机器在交付用户前，应根据产品设计要求和规范进行空载和负载试验。

试验时，应规定最大温升或温升曲线，运动平稳性以及其他检查项目。例如，规定机器安装完毕后，正、反空载运转各 1h，要求运转期间无异常噪声，或噪声低于××dB；各密封处不得有油液渗出；温升不得超过××°C；各部件试验前后无明显变化；各联接处无松动；以及负载运转的负荷和时间等。

（4）外观、包装、运输和储藏要求　机器出厂前，应按照用户要求或相关标准进行外部处理。例如，箱体外表面涂防护漆等；外伸轴端进行防蚀处理，然后涂脂包装；运输外包装应注明放置要求，如勿倒置、防水、防潮等；需做现场长期或短期储藏时，应对放置环境提出要求等。

第四章 零件图样设计

本章将简要介绍常用轴类零件、齿轮（含蜗轮）类零件和箱体类零件的图样设计要求。

第一节 零件图样的设计要求

一、零件图的设计要求

零件图是制造、检验和制定零件工艺规程的依据，它由装配图拆绘设计而成。零件图既要反映其功能要求，明确表达零件的详细结构，又要考虑加工、装配的可行性和合理性。一张完整的零件图要能全面、正确、清晰地表达零件结构，制造和检验所需的全部尺寸和技术要求。零件图的设计质量对减少废品、降低成本、提高生产率和产品的力学性能等至关重要。

完整的工程图样包括装配图及其明细栏所列自制零件的工作图。在课程设计中，绘制零件图主要是为了培养学生掌握零件图的设计内容、要求和绘制方法，提高工艺设计能力和技能。根据教学要求，由教师指定绘制 1~3 个典型零件的工作图。

二、零件图的设计要点

（1）视图选择和布置 每个零件的视图应布置在一个标准图幅内，尽量采用 1:1 的比例。根据零件表达的需要，采用 1 个或多个视图，再配以适当的断面图、剖视图和局部视图等。

零件图须完整、正确、清楚地表明零件的结构形状和相对位置，并注意与装配图的一致性。视图数量要适当，合理利用图幅，细部结构要表达清楚，必要时可以采用局部放大或缩小视图，也可补充文字说明。

（2）尺寸标注 零件图上的尺寸是加工与检验的依据。在图上标注尺寸，必须做到正确、完整、清楚。配合尺寸要注出准确尺寸及其极限偏差。按标准加工的尺寸（如中心孔等），可按国家标准规定的格式标注。

零件图上的几何公差，是评定零件加工质量的重要指标，应按设计要求由标准查取，并标注。

零件的所有加工表面和非加工表面都要注明表面粗糙度。当较多表面具有同一表面粗糙度时，可在图幅右下方集中标注。

（3）技术要求 零件在制造过程中或检验时所必须保证的设计要求和条件，不便用图形或符号表示时，应在零件图技术要求中列出，其内容根据不同零件的加工方法和要求确定。一些在零件图中多次出现，且具有相同几何特征的局部结构尺寸（如倒角、圆角半径等），也可在技术要求中一并列出。

（4）标题栏　标题栏按国家标准格式设置在图纸的右下角，其主要内容有零件的名称、图号、数量、材料、比例等。图 4-1 所示为按课程设计要求简化的零件图标题栏。

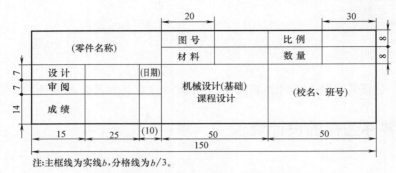

注：主框线为实线b，分格线为$b/3$。

图 4-1 按课程设计要求简化的零件图标题栏

第二节　轴类零件图样

一、视图选择

一般轴类零件只需绘制主视图即可基本表达清楚，视图上表达不清的键槽和孔等，可用断面或剖视图辅助表达。对轴的细部结构，如螺纹退刀槽、砂轮越程槽、中心孔等，必要时可画出局部放大图。

二、尺寸标注

轴类零件的几何尺寸主要有：各轴段的直径和长度尺寸，键槽尺寸和位置，其他细部结构尺寸（如退刀槽、砂轮越程槽、倒角、圆角）等。

标注直径尺寸时，凡有配合要求处，应标注尺寸及偏差值。

标注长度尺寸时，应根据设计及工艺要求确定尺寸基准，合理标注，不允许出现封闭尺寸链；长度尺寸精度要求较高的轴段应直接标注，取加工误差不影响装配要求的轴段作为封闭环，其长度尺寸不标注。

图 4-2 所示为一轴零件图的尺寸标注示例，其主要加工过程见表 4-1。基准面①是齿轮与轴的定位面，为主要基准，轴段长度 59、108、10 都以基准面①作为基准标注。$\phi45$ 轴段的长度 59 与保证齿轮轴向定位的可靠性有关，$\phi50$ 轴段的长度 10 与控制轴承安装位置有关；基准面②作为辅助基准面，$\phi30$ 轴段的长度 69 为联轴器安装要求所确定；$\phi35$ 轴段的长度的加工误差不影响装配精度，因而取为封闭环，加工误差可积累在该轴段上，以保证主要尺寸的加工精度。

轴的所有表面都需要加工，其表面粗糙度可按表 4-2 选取，在满足设计要求的前提下，应选取较大值。轴与标准件配合时，其表面粗糙度应按标准或选配零件安装要求确定。当安装密封件处的轴颈表面相对滑动速度大于 5m/s 时，表面粗糙度 Ra 值可取 $0.2 \sim 0.8 \mu m$。

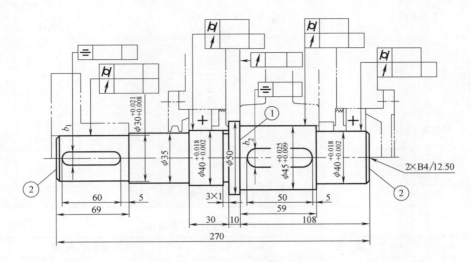

图 4-2　轴零件图的尺寸标注示例

表 4-1　轴零件的主要工序示例

序号	工序名称	工 序 草 图	加工尺寸	
			轴向	径向
1	下料，车外圆，车端面，钻中心孔		270	$\phi50$
2	中心孔定位卡住一头，车 $\phi45$		108	$\phi45$
3	车 $\phi40$		59	$\phi40$
4	调头，车 $\phi40$		10	$\phi40$
5	车 $\phi35$		30	$\phi35$

（续）

序号	工序名称	工　序　草　图	加工尺寸	
			轴向	径向
6	车 $\phi30$	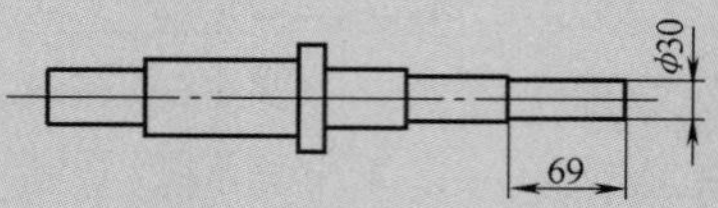	69	$\phi30$
7	铣键槽 b_1、b_2	按零件图尺寸要求	$L_{b1}=60$ $L_{b2}=90$	$h_1=4.0$ $h_2=5.5$
8	磨 $\phi40$，两处		≥28	$\phi40$
9	修整	按图样及技术要求	—	—

表 4-2　轴的表面粗糙度 *Ra* 荐用值　（单位：μm）

加　工　表　面	表面粗糙度 *Ra* 值	
与传动件及联轴器等轮毂相配合的表面	1.6~3.2	
与传动件及联轴器相配合的轴肩端面	3.2~6.3	
与滚动轴承配合的轴径表面和轴肩端面	见表 6-70	
平键键槽	3.2（工作表面），6.3（非工作表面）	
安装密封件处的轴颈表面	接触式	非接触式
	0.4~1.6	1.6~3.2

轴零件图上的几何公差标注参见表 4-3，表中列出了轴的几何公差推荐项目、精度等级及其与工作性能的关系。具体几何公差值见第六章。

表 4-3　轴的几何公差推荐项目精度等级及其与工作性能的关系

内容	项　　目	符号	精度等级	与工作性能的关系
形状公差	与传动零件相配合直径的圆度	○	7~8	影响传动零件与轴配合的松紧及对中性
	与传动零件相配合直径的圆柱度	⌭	见表 6-69	影响轴承与轴配合的松紧及对中性
	与轴承相配合直径的圆柱度			
跳动公差	齿轮的定位端面相对轴线的端面圆跳动	↗	6~8	影响齿轮和轴承的定位及其受载均匀性
	轴承的定位端面相对轴线的端面圆跳动		见表 6-69	
	与传动零件配合的直径相对轴线的径向圆跳动		6~8	影响传动件运动中的偏心量和稳定性
	与轴承相配合的直径相对轴线的径向圆跳动		5~6	影响轴承运动中的偏心量和稳定性
位置公差	键槽对轴线的对称度	⌯	7~9	影响键与键槽受载的均匀性及安装时的松紧

三、技术要求

轴类零件的技术要求主要包括：

1）材料的力学性能和化学成分的要求，允许的代用材料等。

2）热处理方法和要求，如热处理后的硬度范围，渗碳/渗氮要求及淬火深度等。

3）未注明的圆角、倒角的说明。

4）其他加工要求，如对某些关键尺寸、加工状态要求的特殊说明。

第三节　齿轮类零件图样

一、视图选择

齿轮、蜗轮等盘类零件的图样一般选取 1~2 个视图，主视图轴线水平放置，并作剖视表达内部结构，侧视图可只绘制主视图表达不清的键槽与孔。参见第七章图例。

对组合式蜗轮结构，需分别绘制蜗轮组件图和齿圈、轮毂的零件图。齿轮轴与蜗杆轴的视图与轴类零件图相似。为了表达齿形的有关特征及参数，必要时应绘出局部断面图。

二、尺寸标注

齿轮类零件与安装轴配合的孔、齿顶圆和轮毂端面是齿轮设计、加工、检验和装配的基准，尺寸精度要求高，应标注尺寸及其极限偏差、几何公差。分度圆直径虽不能直接测量，但作为基本设计尺寸，应予标注。

蜗轮组件中，轮缘与轮毂的配合；锥齿轮中，锥距及锥角等保证装配和啮合的重要尺寸，应按相关标准标注。

齿轮类零件的表面粗糙度 Ra 推荐值见表 4-4，齿轮的几何公差推荐项目及其与工作性能的关系见表 4-5。

表 4-4　齿轮类零件的表面粗糙度 Ra 推荐值　　　　　　（单位：μm）

加工表面		表面粗糙度 *Ra* 值			
传动精度等级		6	7	8	9
轮齿工作面	圆柱齿轮	0.4~0.8	0.8~1.6	1.6~3.2	3.2~6.3
	锥齿轮		0.8	1.6	3.2
	蜗杆、蜗轮		0.8	1.6	3.2
齿顶圆	圆柱齿轮		1.6	3.2	6.3
	锥齿轮			3.2	3.2
	蜗杆、蜗轮		1.6	1.6	3.2
轴/孔	圆柱齿轮		0.8	1.6	3.2
	锥齿轮				3.2~6.3
与轴肩配合面		1.6~3.2			
齿圈与轮芯配合表面		1.6~3.2			
平键键槽		1.6~3.2（工作面），6.3（非工作面）			

表 4-5　齿轮的几何公差推荐项目及其与工作性能的关系

内容	项　目	符号	精度等级	对工作性能的影响
形状公差	与轴配合的孔的圆柱度	⌭	7~8	影响传动零件与轴配合的松紧及对中性
跳动公差	圆柱齿轮以齿顶圆为工艺基准时，齿顶圆的径向圆跳动	↗	按齿轮、蜗杆、蜗轮和锥齿轮的精度等级确定	影响齿厚的测量精度，并在切齿时产生相应的齿圈径向圆跳动误差，使零件加工中心位置与设计位置不一致，引起分齿不均，同时会引起齿向误差
	锥齿轮顶锥的径向圆跳动			
	蜗轮齿顶圆的径向圆跳动			影响齿面载荷分布及齿轮副间隙的均匀性
	蜗杆齿顶圆的径向圆跳动			
	基准端面对轴线的轴向圆跳动			
位置公差	键槽对孔轴线的对称度	═	8~9	影响键与键槽受载的均匀性及其装拆时的松紧

三、啮合特性表

　　齿轮类零件的轮齿通常采用标准刀具，使用专用设备按照一定的模式加工制造。与之相关的主要参数和误差检验项目，应在齿轮（蜗轮）啮合特性表中列出。啮合特性表一般布置在图幅的右上角。齿轮（蜗轮）的精度等级和相应的误差检验项目的极限偏差或公差取值见第六章。啮合特性表的格式参见第七章的传动零件图例。

四、技术要求

　　1）对毛坯的要求，如铸件不允许有缺陷，锻件毛坯不允许有氧化皮及毛刺等。

　　2）对材料化学成分和力学性能的要求，允许使用的代用材料。

　　3）零件整体或表面处理的要求，如热处理方法、热处理后的硬度、渗碳/渗氮要求及淬火深度等。

　　4）未注倒角、圆角半径的说明。

　　5）其他特殊要求，如修形及对大型或高速齿轮进行平衡实验等。

第四节　箱体类零件图样

一、视图选择

　　箱体类零件的结构比较复杂，一般需用三个视图表达，且常需增加一些局部视图、剖视图和放大图。主视图的选择可与箱体实际放置位置一致。

二、尺寸标注

1. 箱体尺寸标注

　　1）选好基准，最好使设计、加工和装配基准统一，以便于加工和检验。例如，箱盖或箱座的高度方向尺寸最好以剖分面（加工基准面）为基准；箱体宽度方向尺寸应以宽度的对称中心线作为基准，如图 4-3 所示。箱体长度方向尺寸可取轴承孔中心线作为基准，如图 4-4 所示。标注时要避免出现封闭尺寸链。

图 4-3　箱盖宽度方向
尺寸的标注示例

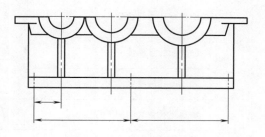

图 4-4　箱体长度方向尺寸
的标注示例

2）可将箱体尺寸分为定位尺寸和定形尺寸。定位尺寸是确定箱体各部位相对于基准的位置尺寸，如孔的中心线、曲线定位位置，及其他有关部位或局部结构与基准间的距离。定形尺寸是确定箱体各部分形状结构、特征和大小的尺寸，应直接标出，如箱体长、宽、高和壁厚，各种孔径及其深度，圆角半径，槽的宽度和深度，螺纹尺寸，观察孔、油尺孔、放油孔的局部结构和尺寸等。

3）对影响机器工作性能的尺寸要直接标出，以保证加工准确性，如箱体孔的中心距及其偏差等。

4）铸造箱体上所有圆角、倒角、起模斜度等均须在图中标注清楚或在技术要求中说明。

2. 表面粗糙度

箱体上与其他零件接触的表面应予加工，并与非加工表面区分开。箱体的表面粗糙度 Ra 推荐值见表 4-6。

表 4-6　箱体的表面粗糙度 Ra 推荐值　　　　　　　　　（单位：μm）

表 面 位 置	表 面 粗 糙 度 Ra 推 荐 值
箱体剖分面	1.6~3.2
与滚动轴承(/P0 级)配合的轴承座孔 D	0.8($D<80$mm),3.2($D>80$mm)
轴承座外端面	3.2~6.3
螺栓孔沉头座	12.5
与轴承盖及其套杯配合的孔	3.2
机加工油沟及观察孔上表面	12.5
箱体底面	6.3~12.5
圆锥销孔	1.6~3.2

3. 几何公差

箱体的几何公差主要与轴系安装精度及减速器工作性能有关，推荐项目见表 4-7。

表 4-7 箱体几何公差的推荐项目

内容	推 荐 项 目	符号	精度等级	对工作性能的影响
形状公差	轴承座孔的圆柱度	⌭	7	影响箱体与轴承的配合性能及对中性
	剖分面的平面度	▱	7~8	
方向公差	轴承座孔轴线对端面的垂直度	⊥	7	影响轴承固定及轴向受载的均匀性
	轴承座孔轴线间的平行度	∥	6	影响传动件的传动平稳性及载荷分布的均匀性
	锥齿轮减速器和蜗杆减速器的轴承孔轴线间的垂直度	⊥	7	
位置公差	两轴承座孔轴线的同轴度	◎	7	影响减速器的装配和传动零件的载荷分布均匀性

三、技术要求

箱体零件图的技术要求主要包括：

1）铸件清理和时效处理等。

2）箱盖与箱座间轴承孔需先用螺栓联接，并装入定位销后再镗孔；剖分面上的定位销孔加工，应将箱盖和箱座固定后配钻、配铰。

3）铸造斜度及圆角半径等。

4）箱体内表面涂漆或防浸蚀涂料和消除内应力的处理等。

箱体零件图例见第七章。

第五章 编写设计计算说明书和准备答辩

第一节 编写设计计算说明书

设计计算说明书作为产品设计的重要技术文件之一，是图样设计的基础和理论依据，也是进行设计审核的依据。因此，编写设计计算说明书是设计工作的重要环节之一。设计计算说明书封面格式示例如图5-1所示。

一、设计计算说明书的内容

设计计算说明书主要包括以下内容：

（1）前言　前言主要是对设计背景、设计目的和意义进行总体描述，让读者对说明书有一个总的了解。

（2）目录　目录应列出说明书中各项内容的标题及页次，包括设计任务书和附录。

（3）正文　说明书正文主要为设计依据和过程，主要包括以下内容：

1）设计任务书。一般应附设计目标、使用条件和主要设计参数。

2）机械装置的总体方案设计。针对运动和动力要求，选择传动类型，对其结构和性能进行分析，并针对多种方案的可行性进行比较，择优形成初步设计方案。

主要内容有：机械装置的总体设计方案；原动机的选择；执行机构选型；传动装置的确定；运动及动力参数的计算等。

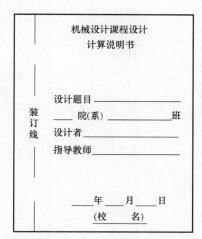

图 5-1　封面格式示例

（图中内容：机械设计课程设计 计算说明书；装订线；设计题目_____；____院（系）_____班；设计者_____；指导教师_____；____年____月____日；（校　名））

3）执行机构设计。主要内容有各构件的设计及其运动和运动学分析等。

4）主要零部件的设计计算。主要内容有：传动零件（如带传动、齿轮传动、蜗杆传动零件）等的设计计算；轴的设计及校核计算；滚动轴承的选择及寿命计算；键联接设计计算；联轴器及其他标准件的选择计算等。

5）减速器箱体及附件的设计，减速器的润滑及密封等。

6）其他需要说明的内容，包括运输、安装和使用维护要求，本设计的优缺点和改进建议等。

（4）参考资料　将设计过程中所用到的参考书、手册、样本等资料，按序号、作者、书名、出版单位和出版时间的顺序列出。

（5）附录　在设计过程中使用的非通用设计资料、图表、计算程序等。

二、设计计算说明书的编写要求和注意事项

设计计算说明书要求计算依据和过程正确、论述清楚、文字精练、插图简明、书写工整，同时应注意以下事项：

1）设计计算说明书应按内容顺序列出标题，做到层次清楚，重点突出。

2）计算过程应列出计算公式，代入有关数据，写出计算结果，标明单位，并写出根据计算结果所得出的结论或说明。

3）引用的计算公式或数据要注明来源，主要参数、尺寸、规格和计算结果，可在右侧计算结果栏中列出。

4）为清楚地说明计算内容，设计计算说明书中应附有必要的简图（如总体设计方案简图、轴和轴系的受力图、轴的结构简图、弯矩图和转矩图等）。

5）设计计算说明书要用钢笔或用计算机按规定格式书写于 16 开专用纸上，按目录编、标页码，然后装订成册。

6）设计计算说明书的封面格式可参考图 5-1，书写格式可参考表 5-1。

表 5-1　设计计算说明书的书写格式示例

项目-内容	设计计算依据和过程	计算结果
1. 总体方案设计 ……		
2. …… ……		
5. 高速级齿轮传动设计 （1）选择材料和精度 1）选择材料 2）热处理 3）精度选择 （2）计算许用应力 1）极限应力[1]①	小齿轮：40Cr，淬火，42HRC 大齿轮：40Cr，淬火，38HRC …… $\sigma_{\mathrm{Flim}} = \cdots\cdots$	
2）…… 3）…… 4）许用应力 （3）按齿根弯曲疲劳强度设计 1）强度公式[1]p132 2）参数选择计算 　载荷系数 　圆周速度估算 　齿数选择 　初选 β ……	$[\sigma_{\mathrm{F}}] = \cdots\cdots$ $m_{\mathrm{n}} \geqslant \cdots$ $K = \cdots$； 其中：$K_{\mathrm{A}} = \cdots$　　　　$K_{\mathrm{V}} = \cdots$ $v = \cdots$ $z_1 = 23$，$z_2 = 86$ $\beta = 10°$ …	
3）按齿根弯曲疲劳强度计算模数 4）模数标准化 （4）按齿面接触疲劳强度校核 1）强度公式[1]p126 　载荷… 　…… 2）…… 3）…… 4）中心距圆整	$m_{\mathrm{n}} \geqslant \cdots = 2.38\mathrm{mm}$ $\sigma_{\mathrm{H}} = \cdots \leqslant [\sigma_{\mathrm{H}}]$ … $a = (d_1 + d_2)/2 = (58.3870 + 218.3167)/2$ $= 138.352\mathrm{mm}$	按标准取： $m_{\mathrm{n}} = 2.5\mathrm{mm}$ 圆整： $a = 140\mathrm{mm}$

（续）

项目-内容	设计计算依据和过程	计算结果
（5）主要参数和几何尺寸计算 1）主要参数	$\beta = \arccos[\,m_n(z_1+z_2)/(2a)\,] = \cdots = 13.291177°$ 法面模数 螺旋角 齿数：小齿轮 　　　　大齿轮	$\beta = 13°17'28''$ $m_n = 2.5\text{mm}$ $\beta = 13°17'28''$ $z_1 = 23$ $z_2 = 86$
2）几何尺寸 ……	分度圆直径 齿顶圆直径 齿宽 轮毂宽 …	……

①　公式引自文献［1］中第110页。

第二节　准备答辩

一、整理设计资料

设计任务完成以后，应将装订好的设计计算说明书和折叠好的图样一并装入袋中，准备答辩。叠图示例如图 5-2 所示。

二、准备答辩

答辩是课程设计教学过程的最后环节，准备答辩的过程也是系统地回顾、总结和再学习的过程。总结时应注意对以下内容深入剖析：总体方案的确定、受力分析、材料选择、工作能力计算、主要参数及尺寸确定、结构设计、设计资料和标准的运用、工艺性和使用维护性等。全面分析所设计机械装置的优缺点，提出今后在设计中应注意的问题，并设想出改进方案。通过综合课程设计，掌握机械设计的方法和步骤，培养发现和分析、解决工程实际问题的能力。

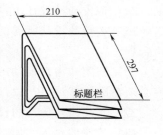

图 5-2　叠图示例

在做出系统总结的基础上，找出设计计算和图样中存在的问题和不足，把不甚明了或尚未考虑全面的问题分析、理解清楚，深化设计成果，使答辩过程成为机械设计综合课程设计中的一个继续学习和提高的过程。

设计答辩时，教师可根据设计图样、设计计算说明书和答辩中回答问题的情况，并考虑学生在设计过程中的表现，综合评定成绩。

三、思考题

1）机械系统的总体设计包括哪些内容？设计原则有哪些？
2）实现设计任务的可选机械装置有哪些？各有什么优缺点？
3）你所选择的设计方案有哪些特点？

4）传动装置总体设计方案有哪些？各种传动形式有哪些特点？适用范围如何？

5）可选总体设计方案有哪些？各有什么优缺点？

6）实现设计任务可选用的机构有哪些？各有何优缺点？

7）你设计的执行机构有何特点？

8）在进行连杆、凸轮、行星轮系、槽轮、铰链等构件及其联接设计时，应注意哪些问题？

9）借助商用软件进行设计分析时，应注意哪些问题？

10）带传动、齿轮传动、链传动和蜗杆传动等应如何布置？为什么？

11）你所设计的传动装置有哪些优缺点？

12）工业生产中哪种类型的原动机用得最多？它有何特点？

13）如何根据工作机所需功率确定所选电动机的额定功率？工作机所需电动机的功率与电动机的额定功率关系如何？设计传动装置时采用哪一功率计算？

14）电动机转速的高低对设计方案有何影响？

15）机械装置的总效率如何计算？确定总效率时要注意哪些问题？

16）分配传动比的原则有哪些？传动比的分配对总体方案有何影响？工作机计算转速与实际转速间的误差应如何处理？

17）传动装置中各相邻轴间的功率、转速、转矩关系如何？

18）传动装置中同一轴的输入功率与输出功率是否相同？设计传动零件或轴时采用哪个功率？

19）在传动装置设计中，为什么一般先设计传动零件？

20）执行机构构件结构设计时要注意哪些问题？

21）连杆机构的结构设计应注意哪些问题？

22）杆件间的铰链结构形式有哪些？设计时要注意哪些问题？

23）凸轮材料如何选择？廓线如何加工？热处理工艺如何确定？

24）带传动的设计内容主要有哪些？如何判断带传动的设计结果是否合理？

25）链传动设计所需的已知条件有哪些？主要设计内容是什么？如何检查设计结果是否合理？

26）在闭式齿轮传动的设计参数和几何尺寸中，哪些应取标准值？哪些应该圆整？哪些必须精确计算？

27）开式齿轮传动的设计与闭式齿轮传动的设计有何不同？

28）齿轮的材料、加工工艺的选择和齿轮尺寸之间有何关系？什么情况下齿轮应与轴制成一体？

29）圆柱齿轮传动的中心距应如何圆整？圆整后，应如何调整 m、z 和 β 等参数？

30）锥齿轮传动的锥距 R 能否圆整？为什么？

31）蜗杆传动设计所需的已知条件、主要设计内容有哪些？如何检查设计结果是否合理？

32）在传动装置设计中，影响带传动、闭式齿轮传动、开式齿轮传动、链传动、锥齿轮传动、蜗杆传动承载能力的主要因素是什么？

33）设计时为何通常先进行装配草图设计？传动装置或减速器装配草图设计包括哪些

内容？绘制装配草图前应做哪些准备工作？

34）如何在设计中选用标准产品（如联轴器、气缸和液压缸等）？

35）轴的强度计算方法有哪些？如何确定轴的支点位置和传动零件上力的作用点？

36）轴的外伸长度如何确定？如何确定各轴段的直径和长度？

37）如何保证轴上零件的周向固定和轴向固定？

38）对轴进行强度校核时，如何选取危险断面？

39）如何选择滚动轴承的类型？轴承在轴承座中的位置应如何确定？何时在设计中使用轴承套杯，其作用是什么？

40）角接触轴承的布置方式有哪些？组合轴承支承应用于什么工况条件？润滑条件如何保证？

41）滚动轴承的寿命不能满足要求时，应如何解决？

42）键在轴上的位置如何确定？键联接设计中应注意哪些问题？

43）键联接如何工作？单键不能满足设计要求时应如何解决？

44）轴承盖有哪几种类型？各有何特点？

45）锻造齿轮与铸造齿轮在结构上有何区别？对材料和加工工艺有何要求？

46）在设计中，保证箱体刚度可采取哪些措施？如何设计？

47）设计轴承座旁的联接螺栓凸台时应考虑哪些问题？

48）输油沟和回油沟如何加工？设计时应注意哪些问题？

49）在设计中，传动零件的浸油深度、油池深度应如何确定？对整机有何影响？

50）在铸造箱体设计时，如何考虑铸造工艺性和机械加工工艺性？

51）为保证减速器正常工作，需设置哪些附件？

52）减速器中哪些部位需要密封，如何保证？

53）装配图的作用是什么？应标注哪几类尺寸？为什么？

54）如何选择减速器主要零件的配合？传动零件与轴、滚动轴承与轴和轴承座孔的配合、精度等级应如何选择？

55）装配图上的技术要求主要包括哪些内容？

56）滚动轴承在安装时为什么要留有轴向游隙？该游隙应如何调整？

57）为何要检查传动件的齿面接触斑点？它与传动精度的关系如何？传动件的侧隙如何测量？

58）减速器中哪些零件需要润滑？润滑剂和润滑方式如何选择？结构上如何实现？

59）在减速器剖分面处为什么不允许使用垫片？如何防止漏油？

60）明细栏的作用是什么？应填写哪些内容？

61）零件图的作用和设计内容有哪些？

62）标注尺寸时如何选择基准？

63）轴的表面粗糙度和几何公差对轴的加工精度和装配质量有何影响？

64）如何选择齿轮类零件的误差检验项目？与齿轮精度的关系如何？

65）标注箱体零件的尺寸应注意哪些问题？箱体孔的中心距及其极限偏差如何标注？箱体各项几何公差对减速器工作性能的影响有哪些？

66）为什么要标注齿轮的毛坯公差？包括哪些项目？

第二部分

机械设计常用标准
规范和参考图例

第六章 机械设计常用标准和规范

第一节 一般标准

表 6-1 图纸幅面和格式（GB/T 14689—2008 摘录）　　　　（单位：mm）

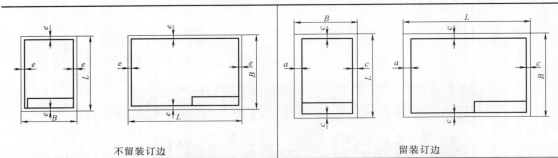

不留装订边　　　　　　　　　　　　　　　留装订边

基本幅面（第一选择）					必要时允许选用的加长幅面					
					第二选择		第三选择			
幅面代号	$B \times L$	a	c	e	幅面代号	$B \times L$	幅面代号	$B \times L$	幅面代号	$B \times L$
A0	841×1189			20	A3×3	420×891	A0×2	1189×1682	A3×5	420×1486
A1	594×841		10		A3×4	420×1189	A0×3	1189×2523	A3×6	420×1783
A2	420×594	25			A4×3	297×630	A1×3	841×1783	A3×7	420×2080
A3	297×420		5	10	A4×4	297×841	A1×4	841×2378	A4×6	297×1261
A4	210×297				A4×5	297×1051	A2×3	594×1261	A4×7	297×1471
							A2×4	594×1682	A4×8	297×1682
							A2×5	594×2102	A4×9	297×1892

注：加长幅面的图框尺寸：按所选用的基本幅面大一号图框尺寸确定。例如，对 A2×3，按 A1 的图框尺寸确定，即 e 为 20mm（或 c 为 10mm）；对 A3×4，则按 A2 的图框尺寸确定，即 e 为 10mm（或 c 为 10mm）。

表 6-2 图样比例（GB/T 14690—1993 摘录）

种类	比　　例			必要时，允许选取的比例				
原值比例	1：1							
缩小比例	1：2	1：5	1：10	1：1.5	1：2.5	1：3	1：4	1：6
	$1：2×10^n$	$1：5×10^n$	$1：1×10^n$	$1：1.5×10^n$	$1：2.5×10^n$	$1：3×10^n$	$1：4×10^n$	$1：6×10^n$
放大比例	5：1	2：1		4：1	2.5：1			
	$5×10^n：1$	$2×10^n：1$	$1×10^n：1$	$4×10^n：1$	$2.5×10^n：1$			

注：n 为正整数。

表 6-3　机构运动简图用图形符号（GB/T 4460—2013 摘录）

名　　称	基本符号	可用符号	名　　称	基本符号	可用符号
机架 轴、杆 组成部分 与轴（杆） 的固定连接			联轴器—— 一般符号（不 指明类型） 固定联轴器 可移式联轴器 弹性联轴器	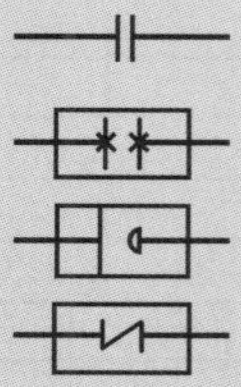	
齿轮传动 （不指明齿线） 圆柱齿轮					
锥齿轮			啮合式离合器 单向式 摩擦离合器 单向式	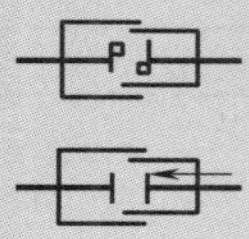	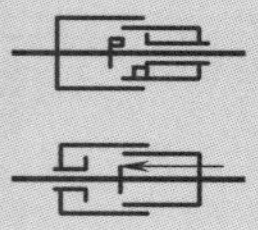
蜗轮与圆柱 蜗杆			制动器—— 一般符号	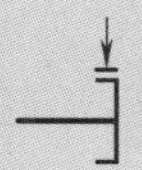	
摩擦传动 圆柱轮			轴承 向心轴承 滑动轴承 滚动轴承 推力轴承 单向推力 普通轴承 推力滚动 轴承 向心推力轴承 单向向心推 力普通轴承 双向向心推 力普通轴承 向心推力 滚动轴承	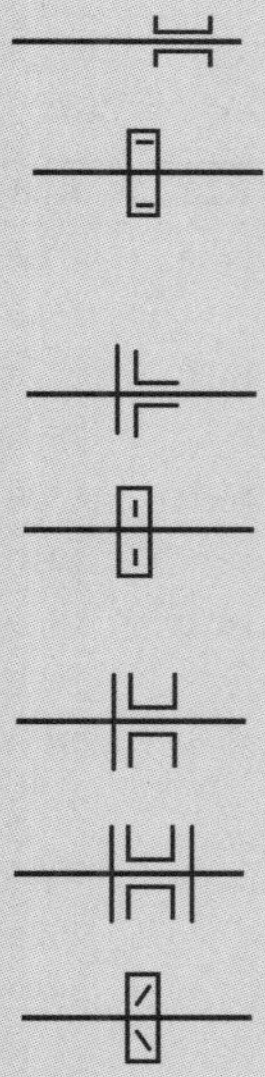	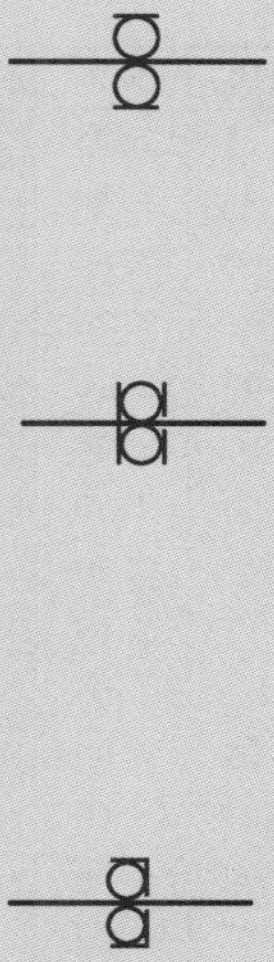
圆锥轮					
带传动—— 一般符号（不 指明类型）		附注：若需指 明类型用下列 符号： V带传动			
链传动—— 一般符号（不 指明类型）		滚子链传动	弹簧 压缩弹簧 拉伸弹簧	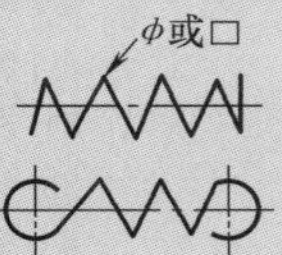	
螺杆传动 整体螺母			电动机—— 一般符号	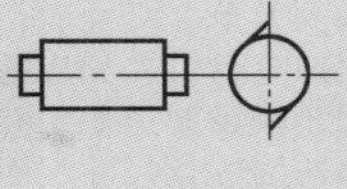	

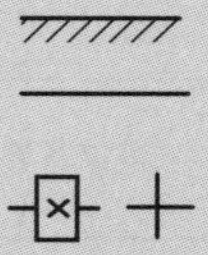

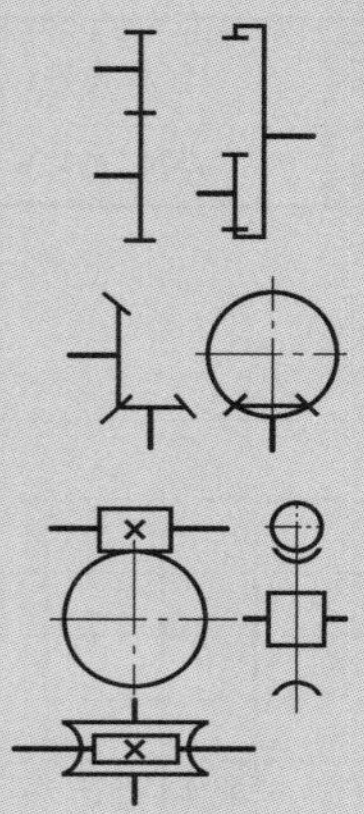

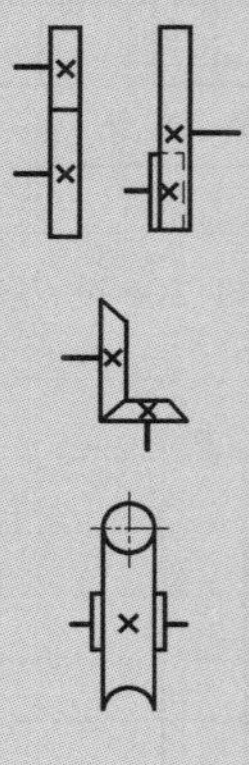

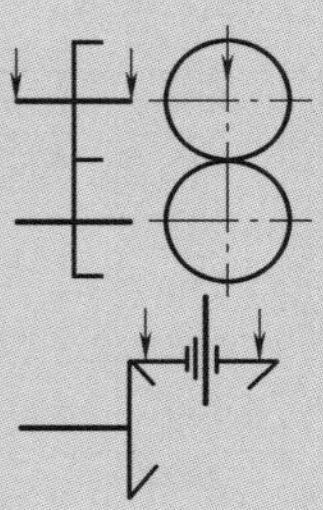

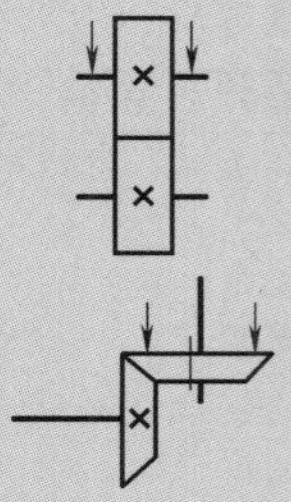

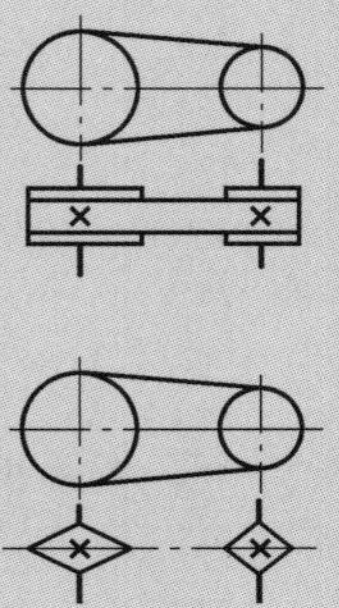

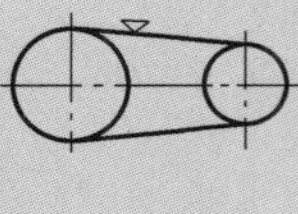

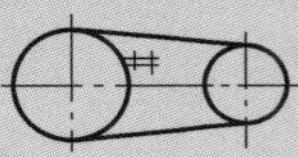

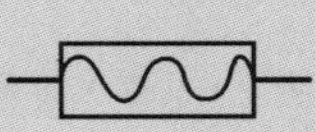

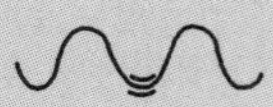

表6-4 标题栏格式（GB/T 10609.1—2008）

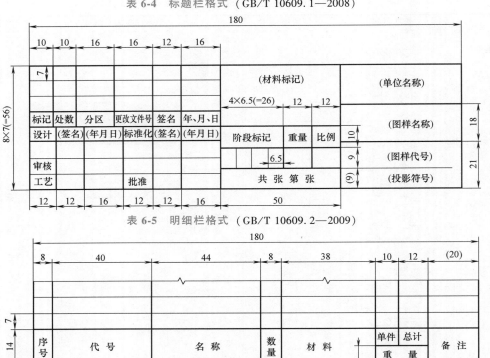

表6-5 明细栏格式（GB/T 10609.2—2009）

表6-6 标准尺寸（直径、长度、高度等）（GB/T 2822—2005摘录）（单位：mm）

R10	R20	R10	R20	R40	R10	R20	R40	R10	R20	R40	R10	R20	R40
1.25	1.25	12.5	12.5	12.5	40.0	40.0	40.0	125	125	125	400	400	400
	1.40			13.2			42.5			132			425
1.60	1.60		14.0	14.0		45.0	45.0		140	140		450	450
	1.80			15.0			47.5			150			475
2.00	2.00	16.0	16.0	16.0	50.0	50.0	50.0	160	160	160	500	500	500
	2.24			17.0			53.0			170			530
2.50	2.50		18.0	18.0		56.0	56.0		180	180		560	560
	2.80			19.0			60.0			190			600
3.15	3.15	20.0	20.0	20.0	63.0	63.0	63.0	200	200	200	630	630	630
	3.55			21.2			67.0			212			670
4.00	4.00		22.4	22.4		71.0	71.0		224	224		710	710
	4.50			23.6			75.0			236			750
5.00	5.00	25.0	25.0	25.0	80.0	80.0	80.0	250	250	250	800	800	800
	5.60			26.5			85.0			265			850
6.30	6.30		28.0	28.0		90.0	90.0		280	280		900	900
	7.10			30.0			95.0			300			950
8.00	8.00	31.5	31.5	31.5	100	100	100	315	315	315	1000	1000	1000
	9.00			33.5			106			335			1060
10.0	10.0		35.5	35.5		112	112		355	355		1120	1120
	11.2			37.5			118			375			1180

注：1. 选择标准系列及单个尺寸时，应首先在优先数系R系列中选用标准尺寸，选用顺序为R10、R20、R40。如果必须将数值圆整，可在相应的R′系列（本表未列出）中选用标准尺寸。

2. 本标准适用于机械制造业中有互换性或系列化要求的主要尺寸。其他结构尺寸也应尽量采用。不适用于由主要尺寸导出的因变量尺寸、工艺上工序间的尺寸和已有相应标准规定的尺寸。

表 6-7　中心孔（GB/T 145—2001 摘录）　　　　　　　　（单位：mm）

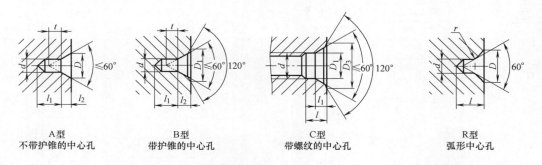

A 型	B 型	C 型	R 型
不带护锥的中心孔	带护锥的中心孔	带螺纹的中心孔	弧形中心孔

d	D、D_1		l_2（参考）		t（参考）	l_{min}	r_{max}	r_{min}	d	D_1	D_3	l	l_1（参考）	选择中心孔的参考数据		
A、B、R 型	A、R 型	B 型	A 型	B 型	A、B 型	R 型			C 型					原料端部最小直径 D_0	轴状原料最大直径 D_c	工件最大重量 /t
1.6	3.35	5.00	1.52	1.99	1.4	3.5	5.00	4.00								
2.00	4.25	6.30	1.95	2.54	1.8	4.4	6.30	5.00						8	>10~18	0.12
2.50	5.30	8.00	2.42	3.20	2.2	5.5	8.00	6.30						10	>18~30	0.2
3.15	6.70	10.00	3.07	4.03	2.8	7.0	10.00	8.00	M3	3.2	5.8	2.6	1.8	12	>30~50	0.5
4.00	8.50	12.50	3.90	5.05	3.5	8.9	12.50	10.00	M4	4.3	7.4	3.2	2.1	15	>50~80	0.8
(5.00)	10.60	16.00	4.85	6.41	4.4	11.2	16.00	12.50	M5	5.3	8.8	4.0	2.4	20	>80~120	1
6.30	13.20	18.00	5.98	7.36	5.5	14.0	20.00	16.00	M6	6.4	10.5	5.0	2.8	25	>120~180	1.5
(8.00)	17.00	22.40	7.79	9.36	7.0	17.9	25.00	20.00	M8	8.4	13.2	6.0	3.3	30	>180~220	2
10.00	21.20	28.00	9.70	11.66	8.7	22.5	31.50	25.00	M10	10.5	16.3	7.5	3.8	35	>180~220	2.5
									M12	13.0	19.8	9.5	4.4	42	>220~260	3

注：1. A 型和 B 型中心孔的尺寸 l_1 取决于中心钻的长度，此值不应小于 t 值。

　　2. 括号内的尺寸尽量不采用。

　　3. 选择中心孔的参考数据不属于 GB/T 145 的内容，仅供参考。

表 6-8　中心孔表示法（GB/T 4459.5—1999 摘录）　　　　　　（单位：mm）

标 注 示 例	解　释	标 注 示 例	解　释
B3.15/10	B 型中心孔 $d=3.15$mm，$D_1=10$mm 成品零件保留中心孔	A4/8.5	A 型中心孔 $d=4$mm，$D=8.5$mm 成品零件不保留中心孔
A4/8.5 GB/T 4459.5	A 型中心孔 $d=4$mm，$D=8.5$mm 成品零件无是否保留中心孔要求	2×B3.15/10	同一轴的两端中心孔相同，可只在其一端标注，并注出数量

表 6-9　齿轮滚刀外径尺寸（GB/T 6083—2016 摘录）

类型	小尺寸单头齿轮滚刀				单头齿轮滚刀			
	模数 m		外径 D/mm	孔径 d/mm	模数 m		外径 D/mm	孔径 d/mm
	I 系列	II 系列			I 系列	II 系列		
1	0.5	—	24	8	1	—	50	22
	—	0.55			—	1.125		
	0.6	—			1.25	—		
	—	0.7			—	1.375		
	—	0.75			1.5	—	55	
	0.8	—			—	1.75		
	—	0.9			2	—	65	27
	1.0	—			—	2.25		
2	0.5	—	32	10	2.5	—	70	
	—	0.55			—	2.75		
	0.6	—			3	—	75	32
	—	0.7			—	3.5	80	
	—	0.75			4	—	85	
	0.8	—			—	4.5	90	
	—	0.9			5	—	95	
	1.0	—			—	5.5	100	
	—	1.125			6	—	105	
	1.25	—	40		—	6.5	110	
	—	1.375			—	7	115	
	1.50	—			8	—	120	
	—	1.75			—	9	125	
	2.0	—			10	—	130	
3	0.5	—	32	13	—	11	150	
	—	0.55			12	—	160	40
	0.6	—			—	14	180	
	—	0.7			16	—	200	50
	—	0.75			—	18	220	
	0.8	—			20	—	240	
	—	0.9			—	22	250	60
	1.0	—			25	—	280	
	—	1.125			—	28	320	
	1.25	—	40		32	—	350	80
	—	1.375			—	36	380	
	1.5	—			40	—	400	
	—	1.75						
	2.0	—						

表 6-10 一般用途圆锥的锥度与锥角（GB/T 157—2001 摘录）

$$C = \frac{D-d}{L}$$

$$C = 2\tan\frac{\alpha}{2} = 1 : \frac{1}{2}\cot\frac{\alpha}{2}$$

d_x——给定截面圆锥直径

基本值	推 算 值		应 用 举 例
	锥角 α	锥度 C	
120°		1 : 0.288675	螺纹孔内倒角、填料盒内填料的锥度
90°		1 : 0.500000	沉头螺钉头、螺纹倒角、轴的倒角
60°		1 : 0.866025	车床顶尖、中心孔
45°		1 : 1.207107	轻型螺旋管接口的锥形密合
30°		1 : 1.866025	摩擦离合器
1 : 3	18°55′28.7″		有极限转矩的摩擦圆锥离合器
1 : 5	11°25′16.3″		易拆机件的锥形连接、锥形摩擦离合器
1 : 10	5°43′29.3″		受轴向力及横向力的锥形零件的接合面、电动机及其他机械的锥形轴端
1 : 20	2°51′51.1″		机床主轴锥度、刀具尾柄、公制锥度铰刀、圆锥螺栓
1 : 30	1°54′34.9″		装柄的铰刀及扩孔钻
1 : 50	1°8′45.2″		圆锥销、定位销、圆锥销孔的铰刀
1 : 100	34′22.6″		承受陡振及静变载荷的不需拆开的连接机件
1 : 200	17′11.3″		承受陡振及冲击变载荷的需拆开的连接零件、圆锥螺栓

表 6-11 回转面及端面砂轮越程槽（GB/T 6403.5—2008 摘录）   （单位：mm）

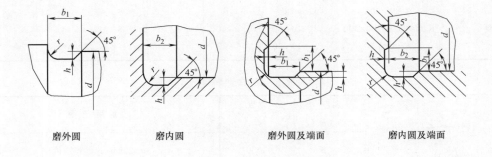

磨外圆   磨内圆   磨外圆及端面   磨内圆及端面

d	≤10			>10~50		>50~100		>100	
b_1	0.6	1.0	1.6	2.0	3.0	4.0	5.0	8.0	10
b_2	2.0	3.0		4.0		5.0		8.0	10
h	0.1	0.2		0.3	0.4		0.6	0.8	1.2
r	0.2	0.5		0.8	1.0		1.6	2.0	3.0

表 6-12 零件倒圆与倒角（GB/T 6403.4—2008 摘录） （单位：mm）

倒圆、倒角形式 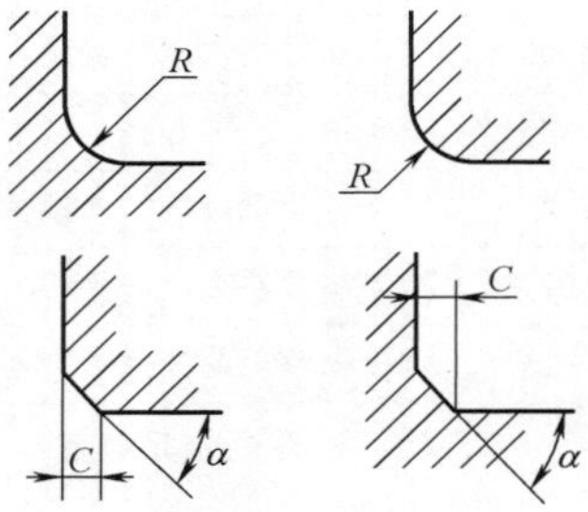	内角、外角分别为倒圆、倒角（45°）的四种装配形式 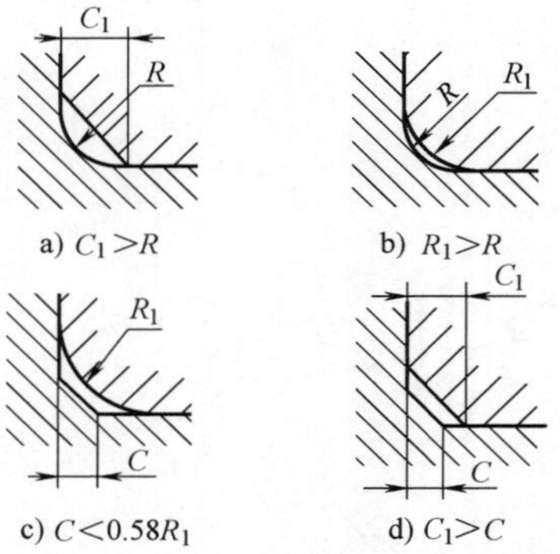

a) $C_1 > R$ b) $R_1 > R$

c) $C < 0.58R_1$ d) $C_1 > C$

倒圆、倒角尺寸	R 或 C	0.1	0.2	0.3	0.4	0.5	0.6	0.8	1.0	1.2	1.6	2.0	2.5	3.0
		4.0	5.0	6.0	8.0	10	12	16	20	25	32	40	50	—

与直径 ϕ 相应的倒角 C、倒圆 R 的推荐值									
ϕ	>6~10	>10~18	>18~30	>30~50	>50~80	>80~120	>120~180	>180~250	>250~320
C 或 R	0.6	0.8	1.0	1.6	2.0	2.5	3.0	4.0	5.0

内角倒角，外角倒圆时 C_{max} 与 R_1 的关系（参见右上图 c）																
R_1	0.4	0.5	0.6	0.8	1.0	1.2	1.6	2.0	2.5	3.0	4.0	5.0	6.0	8.0	10	12	16	20
C_{max}	0.2	0.3	0.4	0.5	0.6	0.8	1.0	1.2	1.6	2.0	2.5	3.0	4.0	5.0	6.0	8.0	10

注：α 一般采用 45°，也可采用 30° 或 60°。

表 6-13 铸件最小壁厚（不小于） （单位：mm）

铸造方法	铸件尺寸	铸 钢	灰铸铁	球墨铸铁	可锻铸铁	铝合金	铜合金
砂型	≤200×200	8	≤6	6	5	3	3~5
	>200×200~500×500	10~12	>6~10	12	8	4	
	>500×500	15~20	15~20			6	6~8

表 6-14 铸造斜度

斜度 $b:h$	角度 β	使 用 范 围
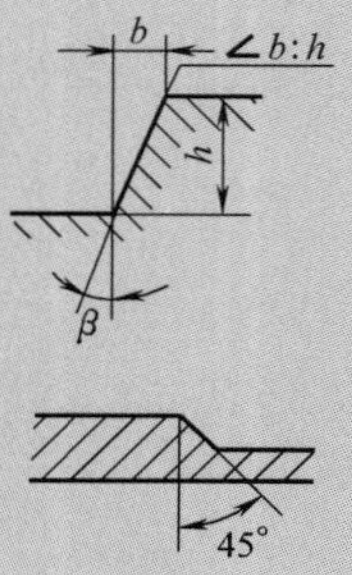 1:5	11°30′	$h<25$mm 的钢和铁铸件
1:10	5°30′	$h=25~500$mm 的钢和铁铸件
1:20	3°	
1:50	1°	$h>500$mm 的钢和铁铸件
1:100	30′	非铁金属铸件

注：当设计不同壁厚的铸件时，在转折点处的斜角最大还可增大到 30°~45°。

表 6-15　铸造过渡斜度　　　　　　　　　　（单位：mm）

铸铁和铸钢件壁厚 δ	K	h	R
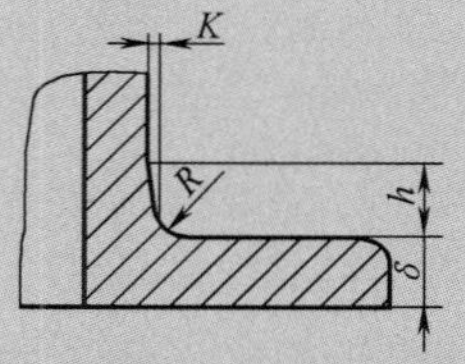 10 ~ 15	3	15	5
>15 ~ 20	4	20	5
>20 ~ 25	5	25	5
>25 ~ 30	6	30	8
>30 ~ 35	7	35	8
>35 ~ 40	8	40	10
>40 ~ 45	9	45	10
>45 ~ 50	10	50	10

适用于减速器、连接管、气缸及其他连接法兰

第二节　常用材料

一、钢铁材料

表 6-16　金属材料中常用化学元素名称及符号

名称	铬	镍	硅	锰	铝	磷	硫	钨	钼	钒	钛	铜	铁	硼	钴	氮	钙	碳	铅	锡	锑	锌
符号	Cr	Ni	Si	Mn	Al	P	S	W	Mo	V	Ti	Cu	Fe	B	Co	N	Ca	C	Pb	Sn	Sb	Zn

表 6-17　钢的常用热处理方法及应用

名　称	说　明	应　用
退　火	退火是将钢件（或钢坯）加热到临界温度以上 30 ~ 50°C，保温一段时间，然后再缓慢地冷却下来（一般用炉冷）	用来消除铸、锻、焊零件的内应力，降低硬度，以易于切削加工，细化金属晶粒，改善组织，增加韧度
正　火	正火是将钢件加热到临界温度以上，保温一段时间，然后在空气中冷却，冷却速度比退火快	用来处理低碳和中碳结构钢材及渗碳零件，使其组织细化，增加强度及韧度，减少内应力，改善切削性能
淬　火	淬火是将钢件加热到临界点以上温度，保温一段时间，然后放入水、盐水或油中（个别材料在空气中）急剧冷却，使其得到高硬度	用来提高钢的硬度和强度极限。但淬火时会引起内应力，使钢变脆，所以淬火后必须回火
回　火	回火是将淬硬的钢件加热到临界点温度以下，保温一段时间，然后在空气中或油中冷却下来	用来消除淬火后的脆性和内应力，提高钢的塑性和冲击韧度
调　质	淬火后高温回火	用来使钢获得高的韧度和足够的强度，很多重要零件都是经过调质处理的
表面淬火	使零件表层具有高的硬度和耐磨性，而心部保持原有的强度和韧度	常用来处理轮齿的表面
渗　碳	使表面增碳；渗碳层深度 0.4 ~ 6mm 或大于 6mm。硬度为 56 ~ 65HRC	提高钢件的耐磨性能、表面硬度、抗拉强度及疲劳极限 适用于低碳、中碳（$w(C)<0.40\%$）结构钢的中小型零件和受重负荷、受冲击、耐磨的大型零件

（续）

名　　　称	说　　　明	应　　　用
氮碳共渗	使表面增加碳与氮；扩散层深度较浅，为 0.02～3.0mm；硬度高，在共渗层为 0.02～0.04mm 时具有 66～70HRC	提高结构钢、工具钢制件的耐磨性能，以及表面硬度和疲劳极限，提高刀具的切削性能和使用寿命 适用于要求硬度高且耐磨的中小型及薄片的零件和刀具等
渗　氮	表面增氮，氮化层为 0.025～0.8mm，而渗氮时间需 40～50h，硬度很高（1200HV），耐磨、抗蚀性能高	提高钢件的耐磨性能、表面硬度、疲劳极限和抗蚀能力 适用于结构钢和铸铁件，如气缸套、气门座、机床主轴、丝杠等耐磨零件，以及在碱水和燃烧气体介质的环境中工作的零件，如水泵轴、排气阀等零件

表 6-18　常用热处理工艺及代号（GB/T 12603—2005 摘录）

工　艺	代　号	工　艺	代　号	工　艺	代　号
退火	511	淬火	513	渗碳	531
正火	512	空冷淬火	513-00A	固体渗碳	531-09
调质	515	油冷淬火	513-00O	盐浴（液体）渗碳	531-03
表面淬火和回火	521	水冷淬火	513-00W	可控气氛（气体）渗碳	531-01
感应淬火和回火	521-04	感应淬火	513-04	渗氮	533
火焰淬火和回火	521-05	淬火和回火	514	氮碳共渗	534

注：代号前三位数字分别为热处理总称、工艺类型和工艺名称，后接"-"加两位数字（加热方式）和两位字符（退火工艺、淬火冷却介质）。

表 6-19　灰铸铁（GB/T 9439—2010 摘录）及应用

牌号	铸件壁厚/mm		最小抗拉强度 R_m（强制性值）/MPa		铸件本体预期抗拉强度 R_m（min）/MPa	应用举例
	>	≤	单铸试棒	附铸试棒或试块		
HT100	5	40	100	—	—	盖、外罩、油盘、手轮、手把、支架等
HT150	5	10	150	—	155	端盖、汽轮泵体、轴承座、阀壳、管及管路附件、手轮、一般机床底座、床身及其他复杂零件、滑座、工作台等
	10	20		—	130	
	20	40		120	110	
	40	80		110	95	
	80	150		100	80	
	150	300		90	—	
HT200	5	10	200	—	205	气缸、齿轮、底架、箱体、飞轮、齿条、衬筒、一般机床铸有导轨的床身及中等压力（8MPa 以下）液压缸、液压泵和阀的壳体等
	10	20		—	180	
	20	40		170	155	
	40	80		150	130	
	80	150		140	115	
	150	300		130	—	
HT250	5	10	250	—	250	阀壳、液压缸、气缸、联轴器、箱体、齿轮、齿轮箱外壳、飞轮、衬筒、凸轮、轴承座等
	10	20		—	225	
	20	40		210	195	
	40	80		190	170	
	80	150		170	155	
	150	300		160	—	

（续）

牌号	铸件壁厚/mm		最小抗拉强度 R_m（强制性值）/MPa		铸件本体预期抗拉强度 R_m(min)/MPa	应用举例
	>	≤	单铸试棒	附铸试棒或试块		
HT300	10	20	300	—	270	齿轮、凸轮、车床卡盘、剪板机、压力机的机身；导板、转塔车床、自动车床及其他受重载荷铸有导轨的机床床身；高压液压缸、液压泵和滑阀的壳体等
	20	40		250	240	
	40	80		220	210	
	80	150		210	195	
	150	300		190	—	
HT350	10	20	350	—	315	
	20	40		290	280	
	40	80		260	250	
	80	150		230	225	
	150	300		210	—	

注：铸件本体预期抗拉强度最小值不作为强制性值。铸件壁厚大于300mm时，其力学性能由供需双方商定。

表 6-20　球墨铸铁（GB/T 1348—2019 摘录）及应用

牌　　号	抗拉强度 R_m	屈服强度 $R_{p0.2}$	断后伸长率 A	供参考	应　用　举　例
	MPa		（%）	硬　度 HBW	
	最　　　小　　　值				
QT400-18	400	250	18	120～175	减速器箱体、齿轮、拨叉、阀门、阀盖、高低压气缸、吊耳、离合器壳
QT400-15	400	250	15	120～180	
QT450-10	450	310	10	160～210	油泵齿轮、车辆轴瓦、减速器箱体、齿轮、轴承座、阀门体、凸轮、犁铧、千斤顶底座
QT500-7	500	320	7	170～230	
QT600-3	600	370	3	190～270	齿轮轴、曲轴、凸轮轴、机床主轴、缸体、连杆、矿车轮、农机零件
QT700-2	700	420	2	225～305	
QT800-2	800	480	2	245～335	曲轴、凸轮轴、连杆、杠杆、履带式拖拉机链轨板、车床刀架体
QT900-2	900	600	2	280～360	

注：表中数据系由单铸试块测定的力学性能。

表 6-21　碳素结构钢（GB/T 700—2006 摘录）及应用

牌号	等级	力　学　性　能													冲击试验（V 型缺口试样）		应用举例
		屈服强度 R_{eL}/MPa						抗拉强度 R_m /MPa	断后伸长率 A（%）					温度 /℃	冲击吸收能量（纵向）/J	
		钢材厚度（直径）/mm							钢材厚度（直径）/mm							
		≤16	>16 ~40	>40 ~60	>60 ~100	>100 ~150	>150 ~200		>16 ~40	>40 ~60	>60 ~100	>100 ~150	>150 ~200			
		不　小　于							不　小　于						不　小　于	
Q195	—	(195)	(185)	—	—	—	—	315~430	33	—	—	—	—			受轻载荷的机件、冲压件、焊件等
Q215	A	215	205	195	185	175	165	335~450	31	30	29	27	26	—	—	垫片、焊件、渗碳零件等
	B													+20	27	

（续）

牌号	等级	屈服强度 R_{eL}/MPa						抗拉强度 R_m/MPa	断后伸长率 A（%）					冲击试验（V型缺口试样）		应用举例
		钢材厚度（直径）/mm							钢材厚度（直径）/mm					温度/℃	冲击吸收能量（纵向）/J	
		≤16	>16~40	>40~60	>60~100	>100~150	>150~200		>16~40	>40~60	>60~100	>100~150	>150~200			
		不 小 于							不 小 于						不小于	
Q235	A	235	225	215	215	195	185	370~500	26	25	24	22	21	—	—	结构件、焊件、螺栓、螺母等 C、D 级用于重要焊件、渗碳件
	B													+20	27	
	C													0		
	D													-20		
Q275	A	275	265	255	245	225	215	410~540	22	21	20	18	17	—	27	轴等
	B													+20		
	C													0		
	D													-20		

注：括号内的数值仅供参考。

表 6-22　优质碳素结构钢（GB/T 699—2015 摘录）

牌号	推荐热处理温度/℃			试件毛坯尺寸/mm	抗拉强度 R_m	下屈服强度 R_{eL}	断后伸长率 A	断面收缩率 Z	冲击吸收能量 KU_2	钢材交货状态硬度 HBW		应 用 举 例
	正火	淬火	回火		MPa		（%）		J	未热处理	退火钢	
					不小于		不小于		不小于	不大于		
08	930	—	—	25	325	195	33	60	—	131	—	垫片、垫圈、管材、摩擦片等
10	930	—	—	25	335	205	31	55	—	137	—	拉杆、卡头、垫片、垫圈等
20	910	—	—	25	410	245	25	55	—	156	—	杠杆、轴套、螺钉、吊钩等
25	900	870	600	25	450	275	23	50	71	170	—	轴、辊子、联接器、垫圈、螺栓等
35	870	850	600	25	530	315	20	45	55	197	—	连杆、圆盘、轴销、轴等
40	860	840	600	25	570	335	19	45	47	217	187	齿轮、链轮、轴、键、销、轧辊、曲柄销、活塞杆、圆盘等
45	850	840	600	25	600	355	16	40	39	229	197	
50	830	830	600	25	630	375	14	40	31	241	207	齿轮、轧辊、轴、圆盘等
60	810	—	—	25	675	400	12	35	—	255	229	轧辊、弹簧、凸轮、轴等
20Mn	910	—	—	25	450	275	24	50	—	197	—	凸轮、齿轮、联轴器、铰链等
30Mn	880	860	600	25	540	315	20	45	63	217	187	螺栓、螺母、杠杆、制动踏板等
40Mn	860	840	600	25	590	355	17	45	47	229	207	轴、曲轴、连杆、螺栓、螺母等
50Mn	830	830	600	25	645	390	13	40	31	255	217	齿轮、轴、凸轮、摩擦盘等
65Mn	830	—	—	25	735	430	9	30	—	285	229	弹簧、弹簧垫圈等

注：适用于公称直径或厚度不大于250mm的热轧和锻制优质碳素结构钢棒材。牌号和化学成分也适用于钢锭、钢坯和其他截面的钢材及其制品。

表 6-23 一般工程用铸造碳钢（GB/T 11352—2009 摘录）

牌　号	抗拉强度 R_m	屈服强度 R_{eL} ($R_{p0.2}$)	断后伸长率 A	根据合同选择 断面收缩率 Z	根据合同选择 冲击吸收能量（V型缺口试样）	硬度 正火回火 HBW	硬度 表面淬火 HRC	应用举例
	MPa		（%）		J			
	最　小　值							
ZG200-400	400	200	25	40	30			箱座、箱盖、箱体等
ZG230-450	450	230	22	32	25	≥131		
ZG270-500	500	270	18	25	22	≥143	40~45	飞轮、机架、连杆、汽锤等
ZG310-570	570	310	15	21	15	≥153	40~50	联轴器、大齿轮、气缸、机架等
ZG340-640	640	340	10	18	10	169~229	45~55	齿轮、联轴器及重要零件等

注：1. 各牌号铸钢的性能，适用于厚度为 100mm 以下的铸件。

　　2. 表中硬度值不属于 GB/T 11352 的内容，仅供参考。

表 6-24 合金结构钢（GB/T 3077—2015 摘录）

牌号	热处理 淬火 温度/℃	热处理 淬火 冷却剂	热处理 回火 温度/℃	热处理 回火 冷却剂	截面尺寸（试样直径）/mm	力学性能 抗拉强度 R_m	力学性能 下屈服强度 R_{eL}	力学性能 断后伸长率 A	力学性能 断面收缩率 Z	力学性能 冲击吸收能量 KU_2	硬度 压痕直径/mm	硬度 HBW①	应用举例
	/℃		/℃		/mm	MPa ≥		（%） ≥		J ≥	≥	≤	
20Mn2	850 / 880	水、油	200 / 440	水、空气	15	785	590	10	40	47	4.4	187	小齿轮、小轴、钢套、链板等，渗碳淬火 56~62HRC
35Mn2	840	水	500	水	25	835	685	12	45	55	4.2	207	重要用途的螺栓及小轴等，可代替 40Cr，表面淬火 40~50HRC
35SiMn	900	水	570	水、油	25	885	735	15	45	47	4.0	229	冲击韧度高，可代替 40Cr，部分代替 40CrNi，用于轴、齿轮、紧固件等，表面淬火 45~55HRC
42SiMn	880		590	水					40				
20Si-MnVB	900	油	200	水、空气	15	1175	980	10	45	55	4.2	207	可代替 18CrMnTi、20CrMnTi 做齿轮等，渗碳淬火 56~62HRC
37Si-Mn2MoV	870	水、油	650	水、空气	25	980	835	12	50	63	3.7	269	重要的轴、连杆、齿轮、曲轴表面淬火 50~55HRC
35CrMo	850	油	550	水、油	25	980	835	12	45	63	4.0	229	可代替 40CrNi 做大截面齿轮和重载传动轴等，表面淬火 56~62HRC
40Cr	850	油	520	水、油	25	980	785	9	45	47	4.2	207	重要调质零件，如齿轮、轴、曲轴、连杆、螺栓等，表面淬火 48~55HRC
20CrNi	850	水、油	460	水、油	25	785	590	10	50	63	4.3	197	重要渗碳零件，如齿轮、轴、花键轴、活塞销等
20Cr-MnTi	第1次 880 第2次 870	油	200	水、空气	15	1080	850	10	45	55	4.1	217	是 18CrMnTi 的代用钢，用于要求强度、韧度高的重要渗碳零件，如齿轮、轴、蜗杆、离合器等

① 为参考值。

二、非铁金属材料

表 6-25 铸造铜合金、铸造铝合金和铸造轴承合金

合金牌号	合金名称（或代号）	铸造方法	合金状态	力学性能（不小于）			布氏硬度 HBW	应用举例
				抗拉强度 R_m	屈服强度 $R_{p0.2}$	断后伸长率 A		
				MPa		（%）		
铸造铜合金（GB/T 1176—2013 摘录）								
ZCuSn5Pb5Zn5	5-5-5 锡青铜	S、J、R		200	90	13	60[①]	较高载荷，中速下工作的耐磨、耐蚀件，如轴瓦、衬套、缸套及蜗轮等
		Li、La		250	100		65[①]	
ZCuSn10Pb1	10-1 锡青铜	S、R		220	130	3	80[①]	高载荷（20MPa 以下）和高速（8m/s）下工作的耐磨件，如连杆、衬套、轴瓦、蜗轮等
		J		310	170	2	90[①]	
		Li		330	170	4		
		La		360	170	6		
ZCuSn10Pb5	10-5 锡青铜	S		195		10	70	耐蚀、耐酸件及破碎机衬套、轴瓦等
		J		245				
ZCuPb17Sn2Zn4	17-4-4 铅青铜	S		150		5	55	一般耐磨件、轴承等
		J		175		7	60	
ZCuAl10Fe3	10-3 铝青铜	S		490	180	13	100[①]	要求强度高、耐磨、耐蚀的零件，如轴套、螺母、蜗轮、齿轮等
		J		540	200	15	110[①]	
		Li、La		540	200	15		
ZCuAl10Fe3Mn2	10-3-2 铝青铜	S、R		490		15	110	
		J		540		20	120	
ZCuZn38	38 黄铜	S		295		30	60	一般结构件和耐蚀件，如法兰、阀座、螺母等
		J					70	
ZCuZn40Pb2	40-2 铅黄铜	S、R		220	95	15	80[①]	一般用途的耐磨、耐蚀件，如轴套、齿轮等
		J		280	120	20	90[①]	
ZCuZn35Al2Mn2Fe1	35-2-2-1 铝黄铜	S		450	170	20	100[①]	管路配件和要求不高的耐磨件
		J		475	200	18	110[①]	
		Li、La						
ZCuZn38Mn2Pb2	38-2-2 锰黄铜	S		245		10	70	一般用途的结构件，如套筒、衬套、轴瓦、滑块等
		J		345		18	80	
铸造铝合金（GB/T 1173—2013 摘录）								
ZAlSi12	ZL102 铝硅合金	SB、JB、RB、KB	F	145		4	50	气缸活塞以及高温工作的承受冲击载荷的复杂薄壁零件
			T2	135		4		
			F	155		2		
			T2	145		3		
ZAlSi9Mg	ZL104 铝硅合金	S、J、R、K	F	150		2	50	形状复杂的高温静载荷或受冲击作用的大型零件，如风机叶片、水冷气缸头
		J	T1	200		1.5	65	
		SB、RB、KB	T6	230		2	70	
		J、JB	T6	240		2	70	
ZAlMg5Si1	ZL303 铝镁合金	S、J、R、K	F	143		1	55	高耐蚀性或在高温下工作的零件
ZAlZn11Si7	ZL401 铝锌合金	S、R、K	T1	195		2	80	铸造性能较好，可不热处理，用于形状复杂的大型薄壁零件，耐蚀性差
		J		245		1.5	90	
铸造轴承合金（GB/T 1174—1992 摘录）								
ZSnSb12Pb10Cu4	锡基轴承合金	J					29	汽轮机、压缩机、机车、发电机、球磨机、轧机减速器、发动机等各种机器的滑动轴承衬
ZSnSb11Cu6							27	
ZPbSb16Sn16Cu2	铅基轴承合金	J					30	
ZPbSb15Sn5							20	

注：1. 铸造方法代号：S—砂型铸造；J—金属型铸造；Li—离心铸造；La—连续铸造；R—熔模铸造；K—壳型铸造；B—变质处理。

2. 合金状态代号：F—铸态；T1—人工时效；T2—退火；T6—固溶处理加人工完全时效。

① 为参考值。

三、型钢

表 6-26　热轧等边角钢（GB/T 706—2016 摘录）

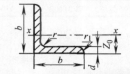

标记示例：

热轧等边角钢 $\dfrac{100×100×16—GB/T\ 706}{Q235A—GB/T\ 700}$

（碳素结构钢 Q235A，尺寸为 100mm×100mm×16mm 的热轧等边角钢）

角钢号	尺寸/mm			截面面积 /cm²	惯性矩 J_x /cm⁴	惯性半径 i_x/cm	重心距离 Z_0/cm	角钢号	尺寸/mm			截面面积 /cm²	惯性矩 J_x /cm⁴	惯性半径 i_x/cm	重心距离 Z_0/cm
	b	d	r						b	d	r				
2	20	3	3.5	1.132	0.40	0.59	0.60	7	70	4	8	5.570	26.4	2.18	1.86
		4		1.459	0.50	0.58	0.64			5		6.876	32.2	2.16	1.91
2.5	25	3		1.432	0.82	0.76	0.73			6		8.160	37.8	2.15	1.95
		4		1.859	1.03	0.74	0.76			7		9.424	43.1	2.14	1.99
3	30	3	4.5	1.749	1.46	0.91	0.85			8		10.67	48.2	2.12	2.03
		4		2.276	1.84	0.90	0.89	7.5	75	5	9	7.412	40.0	2.33	2.04
3.6	36	3	4.5	2.109	2.58	1.11	1.00			6		8.797	47.0	2.31	2.07
		4		2.756	3.29	1.09	1.04			7		10.16	53.6	2.30	2.11
		5		3.382	3.95	1.08	1.07			8		11.50	60.0	2.28	2.15
4	40	3	5	2.359	3.59	1.23	1.09			10		14.13	72.0	2.26	2.22
		4		3.086	4.60	1.22	1.13	8	80	5	9	7.912	48.8	2.48	2.15
		5		3.792	5.53	1.21	1.17			6		9.397	57.4	2.47	2.19
4.5	45	3	5	2.659	5.17	1.40	1.22			7		10.860	65.6	2.46	2.23
		4		3.486	6.65	1.38	1.26			8		12.30	73.5	2.44	2.27
		5		4.292	8.04	1.37	1.30			10		15.13	88.4	2.42	2.35
		6		5.076	9.33	1.36	1.33	9	90	6	10	10.64	82.8	2.79	2.44
5	50	3	5.5	2.971	7.18	1.55	1.34			7		12.30	94.8	2.78	2.48
		4		3.897	9.26	1.54	1.38			8		13.94	106	2.76	2.52
		5		4.803	11.2	1.53	1.42			10		17.17	129	2.74	2.59
		6		5.688	13.1	1.52	1.46			12		20.31	149	2.71	2.67
5.6	56	3	6	3.343	10.2	1.75	1.48	10	100	6	12	11.93	115	3.10	2.67
		4		4.390	13.2	1.73	1.53			7		13.80	132	3.09	2.71
		5		5.415	16.0	1.72	1.57			8		15.64	148	3.08	2.76
		8		8.367	23.6	1.68	1.68			10		19.26	180	3.05	2.84
6.3	63	4	7	4.978	19.0	1.96	1.70			12		22.80	209	3.03	2.91
		5		6.143	23.2	1.94	1.74			14		26.26	237	3.00	2.99
		6		7.288	27.1	1.93	1.78			16		29.63	262	2.98	3.06
		8		9.515	34.5	1.90	1.85								
		10		11.66	41.1	1.88	1.93								

注：1. 角钢长度：角钢号 2~9，长度 4~12m；角钢号 10~14，长度 4~19m。
　　2. $r_1 = d/3$。

表 6-27 热轧钢棒尺寸（GB/T 702—2017 摘录） （单位：mm）

圆钢	5.5	6	6.5	7	8	9	10	11	12	13	14	15	16	17	18	19	20	21
直径	22	23	24	25	26	27	28	29	30	31	32	33	34	35	36	38	40	42
（方钢	45	48	50	53	55	56	58	60	63	65	68	70	75	80	85	90	95	100
边长）	105	110	115	120	125	130	135	140	145	150	155	160	165	170	180	190	200	210

（边长续）220 230 240 250 260 270 280 290 300 310

注：1. 本标准适用于直径为 5.5~380mm 的热轧圆钢和边长为 5.5~300mm 的热轧方钢。

2. 优质及特殊质量钢通常长度为 2~7m；普通钢的长度当直径或边长不大于 25mm 时为 4~10m，大于 25mm 时为 3~9m。

3. 冷轧钢板和钢带的公称厚度为 0.3~4.0mm，公称厚度小于 1mm 时按 0.05mm 倍数的任何尺寸，公称厚度不小于 1mm 时，按 0.1mm 倍数的任何尺寸；其公称宽度为 600~2050mm，按 10mm 倍数的任何尺寸。

4. 热轧钢板和钢带：单轧钢板的公称厚度为 3~400mm，厚度小于 30mm 时按 0.5mm 倍数的任何尺寸，厚度不小于 30mm 时按 1mm 倍数的任何尺寸；钢带的公称厚度为 0.8~25.4mm，按 0.1mm 倍数的任何尺寸。单轧钢板的公称宽度为 600~4800mm，按 10mm 或 50mm 倍数的任何尺寸；钢带的公称宽度为 600~2200mm，按 10mm 倍数的任何尺寸。

表 6-28 热轧槽钢
（GB/T 706—2016 摘录）

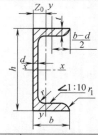

标记示例：
热轧槽钢
$\dfrac{180×70×9—GB/T\ 706}{Q235A—GB/T\ 700}$
（碳素结构钢 Q235A，尺寸为 180mm×70mm×9mm 的热轧槽钢）

型号	h	b	d	t	r	r_1	截面面积/cm²	x-x W_x/cm³	y-y W_y/cm³	重心距离 Z_0/cm
8	80	43	5.0	8.0	8.0	4.0	10.24	25.3	5.79	1.43
10	100	48	5.3	8.5	8.5	4.2	12.74	39.7	7.80	1.52
12.6	126	53	5.5	9.0	9.0	4.5	15.69	62.1	10.2	1.59
14a	140	58	6.0	9.5	9.5	4.8	18.51	80.5	13.0	1.71
14b	140	60	8.0	9.5	9.5	4.8	21.31	87.1	14.1	1.67
16a	160	63	6.5	10.0	10.0	5.0	21.95	108	16.3	1.80
16b	160	65	8.5	10.0	10.0	5.0	25.15	117	17.6	1.75
18a	180	68	7.0	10.5	10.5	5.2	25.69	141	20.0	1.88
18b	180	70	9.0	10.5	10.5	5.2	29.29	152	21.5	1.84
20a	200	73	7.0	11.0	11.0	5.5	28.83	178	24.2	2.01
20b	200	75	9.0	11.0	11.0	5.5	32.83	191	25.9	1.95
22a	220	77	7.0	11.5	11.5	5.8	31.83	218	28.2	2.10
22b	220	79	9.0	11.5	11.5	5.8	36.23	234	30.1	2.03
25a	250	78	7.0	12.0	12.0	6.0	34.91	270	30.6	2.07
25b	250	80	9.0	12.0	12.0	6.0	39.91	282	32.7	1.98
25c	250	82	11.0	12.0	12.0	6.0	44.91	295	35.9	1.92
28a	280	82	7.5	12.5	12.5	6.2	40.02	340	35.7	2.10
28b	280	84	9.5	12.5	12.5	6.2	45.62	366	37.9	2.02
28c	280	86	11.5	12.5	12.5	6.2	51.22	393	40.3	1.95
32a	320	88	8.0	14.0	14.0	7.0	48.50	475	46.5	2.24
32b	320	90	10.0	14.0	14.0	7.0	54.90	509	49.2	2.16
32c	320	92	12.0	14.0	14.0	7.0	61.30	543	52.6	2.09

注：槽钢长度：槽钢号 8，长度 5~12m；槽钢号 10~18，长度 5~19m；槽钢号 20~32，长度 6~19m。

表 6-29 热轧工字钢
（GB/T 706—2016 摘录）

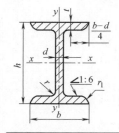

标记示例：
热轧工字钢
$\dfrac{400×144×12.5—GB/T\ 706}{Q235AF—GB/T\ 700}$
（碳素结构钢 Q235AF，尺寸为 400mm×144mm×12.5mm 的热轧工字钢）

型号	h	b	d	t	r	r_1	截面面积/cm²	x-x W_x/cm³	y-y W_y/cm³
10	100	68	4.5	7.6	6.5	3.3	14.33	49.0	9.72
12.6	126	74	5.0	8.4	7.0	3.5	18.10	77.5	12.7
14	140	80	5.5	9.1	7.5	3.8	21.50	102	16.1
16	160	88	6.0	9.9	8.0	4.0	26.11	141	21.2
18	180	94	6.5	10.7	8.5	4.3	30.74	185	26.0
20a	200	100	7.0	11.4	9.0	4.5	35.55	237	31.5
20b	200	102	9.0	11.4	9.0	4.5	39.55	250	33.1
22a	220	110	7.5	12.3	9.5	4.8	42.10	309	40.9
22b	220	112	9.5	12.3	9.5	4.8	46.50	325	42.7
25a	250	116	8.0	13.0	10.0	5.0	48.51	402	48.3
25b	250	118	10.0	13.0	10.0	5.0	53.51	423	52.4
28a	280	122	8.5	13.7	10.5	5.3	55.37	508	56.6
28b	280	124	10.5	13.7	10.5	5.3	61.97	534	61.2
32a	320	130	9.5	15.0	11.5	5.8	67.12	692	70.8
32b	320	132	11.5	15.0	11.5	5.8	73.52	726	76.0
32c	320	134	13.5	15.0	11.5	5.8	79.92	760	81.2
36a	360	136	10.0	15.8	12.0	6.0	76.44	875	81.2
36b	360	138	12.0	15.8	12.0	6.0	83.64	919	84.3
36c	360	140	14.0	15.8	12.0	6.0	90.84	962	87.4
40a	400	142	10.5	16.5	12.5	6.3	86.07	1090	93.2
40b	400	144	12.5	16.5	12.5	6.3	94.07	1140	96.2
40c	400	146	14.5	16.5	12.5	6.3	102.1	1190	99.6

注：工字钢长度：工字钢号 10~18，长度为 5~19m；工字钢号 20~40，长度 6~19m。

四、非金属材料

表 6-30　常用工程塑料

品名		密度/(g/cm³)	吸水率(%)	成型收缩率(%)	线膨胀系数/(10⁻⁵/℃)	马丁氏耐热性/℃	抗拉强度/MPa	抗弯强度/MPa	抗压强度/MPa	弹性模量/GPa	冲击韧度/(kJ/m²)	硬度	应用举例
尼龙6	未增强	1.13~1.15	1.9~2.0	1.0~2.0	7.9~8.7	40~50	52.92~76.44	68.6~98	58.8~88.2	0.81~2.55	3.04	85~114 HRR	具有良好的机械强度和耐磨性，广泛用作机械、化工及电气零件，例如，轴承、齿轮、凸轮、滚子、辊轴、泵叶轮、风扇叶轮、蜗轮、垫圈、高压密封圈、阀座、输油管、储油容器等。尼龙粉末还可喷涂于各种零件表面，以提高耐磨损性能和密封性能
	增强30%玻璃纤维	1.34		2.0~3.0			107.8~127.4	117.6~137.2	88.2~117.6		9.8~14.7	92~94 HRM	
尼龙66	未增强	1.14~1.15	1.5	1.5~2.0	9.1~10.0	50~60	55.86~81.34	98~107.8	88.2~117.6	1.37~3.23	3.82	100~118 HRR	
	增强20%~40%玻璃纤维	1.30~1.52		0.1~0.5	1.2~3.2		96.43~213.54	123.97~275.58	103.39~165.33		11.76~26.75	94 HRM 75 HRE	
尼龙1010	未增强	1.04~1.06	0.39	1.2~1.7	10.5	45	50.96~53.9	80.36~87.22	77.4	1.57	3.92~4.9	7.1 HBW	
	增强	1.485				177	192.37	303.8	164.05		96.53	14.97 HBW	

第三节 联接与紧固

一、螺纹

表 6-31 普通螺纹基本尺寸（GB/T 196—2003 摘录） （单位：mm）

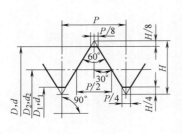

$H = 0.866P$
$d_2 = d - 0.6495P$
$d_1 = d - 1.0825P$

D，d—内、外螺纹基本大径
D_2，d_2—内、外螺纹基本中径
D_1，d_1—内、外螺纹基本小径
P—螺距

标记示例（参考）：

M20-6H（公称直径 20mm，粗牙右旋内螺纹，中径和大径的公差带均为 6H）

M20-6g（公称直径 20mm，粗牙右旋外螺纹，中径和大径的公差带均为 6g）

M20-6H/6g（上述规格的螺纹副）

M20×2-5g6g-S-LH（公称直径 20mm，螺距 2mm，左旋细牙外螺纹，中径、大径的公差带分别为 5g、6g，短旋合长度）

公称直径 D，d 第一系列	第二系列	螺距 P	中径 D_2，d_2	小径 D_1，d_1	公称直径 D，d 第一系列	第二系列	螺距 P	中径 D_2，d_2	小径 D_1，d_1	公称直径 D，d 第一系列	第二系列	螺距 P	中径 D_2，d_2	小径 D_1，d_1
3		0.5	2.675	2.459		18	1.5	17.026	16.376		39	2	37.701	36.835
		0.35	2.773	2.621			1	17.350	16.917			1.5	38.026	37.376
	3.5	0.6	3.110	2.850	20		2.5	18.376	17.294	42		4.5	39.077	37.129
		0.35	3.273	3.121			2	18.701	17.835			3	40.051	38.752
4		0.7	3.545	3.242			1.5	19.026	18.376			2	40.701	39.835
		0.5	3.675	3.459			1	19.350	18.917			1.5	41.026	40.376
	4.5	0.75	4.013	3.688		22	2.5	20.376	19.294		45	4.5	42.077	40.129
		0.5	4.175	3.959			2	20.701	19.835			3	43.051	41.752
5		0.8	4.480	4.134			1.5	21.026	20.376			2	43.701	42.835
		0.5	4.675	4.459			1	21.350	20.917			1.5	44.026	43.376
6		1	5.350	4.917	24		3	22.051	20.752	48		5	44.752	42.587
		0.75	5.513	5.188			2	22.701	21.835			3	46.051	44.752
8		1.25	7.188	6.647			1.5	23.026	22.376			2	46.701	45.835
		1	7.350	6.917			1	23.350	22.917			1.5	47.026	46.376
		0.75	7.513	7.188		27	3	25.051	23.752	52		5	48.752	46.587
10		1.5	9.026	8.376			2	25.701	24.835			3	50.051	48.752
		1.25	9.188	8.647			1.5	26.026	25.376			2	50.701	49.835
		1	9.350	8.917			1	26.350	25.917			1.5	51.026	50.376
		0.75	9.513	9.188	30		3.5	27.727	26.211		56	5.5	52.428	50.046
12		1.75	10.863	10.106			2	28.701	27.835			4	53.402	51.670
		1.5	11.026	10.376			1.5	29.026	28.376			3	54.051	52.752
		1.25	11.188	10.647			1	29.350	28.917			2	54.701	53.835
		1	11.350	10.917		33	3.5	30.727	29.211			1.5	55.026	54.376
	14	2	12.701	11.835			2	31.701	30.835	60		5.5	56.428	54.046
		1.5	13.026	12.376			1.5	32.026	31.376			4	57.402	55.670
		1	13.350	12.917	36		4	33.402	31.670			3	58.051	56.752
16		2	14.701	13.835			3	34.051	32.752			2	58.701	57.835
		1.5	15.026	14.376			2	34.701	33.835			1.5	59.026	58.376
		1	15.350	14.917			1.5	35.026	34.376	64		6	60.103	57.505
	18	2.5	16.376	15.294		39	4	36.402	34.670			4	61.402	59.670
		2	16.701	15.835			3	37.051	35.752			3	62.051	60.752

注：1. "螺距 P" 栏中第一个数值为粗牙螺距，其余为细牙螺距。

　　2. 优先选用第一系列，其次是第二系列，第三系列（表中未列出）尽可能不用。

表 6-32　梯形螺纹牙型（GB/T 5796.1—2005 摘录）　　　　　（单位：mm）

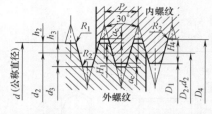

标记示例：

Tr40×7-7H（梯形内螺纹，公称直径 $d=40$mm，螺距 $P=7$mm，精度等级 7H）

Tr40×14（P7）LH-7e（多线左旋梯形外螺纹，公称直径 $d=40$mm，导程 $Ph=14$mm，螺距 $P=7$mm，精度等级 7e）

Tr40×7-7H/7e（梯形螺旋副，公称直径 $d=40$mm，螺距 $P=7$mm，内螺纹精度等级 7H，外螺纹精度等级 7e）

螺距 P	a_c	$H_4 = h_3$	R_{1max}	R_{2max}	螺距 P	a_c	$H_4 = h_3$	R_{1max}	R_{2max}	螺距 P	a_c	$H_4 = h_3$	R_{1max}	R_{2max}
1.5	0.15	0.9	0.075	0.15	9		5			24		13		
2		1.25			10	0.5	5.5	0.25	0.5	28		15		
3	0.25	1.75	0.125	0.25	12		6.5			32		17		
4		2.25								36	1	19	0.5	1
5		2.75			14		8			40		21		
					16		9			44		23		
6		3.5			18	1	10	0.5	1					
7	0.5	4	0.25	0.5	20		11							
8		4.5			22		12							

表 6-33　梯形螺纹直径与螺距系列（GB/T 5796.2—2005 摘录）　　　　　（单位：mm）

公称直径 d 第一系列	公称直径 d 第二系列	螺距 P	公称直径 d 第一系列	公称直径 d 第二系列	螺距 P	公称直径 d 第一系列	公称直径 d 第二系列	螺距 P	公称直径 d 第一系列	公称直径 d 第二系列	螺距 P
8		**1.5**	28	26	8, **5**, 3	52	50	12, **8**, 3		110	20, **12**, 4
10	9	**2**, 1.5		30	10, **6**, 3		55	14, **9**, 3	120	130	22, **14**, 6
	11	3, **2**	32		10, **6**, 3	60		14, **9**, 3	140		24, **14**, 6
12		**3**, 2	36	34		70	65	16, **10**, 4		150	24, **16**, 6
	14	**3**, 2		38	10, **7**, 3	80	75	16, **10**, 4	160		28, **16**, 6
16	18	**4**, 2	40	42			85	18, **12**, 4		170	28, **16**, 6
20		**4**, 2	44		12, **7**, 3	90		18, **12**, 4	180		28, **18**, 8
24	22	8, **5**, 3	48	46	12, **8**, 3	100	95	20, **12**, 4		190	32, **18**, 8

注：优先选用第一系列的直径，黑体字为对应直径优先选用的螺距。

表 6-34　梯形螺纹基本尺寸（GB/T 5796.3—2005 摘录）　　　　　（单位：mm）

螺距 P	外螺纹小径 d_3	内、外螺纹中径 D_2、d_2	内螺纹大径 D_4	内螺纹小径 D_1	螺距 P	外螺纹小径 d_3	内、外螺纹中径 D_2、d_2	内螺纹大径 D_4	内螺纹小径 D_1
1.5	$d-1.8$	$d-0.75$	$d+0.3$	$d-1.5$	8	$d-9$	$d-4$	$d+1$	$d-8$
2	$d-2.5$	$d-1$	$d+0.5$	$d-2$	9	$d-10$	$d-4.5$	$d+1$	$d-9$
3	$d-3.5$	$d-1.5$	$d+0.5$	$d-3$	10	$d-11$	$d-5$	$d+1$	$d-10$
4	$d-4.5$	$d-2$	$d+0.5$	$d-4$	12	$d-13$	$d-6$	$d+1$	$d-12$
5	$d-5.5$	$d-2.5$	$d+0.5$	$d-5$	14	$d-16$	$d-7$	$d+2$	$d-14$
6	$d-7$	$d-3$	$d+1$	$d-6$	16	$d-18$	$d-8$	$d+2$	$d-16$
7	$d-8$	$d-3.5$	$d+1$	$d-7$	18	$d-20$	$d-9$	$d+2$	$d-18$

注：1. d—设计牙型上的外螺纹大径（公称直径）。

2. 表中所列数值的计算公式：$d_3=d-2h_3$；D_2、$d_2=d-0.5P$；$D_4=d+2a_c$；$D_1=d-P$。

二、螺栓、螺柱、螺钉

表 6-35　六角头螺栓——A 和 B 级（GB/T 5782—2016 摘录）、
六角头螺栓—全螺纹——A 和 B 级（GB/T 5783—2016 摘录）　　　（单位：mm）

标记示例：

螺纹规格 d = M12，公称长度 l = 80mm，性能等级为 9.8 级、表面氧化、A 级的六角头螺栓：

螺栓　GB/T 5782　M12×80

标记示例：

螺纹规格 d = M12，公称长度 l = 80mm，性能等级为 9.8 级、表面氧化、全螺纹、A 级的六角头螺栓：

螺栓　GB/T 5783　M12×80

螺纹规格 d			M3	M4	M5	M6	M8	M10	M12	M16	M20	M24	M30	M36
b 参考	$l \leqslant 125$		12	14	16	18	22	26	30	38	46	54	66	—
	$125 < l \leqslant 200$		18	20	22	24	28	32	36	44	52	60	72	84
	$l > 200$		31	33	35	37	41	45	49	57	65	73	85	97
a	max		1.5	2.1	2.4	3	3.75	4.5	5.25	6	7.5	9	10.5	12
c	max		0.4	0.4	0.5	0.5	0.6	0.6	0.6	0.8	0.8	0.8	0.8	0.8
d_w	min	A	4.57	5.88	6.88	8.88	11.63	14.63	16.63	22.49	28.19	33.61	—	—
		B	4.45	5.74	6.74	8.74	11.47	14.47	16.47	22	27.7	33.25	42.75	51.11
e	min	A	6.01	7.66	8.79	11.05	14.38	17.77	20.03	26.75	33.53	39.98	—	—
		B	5.88	7.50	8.63	10.89	14.20	17.59	19.85	26.17	32.95	39.55	50.85	60.79
k	公称		2	2.8	3.5	4	5.3	6.4	7.5	10	12.5	15	18.7	22.5
r	min		0.1	0.2	0.2	0.25	0.4	0.4	0.6	0.6	0.8	0.8	1	1
s	公称		5.5	7	8	10	13	16	18	24	30	36	46	55
l 范围 （GB/T 5782）			20~30	25~40	25~50	30~60	40~80	45~100	50~120	65~160	80~200	90~240	110~300	140~360
l 范围（全螺纹） （GB/T 5783）			6~30	8~40	10~50	12~60	16~80	20~100	25~150	30~150	40~150	50~150	60~200	70~200
l 系列（GB/T 5782）			20~65（5 进位）、70~160（10 进位）、180~360（20 进位）											
l 系列（GB/T 5783）			6、8、10、12、16、20~65（5 进位）、70~160（10 进位）、180、200											

技术条件	材料	力学性能等级	螺纹公差	公差产品等级	表面处理
	钢	5.6、8.8、9.8、10.9			氧化
	不锈钢	A2-70、A4-70	6g	A 级用于 $d \leqslant 24$ 和 $l \leqslant 10d$ 或 $l \leqslant 150$ B 级用于 $d > 24$ 和 $l > 10d$ 或 $l > 150$	简单处理
	非铁金属	Cu2、Cu3、Al4 等			简单处理

注：1. A、B 为产品等级，C 级产品螺纹公差为 8g，规格为 M5～M64，性能等级为 3.6、4.6 和 4.8 级，详见 GB/T 5780—2016，GB/T 5781—2016。

2. 非优选的螺纹规格未列入。

3. 表面处理中，电镀按 GB/T 5267，非电解锌粉覆盖层按 ISO 10683，其他按协议。

表 6-36　六角头加强杆螺栓（GB/T 27—2013 摘录）　　　　　（单位：mm）

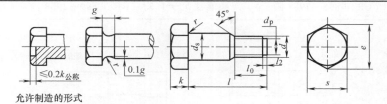

允许制造的形式

标记示例：

　　螺纹规格 d＝M12，d_s 尺寸按表规定，公称长度 l＝80mm，性能等级为 8.8 级，表面氧化处理，A 级的六角头加强杆螺栓：螺栓　GB/T 27　M12×80

　　当 d_s 按 m6 制造时应标记为：螺栓　GB/T 27　M12×m6×80

螺纹规格 d		M6	M8	M10	M12	（M14）	M16	（M18）	M20	（M22）	M24	（M27）	M30	M36
d_s（h9）	max	7	9	11	13	15	17	19	21	23	25	28	32	38
s	max	10	13	16	18	21	24	27	30	34	36	41	46	55
k	公称	4	5	6	7	8	9	10	11	12	13	15	17	20
r	min	0.25	0.4	0.4	0.6	0.6	0.6	0.6	0.8	0.8	0.8	1	1	1
d_p		4	5.5	7	8.5	10	12	13	15	17	18	21	23	28
l_2		1.5		2		3			4			5		6
e_{min}	A	11.05	14.38	17.77	20.03	23.35	26.75	30.14	33.53	37.72	39.98	—	—	—
	B	10.89	14.20	17.59	19.85	22.78	26.17	29.56	32.95	37.29	39.55	45.2	50.85	60.79
g		2.5				3.5			5					
l_0		12	15	18	22	25	28	30	32	35	38	42	50	55
l 范围		25~65	25~80	30~120	35~180	40~180	45~200	50~200	55~200	60~200	65~200	75~200	80~230	90~300
l 系列		25，（28），30，（32），35，（38），40，45，50，（55），60，（65），70，（75），80，（85），90，（95），100~260（10 进位），280，300												

注：1. 公差技术条件见表 6-35。

　　2. 括号内为非优选的螺纹规格，尽可能不采用。

　　3. 替代 GB/T 27—1988《六角头铰制孔用螺栓　A 级和 B 级》。

表 6-37　内六角圆柱头螺钉（GB/T 70.1—2008 摘录）　　　　　（单位：mm）

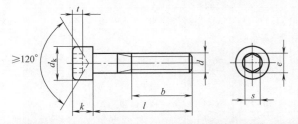

标记示例：

　　螺纹规格 d＝M8，公称长度 l＝20mm，性能等级为 8.8 级，表面氧化的内六角圆柱螺钉：

　　螺栓　GB/T 70.1　M8×20

螺纹规格 d	M5	M6	M8	M10	M12	M16	M20	M24	M30	M36
b（参考）	22	24	28	32	36	44	52	60	72	84
d_k（max）	8.5	10	13	16	18	24	30	36	45	54
e（min）	4.583	5.723	6.863	9.149	11.429	15.996	19.437	21.734	25.154	30.854
k（max）	5	6	8	10	12	16	20	24	30	36
s（公称）	4	5	6	8	10	14	17	19	22	27
t（min）	2.5	3	4	5	6	8	10	12	15.5	19
l 范围（公称）	8~50	10~60	12~80	16~100	20~120	25~160	30~200	40~200	45~200	55~200
制成全螺纹时 l≤	25	30	35	40	45	55	65	80	90	110
l 系列（公称）	8，10，12，16，20~70（5 进位），80~160（10 进位），180，200									

注：非优选的螺纹规格未列入。

表 6-38　双头螺柱 $b_m = 1d$（GB/T 897—1988 摘录）、双头螺柱 $b_m = 1.25d$

（GB/T 898—1988 摘录）、双头螺柱 $b_m = 1.5d$（GB/T 899—1988 摘录）（单位：mm）

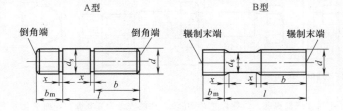

$x \leqslant 1.5P$，P 为粗牙螺纹螺距，$d_2 \approx$ 螺纹中径（B 型）

标记示例：

两端均为粗牙普通螺纹，$d = 10$mm，$l = 50$mm，性能等级为 4.8 级，不经表面处理，B 型、$b_m = 1.25d$ 的双头螺柱：

螺柱　GB/T 898　M10×50

旋入机体一端为粗牙普通螺纹，旋螺母一端为螺距 $P = 1$mm 的细牙普通螺纹，$d = 10$mm，$l = 50$mm，性能等级为 4.8 级，不经表面处理，A 型，$b_m = 1.25d$ 的双头螺柱：

螺柱　GB/T 898　AM10—M10×1×50

旋入机体一端为过渡配合螺纹的第一种配合，旋螺母一端为粗牙普通螺纹，$d = 10$mm，$l = 50$mm，性能等级为 8.8 级，镀锌钝化，B 型，$b_m = 1.25d$ 的双头螺柱：

螺柱　GB/T 898　GM10—M10×50—8.8-Zn · D

螺纹规格 d		5	6	8	10	12	(14)	16	(18)	20	24	30
b_m	GB/T 897	5	6	8	10	12	14	16	18	20	24	30
（公	GB/T 898	6	8	10	12	15	18	20	22	25	30	38
称）	GB/T 899	8	10	12	15	18	21	24	27	30	36	45
d_s	max						$= d$					
	min	4.7	5.7	7.64	9.64	11.57	13.57	15.57	17.57	19.48	23.48	29.48
l（公称）b		$\frac{16 \sim 22}{10}$	$\frac{20 \sim 22}{10}$	$\frac{20 \sim 22}{12}$	$\frac{25 \sim 28}{14}$	$\frac{25 \sim 30}{16}$	$\frac{30 \sim 35}{18}$	$\frac{30 \sim 38}{20}$	$\frac{35 \sim 40}{22}$	$\frac{35 \sim 40}{25}$	$\frac{45 \sim 50}{30}$	$\frac{60 \sim 65}{40}$
		$\frac{25 \sim 50}{16}$	$\frac{25 \sim 30}{14}$	$\frac{25 \sim 30}{16}$	$\frac{30 \sim 38}{16}$	$\frac{32 \sim 40}{20}$	$\frac{38 \sim 45}{25}$	$\frac{40 \sim 55}{30}$	$\frac{45 \sim 60}{35}$	$\frac{45 \sim 65}{35}$	$\frac{55 \sim 75}{45}$	$\frac{70 \sim 90}{50}$
			$\frac{32 \sim 75}{18}$	$\frac{32 \sim 90}{22}$	$\frac{40 \sim 120}{26}$	$\frac{45 \sim 120}{30}$	$\frac{50 \sim 120}{34}$	$\frac{60 \sim 120}{38}$	$\frac{65 \sim 120}{42}$	$\frac{70 \sim 120}{46}$	$\frac{80 \sim 120}{54}$	$\frac{95 \sim 120}{66}$
					$\frac{130}{32}$	$\frac{130 \sim 180}{36}$	$\frac{130 \sim 180}{40}$	$\frac{130 \sim 200}{44}$	$\frac{130 \sim 200}{48}$	$\frac{130 \sim 200}{52}$	$\frac{130 \sim 200}{60}$	$\frac{130 \sim 200}{72}$
												$\frac{210 \sim 250}{85}$
范围		16 ~ 50	20 ~ 75	20 ~ 90	25 ~ 130	25 ~ 180	30 ~ 180	30 ~ 200	35 ~ 200	35 ~ 200	45 ~ 200	60 ~ 250
l 系列		\multicolumn{11}{l}{16，(18)，20，(22)，25，(28)，30，(32)，35，(38)，40，50，(55)，60，(65)，70，(75)，80，(85)，90，(95)，100（5 进位），100~260（10 进位），280，300}

注：括号内为非优选的螺纹规格，尽可能不采用。

表 6-39 十字槽盘头螺钉（GB/T 818—2016 摘录）、

十字槽沉头螺钉（GB/T 819.1—2016 摘录）   （单位：mm）

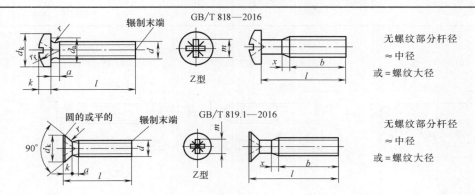

标记示例：

螺纹规格 d=M5，公称长度 l=20mm，性能等级为 4.8 级，不经表面处理的十字槽盘头螺钉（或十字槽沉头螺钉）：

螺钉 GB/T 818 M5×20（或 GB/T 819.1 M5×20）

螺纹规格 d		M1.6	M2	M2.5	M3	M4	M5	M6	M8	M10
螺 距 P		0.35	0.4	0.45	0.5	0.7	0.8	1	1.25	1.5
a	max	0.7	0.8	0.9	1	1.4	1.6	2	2.5	3
b	min	25					38			
x	max	0.9	1	1.1	1.25	1.75	2	2.5	3.2	3.8
十字槽盘头螺钉	d_a max	2.1	2.6	3.1	3.6	4.7	5.7	6.8	9.2	11.2
	d_k max	3.2	4	5	5.6	8	9.5	12	16	20
	k max	1.3	1.6	2.1	2.4	3.1	3.7	4.6	6	7.5
	r min	0.1				0.2		0.25		0.4
	r_f ≈	2.5	3.2	4	5	6.5	8	10	13	16
	m 参考	1.7	1.9	2.6	2.9	4.4	4.6	6.8	8.8	10
	l 商品规格范围	3~16	3~20	3~25	4~30	5~40	6~45	8~60	10~60	12~60
十字槽沉头螺钉	d_k max	3	3.8	4.7	5.5	8.4	9.3	11.5	15.8	18.3
	k max	1	1.2	1.5	1.65	2.7	2.7	3.3	4.65	5
	r max	0.4	0.5	0.6	0.8	1	1.3	1.5	2	2.5
	m 参考	1.8	2	3	3.2	4.6	5.1	6.8	9	10
	l 商品规格范围	3~16	3~20	3~25	4~30	5~40	6~50	8~60	10~60	12~60
公称长度 l 的系列		3，4，5，6，8，10，12，(14)，16，20，25，30，35，40，45，50，(55)，60									
技术条件		材 料		力学性能等级		螺纹公差		公差产品等级		表面处理
		钢		4.8		6g		A		不经处理 电镀或协议

注：1. 括号内非优选的螺纹规格尽可能不采用。

2. 对十字槽盘头螺钉，d≤M3、l≤25mm 或 d>M4、l≤40mm 时，制出全螺纹（b=l-a）；

对十字槽沉头螺钉，d≤M3、l≤30mm 或 d≤M4、l≥45mm 时，制出全螺纹[b=l-(k+a)]。

3. GB/T 818 材料可选不锈钢或非铁金属。

表 6-40 开槽锥端紧定螺钉（GB/T 71—2018 摘录）、开槽平端紧定螺钉（GB/T 73—2017 摘录）、开槽长圆柱端紧定螺钉（GB/T 75—2018 摘录）

（单位：mm）

GB/T 71—2018　　GB/T 73—2017　　GB/T 75—2018

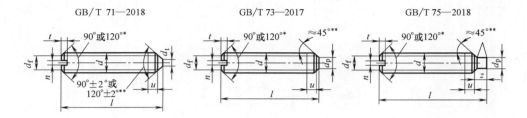

标记示例：

螺纹规格 d=M5，公称长度 l=12mm，性能等级为 14H 级，表面氧化的开槽锥端紧定螺钉（或开槽平端，或开槽长圆柱端紧定螺钉）：

螺钉　GB/T 71　M5×12（或 GB/T 73　M5×12，或 GB/T 75　M5×12）

螺纹规格 d		M3	M4	M5	M6	M8	M10	M12
螺距 P		0.5	0.7	0.8	1	1.25	1.5	1.75
d_f≈		螺纹小径						
d_t	max	0.3	0.4	0.5	1.5	2	2.5	3
d_p	max	2	2.5	3.5	4	5.5	7	8.5
n	公称	0.4	0.6	0.8	1	1.2	1.6	2
t	min	0.8	1.12	1.28	1.6	2	2.4	2.8
z	max	1.75	2.25	2.75	3.25	4.3	5.3	6.3
不完整螺纹的长度 u		≤2P						
l 范围（商品规格）	GB/T 71	4~16	6~20	8~25	8~30	10~40	12~50	14~60
	GB/T 73	3~16	4~20	5~25	6~30	8~40	10~50	12~60
	GB/T 75	5~16	6~20	8~25	8~30	10~40	12~50	14~60
	短螺钉 GB/T 73	3	4	5	6	—	—	—
	短螺钉 GB/T 75	5	6	8	8，10	10，12，14	12，14，16	14，16，20
公称长度 l 的系列		3，4，5，6，8，10，12，(14)，16，20，25，30，35，40，45，50，55，60						

技术条件	材料	力学性能等级	螺纹公差	公差产品等级	表面处理
	钢	14H，22H	6g	A	氧化或镀锌钝化

注：1. 括号内为非优选的螺纹规格，尽可能不采用。

2. 表图中标有＊者，公称长度在表中 l 范围内的短螺钉应制成 120°；标有＊＊者，90°或 120°和 45°仅适用于螺纹小径以内的末端部分。

表 6-41　吊环螺钉（GB 825—1988 摘录）　　　　　　　　（单位：mm）

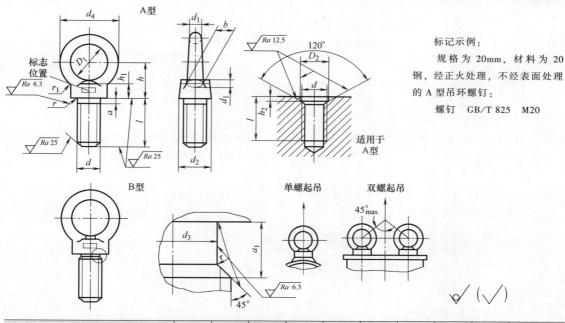

标记示例：

规格为 20mm，材料为 20 钢，经正火处理，不经表面处理的 A 型吊环螺钉：

螺钉　GB/T 825　M20

螺 纹 规 格 d			M8	M10	M12	M16	M20	M24	M30	M36	M42	M48
d_1		max	9.1	11.1	13.1	15.2	17.4	21.4	25.7	30	34.4	40.7
		min	7.6	9.6	11.6	13.6	15.6	19.6	23.5	27.5	31.2	37.1
D_1		公称	20	24	28	34	40	48	56	67	80	95
d_2		max	21.1	25.1	29.1	35.2	41.4	49.4	57.7	69	82.4	97.7
		min	19.6	23.6	27.6	33.6	39.6	47.6	55.5	66.5	79.2	94.1
h_1		max	7	9	11	13	15.1	19.1	23.2	27.4	31.7	36.9
		min	5.6	7.6	9.6	11.6	13.5	17.5	21.4	25.4	29.2	34.1
l		公称	16	20	22	28	35	40	45	55	65	70
d_4		参考	36	44	52	62	72	88	104	123	144	171
h			18	22	26	31	36	44	53	63	74	87
r_1			4	4	6	6	8	12	15	18	20	22
r		max	1	1	1	1	1	2	2	3	3	3
a_1		min	3.75	4.5	5.25	6	7.5	9	10.5	12	13.5	15
d_3		公称（max）	6	7.7	9.4	13	16.4	19.6	25	30.8	35.6	41
a		max	2.5	3	3.5	4	5	6	7	8	9	10
b			10	12	14	16	19	24	28	32	38	46
D_2		公称（min）	13	15	17	22	28	32	38	45	52	60
h_2		公称（min）	2.5	3	3.5	4.5	5	7	8	9.5	10.5	11.5
最大起吊质量/t	单螺钉起吊	（见上图）	0.16	0.25	0.4	0.63	1	1.6	2.5	4	6.3	8
	双螺钉起吊		0.08	0.125	0.2	0.32	0.5	0.8	1.25	2	3.2	4

注：1. M8～M36 为商品规格。

　　2. 最大起吊质量是指平稳起吊时的质量。

三、螺母、垫圈

表 6-42　1 型六角螺母（GB/T 6170—2015 摘录）、
六角薄螺母（GB/T 6172.1—2016 摘录）　　　（单位：mm）

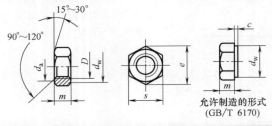

标记示例：

螺纹规格 D = M12，性能等级为 10 级，不经表面处理，A 级的 1 型六角螺母：

　　螺母　GB/T 6170　M12

螺纹规格 D = M12，性能等级为 04 级，不经表面处理，A 级的六角薄螺母：

　　螺母　GB/T 6172.1　M12

允许制造的形式
（GB/T 6170）

螺纹规格 D		M3	M4	M5	M6	M8	M10	M12	(M14)	M16	(M18)	M20	(M22)	M24	(M27)	M30	M36
d_a	max	3.45	4.6	5.75	6.75	8.75	10.8	13	15.1	17.3	19.5	21.6	23.7	25.9	29.1	32.4	38.9
d_w	min	4.6	5.9	6.9	8.9	11.6	14.6	16.6	19.6	22.5	24.8	27.7	31.4	33.3	38	42.8	51.1
e	min	6.01	7.66	8.79	11.05	14.38	17.77	20.03	23.35	26.75	29.56	32.95	37.29	39.55	45.2	50.85	60.79
s	max	5.5	7	8	10	13	16	18	21	24	27	30	34	36	41	46	55
c	max	0.4	0.4	0.5	0.5	0.6	0.6	0.6	0.6	0.8	0.8	0.8	0.8	0.8	0.8	0.8	0.8
m max	六角螺母	2.4	3.2	4.7	5.2	6.8	8.4	10.8	12.8	14.8	15.8	18	19.4	21.5	23.8	25.6	31
	薄螺母	1.8	2.2	2.7	3.2	4	5	6	7	8	9	10	11	12	13.5	15	18

技术条件	材料	力学性能等级	螺纹公差	表面处理	公差产品等级
	钢	6，8，10	6H	不经处理 电镀或协议	A 级用于 $D \leqslant$ M16　　B 级用于 $D >$ M16

注：括号内为非优选规格，尽可能不采用。

表 6-43　标准型弹簧垫圈（GB/T 93—1987 摘录）、轻型弹簧垫圈
（GB/T 859—1987 摘录）　　　（单位：mm）

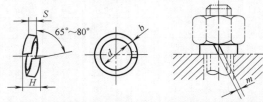

标记示例：

规格 16mm，材料为 65Mn，表面氧化的标准型（或轻型）弹簧垫圈：

　　垫圈　GB/T 93　16

　　（或 GB/T 859　16）

规格（螺纹大径）			3	4	5	6	8	10	12	(14)	16	(18)	20	(22)	24	(27)	30	(33)	36
GB/T 93	$S(b)$	公称	0.8	1.1	1.3	1.6	2.1	2.6	3.1	3.6	4.1	4.5	5.0	5.5	6.0	6.8	7.5	8.5	9
	H	min	1.6	2.2	2.6	3.2	4.2	5.2	6.2	7.2	8.2	9	10	11	12	13.6	15	17	18
		max	2	2.75	3.25	4	5.25	6.5	7.75	9	10.25	11.25	12.5	13.75	15	17	18.75	21.25	22.5
	m	≤	0.4	0.55	0.65	0.8	1.05	1.3	1.55	1.8	2.05	2.25	2.5	2.75	3	3.4	3.75	4.25	4.5
GB/T 859	S	公称	0.6	0.8	1.1	1.3	1.6	2	2.5	3	3.2	3.6	4	4.5	5	5.5	6	—	—
	b	公称	1	1.2	1.5	2	2.5	3	3.5	4	4.5	5	5.5	6	7	8	9	—	—
	H	min	1.2	1.6	2.2	2.6	3.2	4	5	6	6.4	7.2	8	9	10	11	12	—	—
		max	1.5	2	2.75	3.25	4	5	6.25	7.5	8	9	10	11.25	12.5	13.75	15	—	—
	m	≤	0.3	0.4	0.55	0.65	0.8	1	1.25	1.5	1.6	1.8	2.0	2.25	2.5	2.75	3.0	—	—

注：括号内为非优选规格，尽可能不采用。

表 6-44　小垫圈—A 级（GB/T 848—2002 摘录）、平垫圈—A 级（GB/T 97.1
—2002 摘录）、平垫圈倒角型—A 级（GB/T 97.2—2002 摘录）　　（单位：mm）

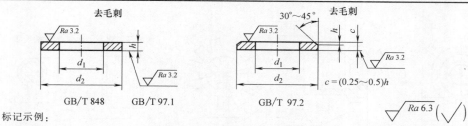

标记示例：

小系列（或标准系列），公称尺寸 $d = 8$mm，性能等级为 140HV 级（200HV 级标记中可省略），不经表面处理的小垫圈（或平垫圈，或倒角型平垫圈）：

垫圈　GB/T 848　8　140HV（或 GB/T 97.1　8　140HV，或 GB/T 97.2　8　140HV）

公称规格(优选尺寸)（螺纹大径 d）		1.6	2	2.5	3	4	5	6	8	10	12	16	20	24	30	36
d_1	GB/T 848	1.7	2.2	2.7	3.2	4.3	5.3	6.4	8.4	10.5	13	17	21	25	31	37
	GB/T 97.1															
	GB/T 97.2	—	—	—	—	—										
d_2	GB/T 848	3.5	4.5	5	6	8	9	11	15	18	20	28	34	39	50	60
	GB/T 97.1	4	5	6	7	9	10	12	16	20	24	30	37	44	56	66
	GB/T 97.2	—	—	—	—	—										
h	GB/T 848	0.3	0.3	0.5	0.5	0.5	1	1.6	1.6	1.6	2	2.5	3	4	4	5
	GB/T 97.1					0.8				2	2.5	3				
	GB/T 97.2	—	—	—	—	—										

表 6-45　外舌止动垫圈（GB/T 856—1988 摘录）　　（单位：mm）

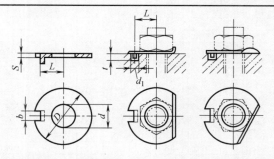

标记示例：

规格为 10mm，材料为 Q235A，经退火，不经表面处理的外舌止动垫圈：

垫圈　GB/T 856　10

规格（螺纹大径）		3	4	5	6	8	10	12	(14)	16	(18)	20	(22)	24	(27)	30	36
d	min	3.2	4.2	5.3	6.4	8.4	10.5	13	15	17	19	21	23	25	28	31	37
D	max	12	14	17	19	22	26	32	32	40	45	45	50	50	58	63	75
b	max	2.5	2.5	3.5	3.5	3.5	4.5	4.5	4.5	5.5	6	6	7	7	8	8	11
L		4.5	5.5	7	7.5	8.5	10	12	12	15	18	18	20	20	23	25	31
S		0.4	0.4	0.5	0.5	0.5	0.5	1	1	1	1	1	1	1	1.5	1.5	1.5
d_1		3	3	4	4	4	5	5	5	6	7	7	8	8	9	9	12
t		3	3	4	4	4	5	6	6	6	7	7	7	7	10	10	10

注：括号内为非优选规格，尽可能不采用。

表 6-46　圆螺母（GB/T 812—1988 摘录）和圆螺母用止
动垫圈（GB/T 858—1988 摘录）　　　　　（单位：mm）

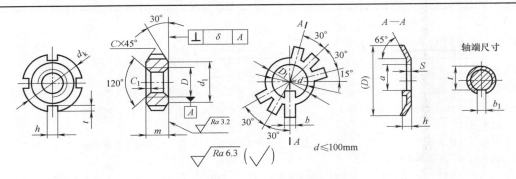

标记示例：
螺母　GB/T 812　M16×1.5
（螺纹规格 D＝M16×1.5，材料为 45 钢，槽或全部
热处理硬度 35～45HRC，表面氧化的圆螺母）

标记示例：
垫圈　GB/T 858　16
（规格为 16mm，材料为 Q235，经退火，表面氧化的圆
螺母用止动垫圈）

圆 螺 母										圆螺母用止动垫圈									
螺纹规格 $D\times P$	d_k	d_1	m	h		t		C	C_1	螺纹规格	d	D（参考）	D_1	S	b	a	h	轴端	
				max	min	max	min											b_1	t
M10×1	22	16	8	4.3	4	2.6	2	0.5	0.5	10	10.5	25	16	1	3.8	8	3	4	7
M12×1.25	25	19								12	12.5	28	19			9			8
M14×1.5	28	20								14	14.5	32	20			11			10
M16×1.5	30	22								16	16.5	34	22			13			12
M18×1.5	32	24								18	18.5	35	24			15			14
M20×1.5	35	27								20	20.5	38	27		4.8	17	4	5	16
M22×1.5	38	30								22	22.5	42	30			19			18
M24×1.5	42	34	10	5.3	5	3.1	2.5			24	24.5	45	34			21			20
M25×1.5										25	25.5					22			—
M27×1.5	45	37								27	27.5	48	37			24			23
M30×1.5	48	40								30	30.5	52	40			27			26
M33×1.5	52	43		6.3	6	3.6	3	1		33	33.5	56	43			30			29
M35×1.5										35	35.5					32			—
M36×1.5	55	46								36	36.5	60	46			33			32
M39×1.5	58	49								39	39.5	62	49		5.7	36	5	6	35
M40×1.5										40	40.5					37			—
M42×1.5	62	53								42	42.5	66	53			39			38
M45×1.5	68	59								45	45.5	72	59			42			41
M48×1.5	72	61								48	48.5	76	61			45			44
M50×1.5										50	50.5					47			—
M52×1.5	78	67	12	8.36	8	4.25	3.5			52	52.5	82	67			49			48
M55×2								1.5	1	55	56					52			—
M56×2	85	74								56	57	90	74	1.5	7.7	53	6	8	52
M60×2	90	79								60	61	94	79			57			56
M64×2	95	84								64	65	100	84			61			60
M65×2										65	66					62			—
M68×2	100	88								68	69	105	88			65			64
M72×2	105	93	15	10.36	10	4.75	4			72	73	110	93			69			68
M75×2										75	76					71			—
M76×2	110	98								76	77	115	93		9.6	72	7	10	70
M80×2	115	103								80	81	120	103			76			74
M85×2	120	108								85	86	125	108			81			79
M90×2	125	112	18	12.43	12	5.75	5			90	91	130	112			86			84
M95×2	130	117								95	96	135	117	2	11.6	91		12	89
M100×2	135	122								100	101	140	122			96			94

注：1. 圆螺母槽数 n＝4。

2. 轴端尺寸不属于 GB/T 858，供参考。

3. 用于滚动轴承锁紧也可按 GB/T 9160.1—2017 和 GB/T 9160.2—2017。

四、挡圈

表 6-47　螺钉紧固轴端挡圈（GB/T 891—1986 摘录）、

螺栓紧固轴端挡圈（GB/T 892—1986 摘录）　　　　　（单位：mm）

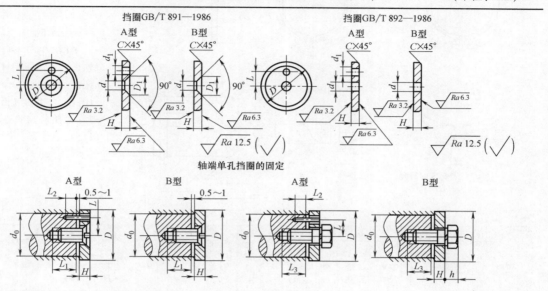

标记示例：

挡圈　GB/T 891　45（公称直径 $D = 45mm$，材料为 Q235A、不经表面处理的 A 型螺钉紧固轴端挡圈）

挡圈　GB/T 891　B45（公称直径 $D = 45mm$，材料为 Q235A、不经表面处理的 B 型螺钉紧固轴端挡圈）

轴径 d_0 ≤	公称直径 D	H	L	d	d_1	C	D_1	螺钉紧固轴端挡圈		螺栓紧固轴端挡圈		安装尺寸（参考）				
								螺钉 GB/T 819.1	圆柱销 GB/T 119.1	螺栓 GB/T 5783	圆柱销 GB/T 119.1	垫圈 GB/T 93	L_1	L_2	L_3	h
14	20	4	—													
16	22	4	—													
18	25	4	—	5.5	2.1	0.5	11	M5×12	A2×10	M5×16	A2×10	5	14	6	16	4.8
20	28	4	7.5													
22	30	4	7.5													
25	32	5	10													
28	35	5	10													
30	38	5	10	6.6	3.2	1	13	M6×16	A3×12	M6×20	A3×12	6	18	7	20	5.6
32	40	5	12													
35	45	5	12													
40	50	5	12													
45	55	6	16													
50	60	6	16													
55	65	6	16	9	4.2	1.5	17	M8×20	A4×14	M8×25	A4×14	8	22	8	24	7.4
60	70	6	20													
65	75	6	20													
70	80	6	20													

注：1. 当挡圈装在带螺纹孔的轴端时，紧固用螺钉允许加长。

　　2. "轴端单孔挡圈的固定"不属于 GB/T 891、GB/T 892，供参考。

表 6-48 轴用弹性挡圈（A 型）（GB/T 894—2017 摘录）　　　　　　（单位：mm）

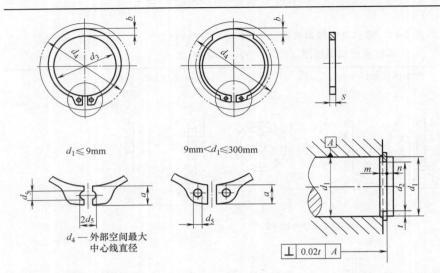

$d_1 \leqslant 9\text{mm}$　　　$9\text{mm} < d_1 \leqslant 300\text{mm}$

d_4 — 外部空间最大中心线直径　　　$2d_5$　　　⊥ | 0.02t | A

标记示例：

挡圈 GB/T 894 50

（轴径 $d_1 = 50\text{mm}$，材料 65Mn，热处理 44～51HRC，经表面氧化处理的 A 型轴用弹性挡圈）

公称规格/直径 d_1	挡圈 d_3	s	$b \approx$	d_5	a	沟槽 d_2 基本尺寸	沟槽 d_2 极限偏差	m	$n \geqslant$	d_4
3	2.7	0.4	0.8	1	1.9	2.8	0 / −0.04	0.5	0.3	7.0
4	3.7	0.4	0.9	1	2.2	3.8	0 / −0.04	0.5	0.3	8.6
5	4.7	0.6	1.1	1	2.5	4.8	0 / −0.05	0.7	0.5	10.3
6	5.6	0.7	1.4	1.2	2.7	5.7	0 / −0.05	0.8	0.5	11.7
7	6.5	0.8	1.5	1.2	3.1	6.7	0 / −0.06	0.9	0.5	13.5
8	7.4	0.8	1.7	1.2	3.2	7.6	0 / −0.06	0.9	0.6	14.7
9	8.4	1	1.8	1.5	3.3	8.6	0 / −0.06	1.1	0.6	16.0
10	9.3	1	1.8	1.5	3.3	9.6	0 / −0.06	1.1	0.8	17.0
11	10.2	1	1.8	1.5	3.3	10.5	0 / −0.06	1.1	0.8	18.0
12	11	1	2.0	1.5	3.4	11.5	0 / −0.06	1.1	0.8	19.0
13	11.9	1	2.0	1.7	3.5	12.4	0 / −0.11	1.1	0.9	20.2
14	12.9	1	2.1	1.7	3.6	13.4	0 / −0.11	1.1	0.9	21.4
15	13.8	1	2.2	1.7	3.7	14.3	0 / −0.11	1.1	1.1	22.6
16	14.7	1	2.2	1.7	3.8	15.2	0 / −0.11	1.1	1.1	23.8
17	15.7	1.2	2.4	1.7	3.9	16.2	0 / −0.11	1.3	1.2	25.0
18	16.5	1.2	2.5	2	3.9	17	0 / −0.13	1.3	1.2	26.2
19	17.5	1.2	2.6	2	4.0	18	0 / −0.13	1.3	1.5	27.2
20	18.5	1.2	2.7	2	4.1	19	0 / −0.13	1.3	1.5	28.4
21	19.5	1.2	2.8	2	4.2	20	0 / −0.13	1.3	1.5	29.6
22	20.5	1.2	3.0	2	4.4	21	0 / −0.13	1.3	1.5	30.8
24	22.2	1.2	3.0	2	4.5	22.9	0 / −0.21	1.3	1.7	33.2
25	23.2	1.2	3.2	2	4.7	23.9	0 / −0.21	1.3	1.7	34.2
26	24.2	1.2	3.4	2	4.8	24.9	0 / −0.21	1.3	1.7	35.5
28	25.9	1.5	3.2	2	5.0	26.6	0 / −0.21	1.6	2.1	37.9
29	26.9	1.5	3.4	2	5.2	27.6	0 / −0.21	1.6	2.1	39.1
30	27.9	1.5	3.5	2.5	5.4	28.6	0 / −0.25	1.6	2.6	40.5
32	29.6	1.5	3.6	2.5	5.4	30.3	0 / −0.25	1.6	2.6	43
34	31.5	1.5	3.8	2.5	5.6	32.3	0 / −0.25	1.6	2.6	45.4
35	32.2	1.5	3.9	2.5	5.6	33	0 / −0.25	1.6	2.6	46.8
36	33.2	1.75	4.0	2.5	5.6	34	0 / −0.25	1.85	3	47.8
38	35.2	1.75	4.2	2.5	5.8	36	0 / −0.25	1.85	3	50.2
40	36.5	1.75	4.4	2.5	6.0	37.5	0 / −0.25	1.85	3	52.6
42	38.5	1.75	4.5	2.5	8.4	39.5	0 / −0.25	1.85	3.8	55.7
45	41.5	1.75	4.7	2.5	8.6	42.5	0 / −0.25	1.85	3.8	59.1
48	44.5	1.75	5.0	2.5	8.6	45.5	0 / −0.25	1.85	3.8	62.5
50	45.8	2	5.1	2.5	8.7	47	0 / −0.25	2.15	3.8	64.5
52	47.8	2	5.2	2.5	8.7	49	0 / −0.25	2.15	3.8	66.7
55	50.8	2	5.4	2.5	8.8	52	0 / −0.30	2.15	4.5	70.2
56	51.8	2	5.5	2.5	8.8	53	0 / −0.30	2.15	4.5	71.6
58	53.8	2	5.6	2.5	9.4	55	0 / −0.30	2.15	4.5	73.6
60	55.8	2	5.8	2.5	9.6	57	0 / −0.30	2.15	4.5	75.6
62	57.8	2	6.0	2.5	9.9	59	0 / −0.30	2.15	4.5	77.8
63	58.8	2	6.2	3	10.1	60	0 / −0.30	2.15	4.5	79
65	60.8	2	6.3	3	10.6	62	0 / −0.30	2.15	4.5	81.4
68	63.5	2	6.5	3	11.0	65	0 / −0.30	2.15	4.5	84.8
70	65.5	2.5	6.6	3	11.4	67	0 / −0.30	2.65	4.5	87
72	67.5	2.5	6.8	3		69	0 / −0.30	2.65	4.5	89.2
75	70.5	2.5	7.0	3		72	0 / −0.30	2.65	4.5	92.7
78	73.5	2.5	7.3	3		75	0 / −0.30	2.65	4.5	96.1
80	74.5	2.5	7.4	3		76.5	0 / −0.30	2.65	4.5	98.1
82	76.5	2.5	7.6	3		78.5	0 / −0.30	2.65	4.5	100.3
85	79.5	2.5	7.8	3		81.5	0 / −0.35	2.65	5.3	103.3
88	82.5	2.5	8.0	3		84.5	0 / −0.35	2.65	5.3	106.5
90	84.5	3	8.6	3		86.5	0 / −0.35	3.15	5.3	108.5
95	89.5	3	8.6	3		91.5	0 / −0.35	3.15	5.3	114.8
100	94.5	3	9.0	3		96.5	0 / −0.35	3.15	5.3	120.2
105	98	3	9.3	3		101	0 / −0.54	3.15	5.3	125.8
110	103	4	9.6	4		106	0 / −0.54	4.15	6	131.2
115	108	4	9.8	4		111	0 / −0.54	4.15	6	137.3
120	113	4	10.2	4		116	0 / −0.54	4.15	6	143.1
125	118	4	10.4	4		121	0 / −0.63	4.15	6	149

注：尺寸 m 的极限偏差：当 $d_1 \leqslant 100$ 时为 $^{+0.14}_{0}$；当 $d_0 > 100$ 时为 $^{+0.18}_{0}$。

表 6-49 孔用弹性挡圈（A 型）（GB/T 893—2017 摘录） （单位：mm）

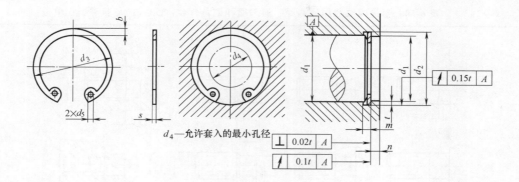

d_4—允许套入的最小孔径

标记示例：

挡圈 GB/T 893 50

（孔径 $d_1 = 50$mm，材料 65Mn，热处理硬度 44~51HRC，经表面氧化处理的 A 型孔用弹性挡圈）

孔径 d_1	挡圈 d_3	挡圈 s	挡圈 $b\approx$	挡圈 d_5	沟槽（推荐）d_2 基本尺寸	沟槽 d_2 极限偏差	沟槽 m H13	沟槽 $n\geqslant$	d_4
8	8.7	0.8	1.1	1	8.4	+0.09 / 0	0.9	0.6	2.0
9	9.8	0.8	1.3	1	9.4	+0.09 / 0	0.9	0.6	2.7
10	10.8	0.8	1.4	1.2	10.4	+0.09 / 0	0.9	0.6	3.3
11	11.8	0.8	1.5	1.2	11.4	+0.09 / 0	0.9	0.6	4.1
12	13	1	1.7	1.15	12.5	+0.11 / 0	1.1	0.8	4.9
13	14.1	1	1.8	1.15	13.6	+0.11 / 0	1.1	0.9	5.4
14	15.1	1	1.9	1.15	14.6	+0.11 / 0	1.1	0.9	6.2
15	16.2	1	2.0	1.7	15.7	+0.11 / 0	1.1	1.1	7.2
16	17.3	1	2.0	1.7	16.8	+0.11 / 0	1.1	1.2	8.0
17	18.3	1	2.1	1.7	17.8	+0.11 / 0	1.1	1.2	8.8
18	19.5	1	2.2	1.7	19	+0.11 / 0	1.1	1.2	9.4
19	20.5	1	2.2	1.7	20	+0.13 / 0	1.1	1.5	10.4
20	21.5	1	2.3	1.7	21	+0.13 / 0	1.1	1.5	11.2
21	22.5	1	2.4	1.7	22	+0.13 / 0	1.1	1.5	12.2
22	23.5	1	2.5	1.7	23	+0.13 / 0	1.1	1.5	13.2
24	25.9	1.2	2.6	2.0	25.2	+0.21 / 0	1.3	1.8	14.8
25	26.9	1.2	2.7	2.0	26.2	+0.21 / 0	1.3	1.8	15.2
26	27.9	1.2	2.8	2.0	27.2	+0.21 / 0	1.3	2.1	16.1
28	30.1	1.2	2.9	2.0	29.4	+0.21 / 0	1.3	2.1	17.9
30	32.1	1.2	3.0	2.0	31.4	+0.21 / 0	1.3	2.1	19.9
31	33.4	1.2	3.2	2.0	32.7	+0.21 / 0	1.3	2.6	20.0
32	34.4	1.2	3.2	2.0	33.7	+0.21 / 0	1.3	2.6	20.6
34	36.5	1.5	3.3	2.0	35.7	+0.21 / 0	1.6	2.6	22.6
35	37.8	1.5	3.4	2.0	37	+0.21 / 0	1.6	3	23.6
36	38.8	1.5	3.5	2.5	38	+0.25 / 0	1.6	3	24.6
37	39.8	1.5	3.6	2.5	39	+0.25 / 0	1.6	3	25.4
38	40.8	1.5	3.7	2.5	40	+0.25 / 0	1.6	3	26.4
40	43.5	1.5	3.9	2.5	42.5	+0.25 / 0	1.6	3.8	27.8
42	45.5	1.75	4.1	2.5	44.5	+0.25 / 0	1.85	3.8	29.6
45	48.5	1.75	4.3	2.5	47.5	+0.25 / 0	1.85	3.8	32.0
47	50.5	1.75	4.3	2.5	49.5	+0.25 / 0	1.85	3.8	33.5
48	51.5	1.75	4.5	2.5	50.5	+0.30 / 0	1.85	3.8	34.5
50	54.2	1.75	4.6	2.5	53	+0.30 / 0	1.85	3.8	36.3
52	56.2	1.75	4.7	2.5	55	+0.30 / 0	1.85	3.8	37.9
55	59.2	1.75	5.0	2.5	58	+0.30 / 0	1.85	3.8	40.7
56	60.2	1.75	5.1	2.5	59	+0.30 / 0	1.85	3.8	41.7
58	62.2	2	5.2	2.5	61	+0.30 / 0	2.15	4.5	43.5
60	64.2	2	5.4	2.5	63	+0.30 / 0	2.15	4.5	44.7
62	66.2	2	5.5	2.5	65	+0.30 / 0	2.15	4.5	46.7
63	67.2	2	5.6	2.5	66	+0.30 / 0	2.15	4.5	47.7
65	69.2	2	5.8	2.5	68	+0.30 / 0	2.15	4.5	49
68	72.5	2	6.1	2.5	71	+0.30 / 0	2.15	4.5	51.6
70	74.5	2	6.2	2.5	73	+0.30 / 0	2.15	4.5	53.6
72	76.5	2	6.4	2.5	75	+0.30 / 0	2.15	4.5	55.6
75	79.5	2.5	6.6	3.0	78	+0.30 / 0	2.65	4.5	58.6
78	82.5	2.5	6.6	3.0	81	+0.35 / 0	2.65	4.5	60.1
80	85.5	2.5	6.8	3.0	83.5	+0.35 / 0	2.65	4.5	62.1
82	87.5	2.5	7.0	3.0	85.5	+0.35 / 0	2.65	4.5	64.1
85	90.5	2.5	7.0	3.0	88.5	+0.35 / 0	2.65	4.5	66.9
88	93.5	2.5	7.2	3.0	91.5	+0.35 / 0	2.65	4.5	69.9
90	95.5	3	7.6	3.0	93.5	+0.35 / 0	3.15	5.3	71.9
92	97.5	3	7.8	3.0	95.5	+0.35 / 0	3.15	5.3	73.7
95	100.5	3	8.1	3.0	98.5	+0.35 / 0	3.15	5.3	76.5
98	103.5	3	8.3	3.0	101.5	+0.35 / 0	3.15	5.3	79
100	105.5	3	8.4	3.0	103.5	+0.35 / 0	3.15	5.3	80.6
102	108	3	8.7	3.0	106	+0.35 / 0	3.15	5.3	82.0
105	112	3	8.9	3.5	109	+0.35 / 0	3.15	5.3	85.0
108	115	4	9.0	3.5	112	+0.54 / 0	4.15	6	88.0
110	117	4	9.0	3.5	114	+0.54 / 0	4.15	6	88.2
112	119	4	9.3	3.5	116	+0.54 / 0	4.15	6	90.0
115	122	4	9.3	3.5	119	+0.54 / 0	4.15	6	93.0
120	127	4	9.7	3.5	124	+0.63	4.15	6	96.9

注：尺寸 m 的极限偏差：当 $d_1 \leqslant 100$ 时为 $^{+0.14}_{0}$；当 $d_1 > 100$ 时为 $^{+0.18}_{0}$。

五、螺纹零件的结构要素

表 6-50　普通螺纹收尾、肩距、退刀槽和倒角（GB/T 3—1997摘录）（单位：mm）

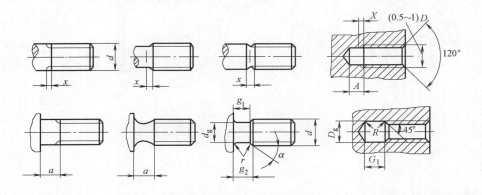

| 外螺纹 | | | | | | | | | | 内螺纹 | | | | | | | | |
| 螺距 P | 收尾 x max | | 肩距 a max | | | 退刀槽 | | | | 螺距 P | 收尾 X max | | 肩距 A | | 退刀槽 | | | |
	一般	短的	一般	长的	短的	g_2 max	g_1 min	r ≈	d_g		一般	短的	一般	长的	G_1 一般	G_1 窄的	R	D_g
0.5	1.25	0.7	1.5	2	1	1.5	0.8	0.2	$d-0.8$	0.5	2	1	3	4	2	1	0.2	
0.7	1.75	0.9	2.1	2.8	1.4	2.1	1.1	0.4	$d-1.1$	0.7	2.8	1.4	3.5	5.6	2.8	1.4	0.4	$d+0.3$
0.8	2	1	2.4	3.2	1.6	2.4	1.3		$d-1.3$	0.8	3.2	1.6	4	6.4	3.2	1.6		
1	2.5	1.25	3	4	2	3	1.6	0.6	$d-1.6$	1	4	2	5	8	4	2	0.5	
1.25	3.2	1.6	4	5	2	3.75	2		$d-2$	1.25	5	2.5	6	10	5	2.5	0.6	
1.5	3.8	1.9	4.5	6	3	4.5	2.5	0.8	$d-2.3$	1.5	6	3	7	12	6	3	0.8	
1.75	4.3	2.2	5.3	7	3.5	5.25	3	1	$d-2.6$	1.75	7	3.5	9	14	7	3.5	0.9	
2	5	2.5	6	8	4	6	3.4		$d-3$	2	8	4	10	16	8	4	1	
2.5	6.3	3.2	7.5	10	5	7.5	4.4	1.2	$d-3.6$	2.5	10	5	12	18	10	5	1.2	$d+0.5$
3	7.5	3.8	9	12	6	9	5.2	1.6	$d-4.4$	3	12	6	14	22	12	6	1.5	
3.5	9	4.5	10.5	14	7	10.5	6.2		$d-5$	3.5	14	7	16	24	14	7	1.8	
4	10	5	12	16	8	12	7	2	$d-5.7$	4	16	8	18	26	16	8	2	
4.5	11	5.5	13.5	18	9	13.5	8		$d-6.4$	4.5	18	9	21	29	18	9	2.2	
5	12.5	6.3	15	20	10	15	9	2.5	$d-7$	5	20	10	23	32	20	10	2.5	
5.5	14	7	16.5	22	11	17.5	11		$d-7.7$	5.5	22	11	25	35	22	11	2.8	
6	15	7.5	18	24	12	18	11	3.2	$d-8.3$	6	24	12	28	38	24	12	3	

注：1. 外螺纹始端端面的倒角一般为45°，也可采用60°或30°。当螺纹按60°或30°倒角时，倒角深度应大于或等于螺纹牙型高度。

2. 应优先选用"一般"长度的收尾和肩距；"短"收尾和"短"肩距仅用于结构受限制的螺纹件。

表 6-51　普通粗牙螺纹的余留长度、钻孔余留深度　　　　（单位：mm）

螺纹直径 d	余 留 长 度			末端长度 a
	内螺纹 l_1	外螺纹 l	钻 孔 l_2	
6	2	3.5	6	1.5~2.5
8	2.5	4	8	
10	3	4.5	9	2~3
12	3.5	5.5	11	
14	4	6	12	2.5~4
16				
18	5	7	15	
20				
22				
24	6	8	18	3~5
27				
30	7	9	21	
36	8	10	24	4~7
42	9	11	27	

注：拧入深度 L 由设计者决定（见表 6-52）。钻孔深度 $L_2 = L + l_2$，螺纹孔深度 $L_1 = L + l_1$。

表 6-52　粗牙螺栓、螺钉的拧入深度和螺纹孔尺寸（参考）　　　　（单位：mm）

d	d_0	用于钢或青铜		用于铸铁		用于铝	
		h	L	h	L	h	L
6	5	8	6	12	10	15	12
8	6.8	10	8	15	12	20	16
10	8.5	12	10	18	15	24	20
12	10.2	15	12	22	18	28	24
16	14	20	16	28	24	36	32
20	17.5	25	20	35	30	45	40
24	21	30	24	42	35	55	48
30	26.5	36	30	50	45	70	60
36	32	45	36	65	55	80	72
42	37.5	50	42	75	65	95	85

注：h 为内螺纹通孔长度；L 为双头螺栓或螺钉拧入深度；d_0 为攻螺纹前钻孔直径。

表 6-53　扳手空间　　　　　　　　　　　　　　　　（单位：mm）

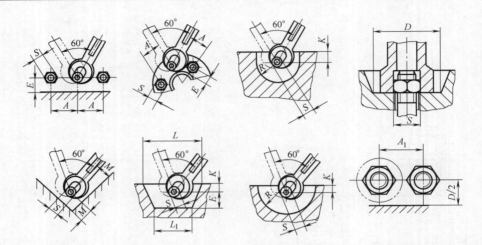

螺纹直径 d	S	A	A_1	$E = K$	M	L	L_1	R	D
6	10	26	18	8	15	46	38	20	24
7	11	28	20	10	16	50	40	22	25
8	13	32	24	11	18	55	44	25	28
10	16	38	28	13	22	62	50	30	30
12	18	42	—	14	24	70	55	32	—
14	21	48	36	15	26	80	65	36	40
16	24	55	38	16	30	85	70	42	—
18	27	62	45	19	32	95	75	46	52
20	30	68	48	20	35	105	85	50	56
22	34	76	55	24	40	120	95	58	60
24	36	80	58	24	42	125	100	60	70
27	41	90	65	26	46	135	110	65	76
30	46	100	72	30	50	155	125	75	82
33	50	108	76	32	55	165	130	80	88
36	55	118	85	36	60	180	145	88	95
39	60	125	90	38	65	190	155	92	100
42	65	135	96	42	70	205	165	100	106
45	70	145	105	45	75	220	175	105	112
48	75	160	115	48	80	235	185	115	126
52	80	170	120	48	84	245	195	125	132
56	85	180	126	52	90	260	205	130	138

六、键、花键

表 6-54　平键键槽的剖面尺寸（GB/T 1095—2003 摘录）、
普通型平键（GB/T 1096—2003 摘录）　　　　　　（单位：mm）

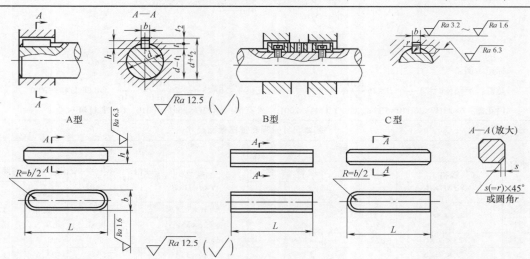

标记示例：
GB/T 1096　键　16×100　［圆头普通平键（A 型），宽度 $b=16$mm，高度 $h=10$mm，长度 $L=100$mm］
GB/T 1096　键　B16×100　［平头普通平键（B 型），宽度 $b=16$mm，高度 $h=10$mm，长度 $L=100$mm］
GB/T 1096　键　C16×100　［单圆头普通平键（C 型），宽度 $b=16$mm，高度 $h=10$mm，长度 $L=100$mm］

轴参考公称直径 d	键尺寸 $b×h$	键槽											
		宽　度　b					深　度				半径 r	
		公称尺寸 b	极　限　偏　差				轴 t_1		毂 t_2			
			松联接		正常联接		紧密联接						
			轴 H9	毂 D10	轴 N9	毂 JS9	轴和毂 P9	公称尺寸	极限偏差	公称尺寸	极限偏差	最小	最大
自 6~8	2×2	2	+0.025 0	+0.060 +0.020	−0.004 −0.029	±0.0125	−0.006 −0.031	1.2	+0.1 0	1	+0.1 0	0.08	0.16
>8~10	3×3	3						1.8		1.4			
>10~12	4×4	4	+0.030 0	+0.078 +0.030	0 −0.030	±0.015	−0.012 −0.042	2.5		1.8		0.16	0.25
>12~17	5×5	5						3.0		2.3			
>17~22	6×6	6						3.5		2.8			
>22~30	8×7	8	+0.036 0	+0.098 +0.040	0 −0.036	±0.018	−0.015 −0.051	4.0		3.3			
>30~38	10×8	10						5.0		3.3			
>38~44	12×8	12	+0.043 0	+0.120 +0.050	0 −0.043	±0.0215	−0.018 −0.061	5.0	+0.2 0	3.3	+0.2 0	0.25	0.40
>44~50	14×9	14						5.5		3.8			
>50~58	16×10	16						6.0		4.3			
>58~65	18×11	18						7.0		4.4			
>65~75	20×12	20	+0.052 0	+0.149 +0.065	0 −0.052	±0.026	−0.022 −0.074	7.5		4.9			
>75~85	22×14	22						9.0		5.4		0.40	0.60
>85~95	25×14	25						9.0		5.4			
>95~110	28×16	28						10.0		6.4			
键的长度系列	6，8，10，12，14，16，18，20，22，25，28，32，36，40，45，50，56，63，70，80，90，100，110，125，140，160，180，200，220，250，280，320，360												

注：1. 在工作图中，轴槽深用 t_1 或 $d-t_1$ 标注，轮毂槽深用 $d+t_2$ 标注。
　　2. $d-t_1$ 和 $d+t_2$ 两组组合尺寸的极限偏差按相应的 t_1 和 t_2 极限偏差选取，但 $d-t_1$ 极限偏差值应取负号。
　　3. 键尺寸的极限偏差：b 为 h8，h 为 h11，L 为 h14。

表 6-55　矩形花键尺寸、公差和检验（GB/T 1144—2001 摘录）　　（单位：mm）

标记示例：

花键：$N=6$；$d=23\dfrac{H7}{f7}$；$D=26\dfrac{H10}{a11}$；$B=6\dfrac{H11}{d10}$　　花键副：$6\times23\dfrac{H7}{f7}\times26\dfrac{H10}{a11}\times6\dfrac{H11}{d10}$ GB/T 1144—2001

内花键：6×23H7×26H10×6H11　GB/T 1144—2001　　外花键：6×23f7×26a11×6d10　GB/T 1144—2001

基本尺寸系列和键槽截面尺寸										
小径 d	轻　系　列					中　系　列				
	规格 $N\times d\times D\times B$	C	r	参　考		规格 $N\times d\times D\times B$	C	r	参　考	
				d_{1min}	a_{min}				d_{1min}	a_{min}
18	—	—	—	—	—	6×18×22×5			16.6	1.0
21	—	—	—	—	—	6×21×25×5	0.3	0.2	19.5	2.0
23	6×23×26×6	0.2	0.1	22	3.5	6×23×28×6			21.2	1.2
26	6×26×30×6			24.5	3.8	6×26×32×6			23.6	1.2
28	6×28×32×7			26.6	4.0	6×28×34×7			25.3	1.4
32	6×32×36×6	0.3	0.2	30.3	2.7	6×32×38×6	0.4	0.3	29.4	1.0
36	8×36×40×7			34.4	3.5	8×36×42×7			33.4	1.0
42	8×42×46×8			40.5	5.0	8×42×48×8			39.4	2.5
46	8×46×50×9			44.6	5.7	8×46×54×9			42.6	1.4
52	8×52×58×10			49.6	4.8	8×52×60×10	0.5	0.4	48.6	2.5
56	8×56×62×10			53.5	6.5	8×56×65×10			52.0	2.5
62	8×62×68×12	0.4	0.3	59.7	7.3	8×62×72×12			57.7	2.4
72	10×72×78×12			69.6	5.4	10×72×82×12	0.6	0.5	67.4	1.0
82	10×82×88×12			79.3	8.5	10×82×92×12			77.0	2.9
92	10×92×98×14			89.6	9.9	10×92×102×14			87.3	4.5

内、外花键的尺寸公差带							
内　花　键				外　花　键			装配形式
d	D	B		d	D	B	
		拉削后不热处理	拉削后热处理				
一　般　用　公　差　带							
H7	H10	H9	H11	f7	a11	d10	滑　动
				g7		f9	紧滑动
				h7		h10	固　定
H5	H10	H7、H9		f5	a11	d8	滑　动
				g5		f7	紧滑动
				h5		h8	固　定
H6				f6		d8	滑　动
				g6		f7	紧滑动
				h6		h8	固　定

注：1. N—键数，D—大径，B—键宽，d_1 和 a 值仅适用于展成法加工。
　　2. 精密传动用的内花键，当需要控制键侧配合隙时，槽宽可选用 H7，一般情况下可选用 H9。
　　3. d 为 H6 和 H7 的内花键，允许与高一级的外花键配合。

七、销

表 6-56　圆柱销不淬硬钢和奥氏体不锈钢（GB/T 119.1—2000 摘录）、圆柱销淬硬
钢和马氏体不锈钢（GB/T 119.2—2000 摘录）圆锥销（GB/T 117—2000 摘录）

（单位：mm）

GB/T 119.1　　　GB/T 117
GB/T 119.2　　　A 型（磨削）锥面表面粗糙度 Ra 值为 0.8μm
　　　　　　　　B 型（切削或冷镦）锥面表面粗糙度 Ra 值为 3.2μm

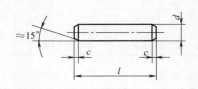
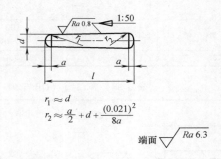

$$r_1 \approx d$$
$$r_2 \approx \frac{a}{2} + d + \frac{(0.021)^2}{8a}$$

端面 $\sqrt{Ra\,6.3}$

标记示例：

公称直径 d = 8mm，长度 l = 30mm，材料为钢，不经淬火，不经表面处理的圆柱销（或普通淬火、125～245HV30 表面氧化处理的 A 型圆柱销，或材料为 35 钢，热处理硬度 28～38HRC，表面氧化处理的 A 型圆锥销）：

销　GB/T 119.1　8×30　（或销　GB/T 119.2　8×30 或销　GB/T 117 8×30）

公称直径 d[①]		3	4	5	6	8	10	12	16	20	25
圆柱销	$c\approx$	0.5	0.63	0.8	1.2	1.6	2.0	2.5	3.0	3.5	4.0
	l（公称）GB/T 119.1	8～30	8～40	10～50	12～60	14～80	18～95	22～140	26～180	35～200	50～200
	l（公称）GB/T 119.2	8～30	10～40	12～50	14～60	18～80	22～100	26～100	40～100	50～100	—
圆锥销	d min	2.96	3.95	4.95	5.95	7.94	9.94	11.93	15.93	19.92	24.92
	d max	3	4	5	6	8	10	12	16	20	25
	$a\approx$	0.4	0.5	0.63	0.8	1.0	1.2	1.6	2.0	2.5	3.0
	l（公称）	12～45	14～55	18～60	22～90	22～120	26～160	32～180	40～200	45～200	50～200
l（公称）的系列		8～32（2 进位），35～100（5 进位），100～200（20 进位）									

注：GB/T 119.1 材料硬度范围：钢 125～245HV30，奥氏体不锈钢 210～280HV30。
　　GB/T 119.2 材料硬度范围：钢（A 型）550～650HV30，马氏体不锈钢淬火并回火 460～560HV30。
①　d 公差为 m 6 时，表面粗糙度 Ra 值≤0.8μm；d 公差为 h8 时，表面粗糙度 Ra 值≤1.6μm。

表 6-57　螺尾锥销（GB/T 881—2000 摘录）　　　　　　　（单位：mm）

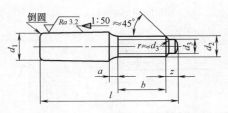

标记示例：

公称直径 d_1 = 8mm、长度 l = 60mm、材料为 35 钢、热处理硬度 28～38HRC、表面氧化处理的螺尾锥销：

销　GB/T 881　8×60

$\sqrt{Ra\,6.3}$（$\sqrt{}$）

（续）

d_1	公称	5	6	8	10	12	16	20	25	30	40	50
a	max	2.4	3	4	4.5	5.3	6	6	7.5	9	10.5	12
b	max	15.6	20	24.5	27	30.5	39	39	45	52	65	78
	min	14	18	22	24	27	35	35	40	46	58	70
d_2		M5	M6	M8	M10	M12	M16	M16	M20	M24	M30	M36
d_3	max	3.5	4	5.5	7	8.5	12	12	15	18	23	28
	min	3.25	3.7	5.2	6.6	8.1	11.5	11.5	14.5	17.5	22.5	27.5
z	max	1.5	1.75	2.25	2.75	3.25	4.3	4.3	5.3	6.3	7.5	9.4
	min	1.25	1.5	2	2.5	3	4	4	5	6	7	9
l	公称	40~50	45~60	55~75	65~100	85~120	100~160	120~190	140~250	160~280	190~320	220~400
l 的系列		40~75（5 进位），85，100，120，140，160，190，220，250，280，320，360，400										

表 6-58　开口销（GB/T 91—2000 摘录）　　　　（单位：mm）

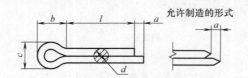

标记示例：

　　公称直径 $d=5mm$、长度 $l=50mm$、材料为 Q215 或 Q235、不经表面处理的开口销：

$$销\quad GB/T\ 91\quad 5\times50$$

公称直径 d		0.6	0.8	1	1.2	1.6	2	2.5	3.2	4	5	6.3	8	10	13
a	max	1.6				2.5			3.2		4			6.3	
c	max	1	1.4	1.8	2	2.8	3.6	4.6	5.8	7.4	9.2	11.8	15	19	24.8
	min	0.9	1.2	1.6	1.7	2.4	3.2	4	5.1	6.5	8	10.3	13.1	16.6	21.7
$b\approx$		2	2.4	3	3	3.2	4	5	6.4	8	10	12.6	16	20	26
l（公称）		4~12	5~16	6~20	8~25	8~32	10~40	12~50	14~63	18~80	22~100	32~125	40~160	45~200	71~250
l（公称）的系列		4，5，6，8，10，12，14，16，18，20，22，25，28，32，36，40，45，50，56，63，71，80，90，100，112，125，140，160，180，200，224，250													

注：销孔的公称直径等于销的公称直径 d。

表 6-59　内螺纹圆柱销　不淬硬钢和奥氏体不锈钢（GB/T 120.1—2000 摘录）
内螺纹圆柱销　淬硬钢和马氏体不锈钢（GB/T 120.2—2000 摘录）
内螺纹圆锥销（GB/T 118—2000 摘录）

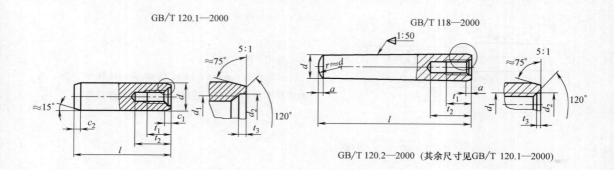

（续）

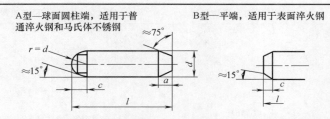

A型—球面圆柱端，适用于普　　　　　B型—平端，适用于表面淬火钢
通淬火钢和马氏体不锈钢

标记示例：

公称直径 $d=6mm$、公差为 m6、公称长度 $l=35mm$、材料为钢、不经淬火、不经表面处理的内螺纹圆柱销 [或普通淬火（A型）、表面氧化处理的内螺纹圆柱销，或材料为 35 钢、热处理硬度 28~38HRC、表面氧化处理的 A 型内螺纹圆锥销] 的标记：

销　GB/T 120.1　6×35（或销 GB/T 120.2　6×35—A，销　GB/T 118　6×35）

公称直径 d m6/h10[①]			6	8	10	12	16	20	25	30	40	50
c_1、$a\approx$			0.8	1	1.2	1.6	2	2.5	3	4	5	6.3
内螺纹圆柱销	GB/T 120.1	$c_2\approx$	1.2	1.6	2	2.5	3	3.5	4	5	6.3	8
		d_1	M4	M5	M6	M6	M8	M10	M16	M20	M20	M24
		t_1	6	8	10	12	16	18	24	30	30	36
		t_{2min}	10	12	16	20	25	28	35	40	40	50
		t_3	1		1.2			1.5		2.0		2.5
		d_2	4.3	5.3	6.4	6.4	8.4	10.5	17	21	21	25
	GB/T 120.2	c	2.1	2.6	3	3.8	4.6	6	6	7	8	10
	l（公称）		16~60	18~80	22~100	26~120	32~160	40~200	50~200	60~200	80~200	100~200
内螺纹圆锥销	GB/T 118	d_1	M4	M5	M6	M8	M10	M12	M16	M20	M20	M24
		t_1	6	8	10	12	16	18	24	30	30	36
		t_{2min}	10	12	16	20	25	28	35	40	40	50
		t_3	1		1.2			1.5		2.0		2.5
		d_2	4.3	5.3	6.4	8.4	10.5	13	17	21	21	25
		$a\approx$	0.8	1	1.2	1.6	2	2.5	3	4	5	6.3
	l（公称）		16~60	18~80	22~100	26~120	32~160	40~200	50~200	60~200	80~200	100~200
l（公称）的系列			16~32（2 进位），35~100（5 进位），120~200（20 进位）									

注：GB/T 120.1 材料硬度范围：钢 125~245HV30，奥氏体不锈钢 210~280HV30。
　　GB/T 120.2 材料硬度范围：钢（A 型）550~650HV30，马氏体不锈钢淬火并回火 460~560HV30。
① m6 适用于圆柱销，h10 适用于圆锥销。其他公差由供需双方协议。

第四节　滚动轴承

一、常用滚动轴承

表 6-60　深沟球轴承外形尺寸（GB/T 276—2013 摘录）及性能

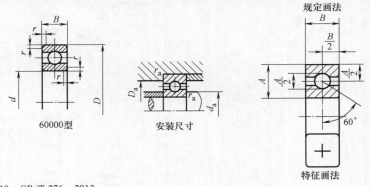

60000型　　　　　安装尺寸　　　　　规定画法

特征画法

标记示例：
滚动轴承　6210　GB/T 276—2013

（续）

F_a/C_{0r}	e	Y	径向当量动载荷	径向当量静载荷
0.014	0.19	2.30		
0.028	0.22	1.99		
0.056	0.26	1.71	当 $\dfrac{F_a}{F_r} \le e$，$P_r = F_r$	$P_{0r} = F_r$
0.084	0.28	1.55		
0.11	0.30	1.45		$P_{0r} = 0.6F_r + 0.5F_a$
0.17	0.34	1.31		
0.28	0.38	1.15	当 $\dfrac{F_a}{F_r} > e$，$P_r = 0.56F_r + YF_a$	
0.42	0.42	1.04		取上列两式计算结果的大值
0.56	0.44	1.00		

轴承代号	基本尺寸/mm				安装尺寸/mm			基本额定动载荷 C_r/kN	基本额定静载荷 C_{0r}/kN	极限转速 /r·min^{-1}		原轴承代号
	d	D	B	r_s min	d_a min	D_a max	r_{as} max			脂润滑	油润滑	
(1) 0尺寸系列												
6000	10	26	8	0.3	12.4	23.6	0.3	4.58	1.98	20000	28000	100
6001	12	28	8	0.3	14.4	25.6	0.3	5.10	2.38	19000	26000	101
6002	15	32	9	0.3	17.4	29.6	0.3	5.58	2.85	18000	24000	102
6003	17	35	10	0.3	19.4	32.6	0.3	6.00	3.25	17000	22000	103
6004	20	42	12	0.6	25	37	0.6	9.38	5.02	15000	19000	104
6005	25	47	12	0.6	30	42	0.6	10.0	5.85	13000	17000	105
6006	30	55	13	1	36	49	1	13.2	8.30	10000	14000	106
6007	35	62	14	1	41	56	1	16.2	10.5	9000	12000	107
6008	40	68	15	1	46	62	1	17.0	11.8	8500	11000	108
6009	45	75	16	1	51	69	1	21.0	14.8	8000	10000	109
6010	50	80	16	1	56	74	1	22.0	16.2	7000	9000	110
6011	55	90	18	1.1	62	83	1	30.2	21.8	6300	8000	111
6012	60	95	18	1.1	67	88	1	31.5	24.2	6000	7500	112
6013	65	100	18	1.1	72	93	1	32.0	24.8	5600	7000	113
6014	70	110	20	1.1	77	103	1	38.5	30.5	5300	6700	114
6015	75	115	20	1.1	82	108	1	40.2	33.2	5000	6300	115
6016	80	125	22	1.1	87	118	1	47.5	39.8	4800	6000	116
6017	85	130	22	1.1	92	123	1	50.8	42.8	4500	5600	117
6018	90	140	24	1.5	99	131	1.5	58.0	49.8	4300	5300	118
6019	95	145	24	1.5	104	136	1.5	57.8	50.0	4000	5000	119
6020	100	150	24	1.5	109	141	1.5	64.5	56.2	3800	4800	120
(0) 2尺寸系列												
6200	10	30	9	0.6	15	25	0.6	5.10	2.38	19000	26000	200
6201	12	32	10	0.6	17	27	0.6	6.82	3.05	18000	24000	201
6202	15	35	11	0.6	20	30	0.6	7.65	3.72	17000	22000	202
6203	17	40	12	0.6	22	35	0.6	9.58	4.78	16000	20000	203
6204	20	47	14	1	26	41	1	12.8	6.65	14000	18000	204
6205	25	52	15	1	31	46	1	14.0	7.88	12000	16000	205
6206	30	62	16	1	36	56	1	19.5	11.5	9500	13000	206
6207	35	72	17	1.1	42	65	1	25.5	15.2	8500	11000	207
6208	40	80	18	1.1	47	73	1	29.5	18.0	8000	10000	208
6209	45	85	19	1.1	52	78	1	31.5	20.5	7000	9000	209
6210	50	90	20	1.1	57	83	1	35.0	23.2	6700	8500	210

（续）

轴承代号	基本尺寸/mm				安装尺寸/mm			基本额定动载荷 C_r/kN	基本额定静载荷 C_{0r}/kN	极限转速 /r·min^{-1}		原轴承代号
	d	D	B	r_s min	d_a min	D_a max	r_{as} max			脂润滑	油润滑	
(0) 2 尺寸系列												
6211	55	100	21	1.5	64	91	1.5	43.2	29.2	6000	7500	211
6212	60	110	22	1.5	69	101	1.5	47.8	32.8	5600	7000	212
6213	65	120	23	1.5	74	111	1.5	57.2	40.0	5000	6300	213
6214	70	125	24	1.5	79	116	1.5	60.8	45.0	4800	6000	214
6215	75	130	25	1.5	84	121	1.5	66.0	49.5	4500	5600	215
6216	80	140	26	2	90	130	2	71.5	54.2	4300	5300	216
6217	85	150	28	2	95	140	2	83.2	63.8	4000	5000	217
6218	90	160	30	2	100	150	2	95.8	71.5	3800	4800	218
6219	95	170	32	2.1	107	158	2.1	110	82.8	3600	4500	219
6220	100	180	34	2.1	112	168	2.1	122	92.8	3400	4300	220
(0) 3 尺寸系列												
6300	10	35	11	0.6	15	30	0.6	7.65	3.48	18000	24000	300
6301	12	37	12	1	18	31	1	9.72	5.08	17000	22000	301
6302	15	42	13	1	21	36	1	11.5	5.42	16000	20000	302
6303	17	47	14	1	23	41	1	13.5	6.58	15000	19000	303
6304	20	52	15	1.1	27	45	1	15.8	7.88	13000	17000	304
6305	25	62	17	1.1	32	55	1	22.2	11.5	10000	14000	305
6306	30	72	19	1.1	37	65	1	27.0	15.2	9000	12000	306
6307	35	80	21	1.5	44	71	1.5	33.2	19.2	8000	10000	307
6308	40	90	23	1.5	49	81	1.5	40.8	24.0	7000	9000	308
6309	45	100	25	1.5	54	91	1.5	52.8	31.8	6300	8000	309
6310	50	110	27	2	60	100	2	61.8	38.0	6000	7500	310
6311	55	120	29	2	65	110	2	71.5	44.8	5300	6700	311
6312	60	130	31	2.1	72	118	2.1	81.8	51.8	5000	6300	312
6313	65	140	33	2.1	77	128	2.1	93.8	60.5	4500	5600	313
6314	70	150	35	2.1	82	138	2.1	105	68.0	4300	5300	314
6315	75	160	37	2.1	87	148	2.1	112	76.8	4000	5000	315
6316	80	170	39	2.1	92	158	2.1	122	86.5	3800	4800	316
6317	85	180	41	3	99	166	2.5	132	96.5	3600	4500	317
6318	90	190	43	3	104	176	2.5	145	108	3400	4300	318
6319	95	200	45	3	109	186	2.5	155	122	3200	4000	319
6320	100	215	47	3	114	201	2.5	172	140	2800	3600	320
(0) 4 尺寸系列												
6403	17	62	17	1.1	24	55	1	22.5	10.8	11000	15000	403
6404	20	72	19	1.1	27	65	1	31.0	15.2	9500	13000	404
6405	25	80	21	1.5	34	71	1.5	38.2	19.2	8500	11000	405
6406	30	90	23	1.5	39	81	1.5	47.5	24.5	8000	10000	406
6407	35	100	25	1.5	44	91	1.5	56.8	29.5	6700	8500	407
6408	40	110	27	2	50	100	2	65.5	37.5	6300	8000	408

（续）

轴承代号	基本尺寸/mm				安装尺寸/mm			基本额定动载荷 C_r/kN	基本额定静载荷 C_{0r}/kN	极限转速 /r·min^{-1}		原轴承代号
	d	D	B	r_s min	d_a min	D_a max	r_{as} max			脂润滑	油润滑	
（0）4 尺寸系列												
6409	45	120	29	2	55	110	2	77.5	45.5	5600	7000	409
6410	50	130	31	2.1	62	118	2.1	92.2	55.2	5300	6700	410
6411	55	140	33	2.1	67	128	2.1	100	62.5	4800	6000	411
6412	60	150	35	2.1	72	138	2.1	108	70.0	4500	5600	412
6413	65	160	37	2.1	77	148	2.1	118	78.5	4300	5300	413
6414	70	180	42	3	84	166	2.5	140	99.5	3800	4800	414
6415	75	190	45	3	89	176	2.5	155	115	3600	4500	415
6416	80	200	48	3	94	186	2.5	162	125	3400	4300	416
6417	85	210	52	4	103	192	3	175	138	3200	4000	417
6418	90	225	54	4	108	207	3	192	158	2800	3600	418
6420	100	250	58	4	118	232	3	222	195	2400	3200	420

注：1. 表中 C_r 值适用于轴承为真空脱气轴承钢材料。如为普通电炉钢，C_r 值降低；如为真空重熔或电渣重熔轴承钢，C_r 值提高。

2. 表中 r_{smin} 为 r 的单向最小尺寸；r_{asmax} 为 r_a 的单向最大尺寸。

3. 深沟球轴承 6×/22、6×/28、6×/32 号品种未列入本表。

表 6-61　调心球轴承外形尺寸（GB/T 281—2013 摘录）及性能

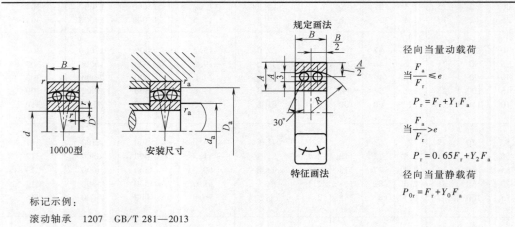

10000型　　安装尺寸　　规定画法　　特征画法

径向当量动载荷

当 $\dfrac{F_a}{F_r} \le e$

$$P_r = F_r + Y_1 F_a$$

当 $\dfrac{F_a}{F_r} > e$

$$P_r = 0.65 F_r + Y_2 F_a$$

径向当量静载荷

$$P_{0r} = F_r + Y_0 F_a$$

标记示例：

滚动轴承　1207　GB/T 281—2013

轴承代号	基本尺寸/mm				安装尺寸/mm			计算系数				基本额定动载荷 C_r/kN	基本额定静载荷 C_{0r}/kN	极限转速 /r·min^{-1}		原轴承代号
	d	D	B	r min	d_a max	D_a max	r_a max	e	Y_1	Y_2	Y_0			脂润滑	油润滑	
（0）2 尺寸系列																
1204	20	47	14	1	26	41	1	0.27	2.3	3.6	2.4	9.95	2.65	14000	17000	1204
1205	25	52	15	1	31	46	1	0.27	2.3	3.6	2.4	12.0	3.30	12000	14000	1205
1206	30	62	16	1	36	56	1	0.24	2.6	4.0	2.7	15.8	4.70	10000	12000	1206
1207	35	72	17	1.1	42	65	1	0.23	2.7	4.2	2.9	15.8	5.08	8500	10000	1207
1208	40	80	18	1.1	47	73	1	0.22	2.9	4.4	3.0	19.2	6.40	7500	9000	1208
1209	45	85	19	1.1	52	78	1	0.21	2.9	4.6	3.1	21.8	7.32	7100	8500	1209

（续）

轴承代号	基本尺寸/mm				安装尺寸/mm			计算系数				基本额定动载荷 C_r/kN	基本额定静载荷 C_{0r}/kN	极限转速 /r·min⁻¹		原轴承代号
	d	D	B	r min	d_a max	D_a max	r_a max	e	Y_1	Y_2	Y_0			脂润滑	油润滑	
(0) 2 尺寸系列																
1210	50	90	20	1.1	57	83	1	0.20	3.1	4.8	3.3	22.8	8.08	6300	8000	1210
1211	55	100	21	1.5	64	91	1.5	0.20	3.2	5.0	3.4	26.8	10.0	6000	7100	1211
1212	60	110	22	1.5	69	101	1.5	0.19	3.4	5.3	3.6	30.2	11.5	5300	6300	1212
1213	65	120	23	1.5	74	111	1.5	0.17	3.7	5.7	3.9	31.0	12.5	4800	6000	1213
1214	70	125	24	1.5	79	116	1.5	0.18	3.5	5.4	3.7	34.5	13.5	4800	5600	1214
1215	75	130	25	1.5	84	121	1.5	0.17	3.6	5.6	3.8	38.8	15.2	4300	5300	1215
1216	80	140	26	2	90	130	2	0.18	3.6	5.5	3.7	39.5	16.8	4000	5000	1216
(0) 3 尺寸系列																
1304	20	52	15	1.1	27	45	1	0.29	2.2	3.4	2.3	12.5	3.38	12000	15000	1304
1305	25	62	17	1.1	32	55	1	0.27	2.3	3.5	2.4	17.8	5.05	10000	13000	1305
1306	30	72	19	1.1	37	65	1	0.26	2.4	3.8	2.6	21.5	6.28	8500	11000	1306
1307	35	80	21	1.5	44	71	1.5	0.25	2.6	4.0	2.7	25.0	7.95	7500	9500	1307
1308	40	90	23	1.5	49	81	1.5	0.24	2.6	4.0	2.7	29.5	9.50	6700	8500	1308
1309	45	100	25	1.5	54	91	1.5	0.25	2.5	3.9	2.6	38.0	12.8	6000	7500	1309
1310	50	110	27	2	60	100	2	0.24	2.7	4.1	2.8	43.2	14.2	5600	6700	1310
1311	55	120	29	2	65	110	2	0.23	2.7	4.2	2.8	51.5	18.2	5000	6300	1311
1312	60	130	31	2.1	72	118	2.1	0.23	2.8	4.3	2.9	57.2	20.8	4500	5600	1312
1313	65	140	33	2.1	77	128	2.1	0.23	2.8	4.3	2.9	61.8	22.8	4300	5300	1313
1314	70	150	35	2.1	82	138	2.1	0.22	2.8	4.4	2.9	74.5	27.5	4000	5000	1314
1315	75	160	37	2.1	87	148	2.1	0.22	2.8	4.4	3.0	79.0	29.8	3800	4500	1315
1316	80	170	39	2.1	92	158	2.1	0.22	2.9	4.5	3.1	88.5	32.8	3600	4300	1316
22 尺寸系列																
2204	20	47	18	1	26	41	1	0.48	1.3	2.0	1.4	12.5	3.28	14000	17000	1504
2205	25	52	18	1	31	46	1	0.41	1.5	2.3	1.5	12.5	3.40	12000	14000	1505
2206	30	62	20	1	36	56	1	0.39	1.6	2.4	1.7	15.2	4.60	10000	12000	1506
2207	35	72	23	1.1	42	65	1	0.38	1.7	2.6	1.8	21.8	6.65	8500	10000	1507
2208	40	80	23	1.1	47	73	1	0.24	1.9	2.9	2.0	22.5	7.38	7500	9000	1508
2209	45	85	23	1.1	52	78	1	0.31	2.1	3.2	2.2	23.2	8.00	7100	8500	1509
2210	50	90	23	1.1	57	83	1	0.29	2.2	3.4	2.3	23.2	8.45	6300	8000	1510
2211	55	100	25	1.5	64	91	1.5	0.28	2.3	3.5	2.4	26.8	9.95	6000	7100	1511
2212	60	110	28	1.5	69	101	1.5	0.28	2.3	3.5	2.4	34.0	12.5	5300	6300	1512
2213	65	120	31	1.5	74	111	1.5	0.28	2.3	3.5	2.4	43.5	16.2	4800	6000	1513
2214	70	125	31	1.5	79	116	1.5	0.27	2.4	3.7	2.5	44.0	17.0	4500	5600	1514

注：1. 表中 C_r 值适用于轴承为真空脱气轴承钢材料。如为普通电炉钢，C_r 值降低；如为真空重熔或电渣重熔轴承钢，C_r 值提高。

2. 表中 r_{smin} 为 r 的单向最小尺寸；r_{asmax} 为 r_a 的单向最大尺寸。

表6-62 圆柱滚子轴承外形尺寸 (GB/T 283—2007 摘录) 及性能

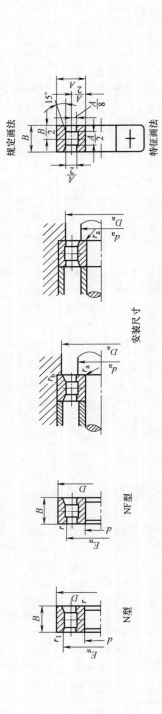

规定画法　特征画法　安装尺寸　NF型　N型

标记示例:
滚动轴承 N216E GB/T 283—2007

径向当量动载荷 $P_r = F_r$

对轴向承载的轴承 (NF型 02, 03 系列)
当 $0 \leqslant F_a/F_r \leqslant 0.12$, $P_r = F_r + 0.3F_a$
当 $0.12 \leqslant F_a/F_r \leqslant 0.3$, $P_r = 0.94F_r + 0.8F_a$

径向当量静载荷 $P_{0r} = F_r$

(0) 2 尺寸系列

轴承代号		尺寸/mm					安装尺寸/mm						基本额定动载荷 C_r/kN		基本额定静载荷 C_{0r}/kN		极限转速 /r·min⁻¹		原轴承代号	
		d	D	B	r_s min	r_{1s} min	E_w N型	E_w NF型	d_a min	D_a min	r_{as} max	r_{bs}	N型	NF型	N型	NF型	脂润滑	油润滑		
NF204	N204E	20	47	14	1	0.6	41.5	40	25	42	1	0.6	25.8	12.5	24.0	11.0	12000	16000	2204E	12204
NF205	N205E	25	52	15	1	0.6	46.5	45	30	47	1	0.6	27.5	14.2	26.8	12.8	10000	14000	2205E	12205
NF206	N206E	30	62	16	1.1	0.6	55.5	53.5	36	56	1	0.6	36.0	19.5	35.5	18.2	8500	11000	2206E	12206
NF207	N207E	35	72	17	1.1	0.6	64	61.8	42	64	1	0.6	46.5	28.5	48.0	28.0	7500	9500	2207E	12207
NF208	N208E	40	80	18	1.1	1.1	71.5	70	47	72	1	1	51.5	37.5	53.0	38.2	7000	9000	2208E	12208
NF209	N209E	45	85	19	1.1	1.1	76.5	75	52	77	1	1	58.5	39.8	63.8	41.0	6300	8000	2209E	12209

（续）2 尺寸系列

代号 N	代号 NF	d	D	B	r_s	r_{1s}					r	r_1	C_r	C_{0r}	C_r	C_{0r}	脂	油	代号	代号
N210E	NF210	50	90	20	1.1	1.1	81.5	80.4	57	83	1	1	61.2	43.2	69.2	48.5	6000	7500	2210E	12210
N211E	NF211	55	100	21	1.5	1.1	90	88.5	64	91	1.5	1	80.2	52.8	95.5	60.2	5300	6700	2211E	12211
N212E	NF212	60	110	22	1.5	1.5	100	97	69	100	1.5	1.5	89.8	62.8	102	73.5	5000	6300	2212E	12212
N213E	NF213	65	120	23	1.5	1.5	108.5	105.5	74	108	1.5	1.5	102	73.2	118	87.5	4500	5600	2213E	12213
N214E	NF214	70	125	24	1.5	1.5	113.5	110.5	79	114	1.5	1.5	112	73.2	135	87.5	4300	5300	2214E	12214
N215E	NF215	75	130	25	1.5	1.5	118.5	118.3	84	120	1.5	1.5	125	89.0	155	110	4000	5000	2215E	12215
N216E	NF216	80	140	26	2	2	127.3	125	90	128	2	2	132	102	165	125	3800	4800	2216E	12216

（0）3 尺寸系列

代号 N	代号 NF	d	D	B	r_s	r_{1s}					r	r_1	C_r	C_{0r}	C_r	C_{0r}	脂	油	代号	代号
N304E	NF304	20	52	15	1.1	0.6	45.5	44.5	26.5	47	1	0.6	29.0	18.0	25.5	15.0	11000	15000	2304E	12304
N305E	NF305	25	62	17	1.1	1.1	54	53	31.5	55	1	1	38.5	25.5	35.8	22.5	9000	12000	2305E	12305
N306E	NF306	30	72	19	1.1	1.1	62.5	62	37	64	1	1	49.2	33.5	48.2	31.5	8000	10000	2306E	12306
N307E	NF307	35	80	21	1.5	1.1	70.2	68.2	44	71	1.5	1	62.0	41.0	63.2	39.2	7000	9000	2307E	12307
N308E	NF308	40	90	23	1.5	1.5	80	77.5	49	80	1.5	1.5	76.8	48.8	77.8	47.5	6300	8000	2308E	12308
N309E	NF309	45	100	25	1.5	1.5	88.5	86.5	54	89	1.5	1.5	93.0	66.8	98.0	66.8	5600	7000	2309E	12309
N310E	NF310	50	110	27	2	2	97	95	60	98	2	2	105	76.0	112	79.5	5300	6700	2310E	12310
N311E	NF311	55	120	29	2	2	106.5	104.5	65	107	2	2	128	97.8	138	105	4800	6000	2311E	12311
N312E	NF312	60	130	31	2.1	2.1	115	113	72	116	2.1	2.1	142	118	155	128	4500	5600	2312E	12312
N313E	NF313	65	140	33	2.1	2.1	124.5	121.5	77	125	2.1	2.1	170	125	188	135	4000	5000	2313E	12313
N314E	NF314	70	150	35	2.1	2.1	133	130	82	134	2.1	2.1	195	145	220	162	3800	4800	2314E	12314
N315E	NF315	75	160	37	2.1	2.1	143	139.5	87	143	2.1	2.1	228	165	260	188	3600	4500	2315E	12315
N316E	NF316	80	170	39	2.1	2.1	151	147	92	151	2.1	2.1	245	175	282	200	3400	4300	2316E	12316

注：1. 表中 C_r 值适用于轴承为真空脱气轴承钢材料。如为普通电炉钢，C_r 值降低；如为真空重熔或电渣重熔轴承钢，C_r 值提高。

2. 后缀带 E 为加强型圆柱型滚子轴承，优先选用。

表 6-63 角接触球轴承外形尺寸（GB/T 292—2007 摘录）及性能

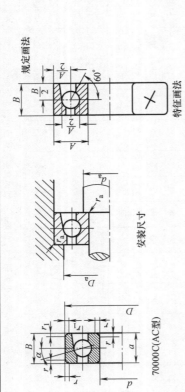

70000C(AC型)

安装尺寸

规定画法

特征画法

标记示例：
滚动轴承 7210C GB/T 292

iF_a/C_{0r}	e	Y
0.015	0.38	1.47
0.029	0.40	1.40
0.058	0.43	1.30
0.087	0.46	1.23
0.12	0.47	1.19
0.17	0.50	1.12
0.29	0.55	1.02
0.44	0.56	1.00
0.58	0.56	1.00

70000C 型

径向当量动载荷
当 $F_a/F_r \leq e$，$P_r = F_r$
当 $F_a/F_r > e$，$P_r = 0.44F_r + YF_a$

径向当量静载荷
$P_{0r} = 0.5F_r + 0.46F_a$
$P_{0r} = F_r$
取上列两式计算结果的大值

70000AC 型

径向当量动载荷
当 $F_a/F_r \leq 0.68$，$P_r = F_r$
当 $F_a/F_r > 0.68$，$P_r = 0.41F_r + 0.87F_a$

径向当量静载荷
$P_{0r} = 0.5F_r + 0.38F_a$
$P_{0r} = F_r$
取上列两式计算结果的大值

轴承代号	基本尺寸/mm					安装尺寸/mm			70000C ($\alpha=15°$)			70000AC ($\alpha=25°$)			极限转速 /r·min⁻¹		原轴承代号	
	d	D	B	r_s min	r_{1s} min	d_a min	D_a max	r_{as} max	a /mm	基本额定 动载荷 C_r/kN	静载荷 C_{0r}/kN	a /mm	基本额定 动载荷 C_r/kN	静载荷 C_{0r}/kN	脂润滑	油润滑		
									(1) 0 尺寸系列									
7000C 7000AC	10	26	8	0.3	0.15	12.4	23.6	0.3	6.4	4.92	2.25	8.2	4.75	2.12	19000	28000	36100	46100
7001C 7001AC	12	28	8	0.3	0.15	14.4	25.6	0.3	6.7	5.42	2.65	8.7	5.20	2.55	18000	26000	36101	46101
7002C 7002AC	15	32	9	0.3	0.15	17.4	29.6	0.3	7.6	6.25	3.42	10	5.95	3.25	17000	24000	36102	46102
7003C 7003AC	17	35	10	0.3	0.15	19.4	32.6	0.3	8.5	6.60	3.85	11.1	6.30	3.68	16000	22000	36103	46103
7004C 7004AC	20	42	12	0.6	0.3	25	37	0.6	10.2	10.5	6.08	13.2	10.0	5.78	14000	19000	36104	46104

7005C	7005AC	25	47	12	0.6	0.6	0.15	30	42	0.6	10.8	11.5	7.45	14.4	11.2	7.08	12000	17000	36105	46105
7006C	7006AC	30	55	13	1	1	0.3	36	49	1	12.2	15.2	10.2	16.4	14.5	9.85	9500	14000	36106	46106
7007C	7007AC	35	62	14	1	1	0.3	41	56	1	13.5	19.5	14.2	18.3	18.5	13.5	8500	12000	36107	46107
7008C	7008AC	40	68	15	1	1	0.3	46	62	1	14.7	20.0	15.2	20.1	19.0	14.5	8000	11000	36108	46108
7009C	7009AC	45	75	16	1	1	0.3	51	69	1	16	25.8	20.5	21.9	25.8	19.5	7500	10000	36109	46109
7010C	7010AC	50	80	16	1	1	0.3	56	74	1	16.7	26.5	22.0	23.2	25.2	21.0	6700	9000	36110	46110
7011C	7011AC	55	90	18	1.1	1.5	0.6	62	83	1.5	18.7	37.2	30.5	25.9	35.2	29.2	6000	8000	36111	46111
7012C	7012AC	60	95	18	1.1	1.5	0.6	67	88	1.5	19.4	38.2	32.8	27.1	36.2	31.5	5600	7500	36112	46112
7013C	7013AC	65	100	18	1.1	1.5	0.6	72	93	1.5	20.1	40.0	35.5	28.2	38.0	33.8	5300	7000	36113	46113
7014C	7014AC	70	110	20	1.1	1.5	0.6	77	103	1.5	22.1	48.2	43.5	30.9	45.8	41.5	5000	6700	36114	46114
7015C	7015AC	75	115	20	1.1	1.5	0.6	82	108	1	22.7	49.5	46.5	32.2	46.8	44.2	4800	6300	36115	46115
7016C	7016AC	80	125	22	1.1	1.5	0.6	89	116	1.5	24.7	58.5	55.8	34.9	55.5	53.2	4500	6000	36116	46116
7017C	7017AC	85	130	22	1.1	1.5	0.6	94	121	1.5	25.4	62.5	60.2	36.1	59.2	57.2	4300	5600	36117	46117
7018C	7018AC	90	140	24	1.5	1.5	0.6	99	131	1.5	27.4	71.5	69.8	38.8	67.5	66.5	4000	5300	36118	46118
7019C	7019AC	95	145	24	1.5	1.5	0.6	104	136	1.5	28.1	73.5	73.2	40	69.5	69.8	3800	5000	36119	46119
7020C	7020AC	100	150	24	1.5	1.5	0.6	109	141	1.5	28.7	79.2	78.5	41.2	75	74.8	3800	5000	36120	46120
7200C	7200AC	10	30	9	0.6	0.6	0.15	15	25	0.6	7.2	5.82	2.95	9.2	5.58	2.82	18000	26000	36200	46200
7201C	7201AC	12	32	10	0.6	0.6	0.15	17	27	0.6	8	7.35	3.52	10.2	7.10	3.35	17000	24000	36201	46201
7202C	7202AC	15	35	11	0.6	0.6	0.15	20	30	0.6	8.9	8.68	4.62	11.4	8.35	4.40	16000	22000	36202	46202
7203C	7203AC	17	40	12	0.6	0.6	0.3	22	35	0.6	9.9	10.8	5.95	12.8	10.5	5.65	15000	20000	36203	46203
7204C	7204AC	20	47	14	1	1	0.3	26	41	1	11.5	14.5	8.22	14.9	14.0	7.82	13000	18000	36204	46204

（0）2 尺寸系列

（续）

轴承代号	基本尺寸/mm					安装尺寸/mm			70000C (α=15°)			70000AC (α=25°)			极限转速 /r·min⁻¹		原轴承代号	
	d	D	B	r_s min	r_{1s} min	d_a min	D_a max	r_{as} max	a /mm	动载荷 C_r/kN	静载荷 C_{0r}/kN	a /mm	动载荷 C_r/kN	静载荷 C_{0r}/kN	脂润滑	油润滑		
(0) 2 尺寸系列																		
7205C / 7205AC	25	52	15	1	0.3	31	46	1	12.7	16.5	10.5	16.4	15.8	9.88	11000	16000	36205	46205
7206C / 7206AC	30	62	16	1	0.3	36	56	1	14.2	23.0	15.0	18.7	22.0	14.2	9000	13000	36206	46206
7207C / 7207AC	35	72	17	1.1	0.6	42	65	1	15.7	30.5	20.0	21	29.0	19.2	8000	11000	36207	46207
7208C / 7208AC	40	80	18	1.1	0.6	47	73	1	17	36.8	25.8	23	35.2	24.5	7500	10000	36208	46208
7209C / 7209AC	45	85	19	1.1	0.6	52	78	1	18.2	38.5	28.5	24.7	36.8	27.2	6700	9000	36209	46209
7210C / 7210AC	50	90	20	1.1	0.6	57	83	1	19.4	42.8	32.0	26.3	40.8	30.5	6300	8500	36210	46210
7211C / 7211AC	55	100	21	1.5	0.6	64	91	1.5	20.9	52.8	40.5	28.6	50.5	38.5	5600	7500	36211	46211
7212C / 7212AC	60	110	22	1.5	0.6	69	101	1.5	22.4	61.0	48.5	30.8	58.2	46.2	5300	7000	36212	46212
7213C / 7213AC	65	120	23	1.5	0.6	74	111	1.5	24.2	69.8	55.2	33.5	66.5	52.5	4800	6300	36213	46213
7214C / 7214AC	70	125	24	1.5	0.6	79	116	1.5	25.3	70.2	60.0	35.1	69.2	57.5	4500	6000	36214	46214
7215C / 7215AC	75	130	25	1.5	0.6	84	121	1.5	26.4	79.2	65.8	36.6	75.2	63.0	4300	5600	36215	46215
7216C / 7216AC	80	140	26	2	1	90	130	2	27.7	89.5	78.2	38.9	85.0	74.5	4000	5300	36216	46216
7217C / 7217AC	85	150	28	2	1	95	140	2	29.9	99.8	85.0	41.6	94.8	81.5	3800	5000	36217	46217
7218C / 7218AC	90	160	30	2	1	100	150	2	31.7	122	105	44.2	118	100	3600	4800	36218	46218
7219C / 7219AC	95	170	32	2.1	1.1	107	158	2.1	33.8	135	115	46.9	128	108	3400	4500	36219	46219
7220C / 7220AC	100	180	34	2.1	1.1	112	168	2.1	35.8	148	128	49.7	142	122	3200	4300	36220	46220
(0) 3 尺寸系列																		
7301C / 730A1C	12	37	12	1	0.3	18	31	1	8.6	8.10	5.22	12	8.08	4.88	16000	22000	36301	46301
7302C / 7302AC	15	42	13	1	0.3	21	36	1	9.6	9.38	5.95	13.5	9.08	5.58	15000	20000	36302	46302
7303C / 7303AC	17	47	14	1	0.3	23	41	1	10.4	12.8	8.62	14.8	11.5	7.08	14000	19000	36303	46303
7304C / 7304AC	20	52	15	1.1	0.6	27	45	1	11.3	14.2	9.68	16.3	13.8	9.10	12000	17000	36304	46304

型号 (7…C)	型号 (7…AC)	d	D	B	r_s min	r_{1s} min	d_a min	D_a max	r_{as} max	a (C)	C_r (C)	C_{0r} (C)	a (AC)	C_r (AC)	C_{0r} (AC)	脂	油	36 系列代号	46 系列代号
7305C	7305AC	25	62	17	1.1	0.6	32	55	1	13.1	21.5	15.8	19.1	20.8	14.8	9500	14000	36305	46305
7306C	7306AC	30	72	19	1.1	0.6	37	65	1	15	26.5	19.8	22.2	25.2	18.5	8500	12000	36306	46306
7307C	7307AC	35	80	21	1.5	0.6	44	71	1.5	16.6	34.2	26.8	24.5	32.8	24.8	7500	10000	36307	46307
7308C	7308AC	40	90	23	1.5	0.6	49	81	1.5	18.5	40.2	32.3	27.5	38.5	30.5	6700	9000	36308	46308
7309C	7309AC	45	100	25	1.5	0.6	54	91	1.5	20.2	49.2	39.8	30.2	47.5	37.2	6000	8000	36309	46309
7310C	7310AC	50	110	27	2	1	60	100	2	22	53.5	47.2	33	55.5	44.5	5600	7500	36310	46310
7311C	7311AC	55	120	29	2	1	65	110	2	23.8	70.5	60.5	35.8	67.2	56.8	5000	6700	36311	46311
7312C	7312AC	60	130	31	2.1	1.1	72	118	2.1	25.6	80.5	70.2	38.7	77.8	65.8	4800	6300	36312	46312
7313C	7313AC	65	140	33	2.1	1.1	77	128	2.1	27.4	91.5	80.5	41.5	89.8	75.5	4300	5600	36313	46313
7314C	7314AC	70	150	35	2.1	1.1	82	138	2.1	29.2	102	91.5	44.3	98.5	86.0	4000	5300	36314	46314
7315C	7315AC	75	160	37	2.1	1.1	87	148	2.1	31	112	105	47.2	108	97.0	3800	5000	36315	46315
7316C	7316AC	80	170	39	2.1	1.1	92	158	2.1	32.8	122	118	50	118	108	3600	4800	36316	46316
7317C	7317AC	85	180	41	3	1.1	99	166	2.5	34.6	132	128	52.8	125	122	3400	4500	36317	46317
7318C	7318AC	90	190	43	3	1.1	104	176	2.5	36.4	142	142	55.6	135	135	3200	4300	36318	46318
7319C	7319AC	95	200	45	3	1.1	109	186	2.5	38.2	152	158	58.5	145	148	3000	4000	36319	46319
7320C	7320AC	100	215	47	3	1.1	114	201	2.5	40.2	162	175	61.9	165	178	2600	3600	36320	46320

注：1. 表中 C_r 值，对 (1)0、(0)2 系列为真空脱气轴承钢的载荷能力；对 (0)3、(0)4 系列为电炉轴承钢的载荷能力。

2. GB/T 292—2007 提供了三种不同锁口结构的轴承结构，但没有分别提供标记符号和示例。

3. GB/T 292—2007 提供了 7×××B（α=45°）轴承，除个别型号，尺寸略有增加（0.3～0.4mm）外，其他结构尺寸与 7×××型号相同。

表 6-64 圆锥滚子轴承 (GB/T 297—2015 摘录)

标记示例：

滚动轴承 30310 GB/T 297—2015

规定画法　特征画法

安装尺寸　30000型

径向当量动载荷

当 $\dfrac{F_a}{F_r} \leqslant e$，$P_r = F_r$

当 $\dfrac{F_a}{F_r} > e$，$P_r = 0.4F_r + YF_a$

径向当量静载荷

$P_{0r} = F_r$

$P_{0r} = 0.5F_r + Y_0 F_a$

取上列两式计算结果的大值

轴承代号	尺寸/mm							$\alpha/(°)$	安装尺寸/mm									计算系数			基本额定		极限转速 /r·min⁻¹		原轴承代号
	d	D	T	B	C	r_s min	r_{1s} min		d_a min	d_b max	D_a min	D_a max	D_b min	a_1 min	a_2 min	r_{as} max	r_{bs} max	e	Y	Y_0	动载荷 C_r/kN	静载荷 C_{0r}/kN	脂润滑	油润滑	
02 尺寸系列																									
30203	17	40	13.25	12	11	1	1	12°57'10"	23	23	34	34	37	2	2.5	1	1	0.35	1.7	1	20.8	21.8	9000	12000	7203E
30204	20	47	15.25	14	12	1	1	12°57'10"	26	27	40	41	43	2	3.5	1	1	0.35	1.7	1	28.2	30.5	8000	10000	7204E
30205	25	52	16.25	15	13	1	1	14°02'10"	31	31	44	46	48	2	3.5	1	0.9	0.37	1.6	0.9	32.2	37.0	7000	9000	7205E
30206	30	62	17.25	16	14	1	1	14°02'10"	36	37	53	56	58	2	3.5	1	0.9	0.37	1.6	0.9	43.2	50.5	6000	7500	7206E
30207	35	72	18.25	17	15	1.5	1.5	14°02'10"	42	44	62	65	67	3	3.5	1.5	0.9	0.37	1.6	0.9	54.2	63.5	5300	6700	7207E
30208	40	80	19.75	18	16	1.5	1.5	14°02'10"	47	49	69	73	75	3	4	1.5	0.9	0.37	1.6	0.9	63.0	74.0	5000	6300	7208E
30209	45	85	20.75	19	16	1.5	1.5	15°06'34"	52	53	74	78	80	3	5	1.5	1.5	0.4	1.5	0.8	67.8	83.5	4500	5600	7209E
30210	50	90	21.75	20	17	1.5	1.5	15°38'32"	57	58	79	83	86	3	5	1.5	1.5	0.42	1.4	0.8	73.2	92.0	4300	5300	7210E
30211	55	100	22.75	21	18	2	1.5	15°06'34"	64	64	88	91	95	4	5	2	1.5	0.4	1.5	0.8	90.8	115	3800	4800	7211E
30212	60	110	23.75	22	19	2	1.5	15°06'34"	69	69	96	101	103	4	5	2	1.5	0.4	1.5	0.8	102	130	3600	4500	7212E
30213	65	120	24.75	23	20	2	1.5	15°06'34"	74	77	106	111	114	4	5	2	1.5	0.4	1.5	0.8	120	152	3200	4000	7213E
30214	70	125	26.25	24	21	2	1.5	15°38'32"	79	81	110	116	119	4	5.5	2	1.5	0.42	1.4	0.8	132	175	3000	3800	7214E

30215	75	130	27.25	25	22	2	1.5	16°10'20"	84	85	115	121	125	4	5.5	2	1.5	0.44	1.4	0.8	138	185	2800	3600	7215E
30216	80	140	28.25	26	22	2.5	2	15°38'32"	90	90	124	130	133	4	6	2.1	2	0.42	1.4	0.8	160	212	2600	3400	7216E
30217	85	150	30.5	28	24	2.5	2	15°38'32"	95	96	132	140	142	5	6.5	2.1	2	0.42	1.4	0.8	178	238	2400	3200	7217E
30218	90	160	32.5	30	26	2.5	2	15°38'32"	100	102	140	150	151	5	6.5	2.1	2	0.42	1.4	0.8	200	270	2200	3000	7218E
30219	95	170	34.5	32	27	3	2.5	15°38'32"	107	108	149	158	160	5	7.5	2.5	2.1	0.42	1.4	0.8	228	308	2000	2800	7219E
30220	100	180	37	34	29	3	2.5	15°38'32"	112	114	157	168	169	5	8	2.5	2.1	0.42	1.4	0.8	255	350	1900	2600	7220E
03 尺寸系列																									
30302	15	42	14.25	13	11	1	1	10°45'29"	21	22	36	36	38	2	3.5	1	1	0.29	2.1	1.2	22.8	21.5	9000	12000	7302E
30303	17	47	15.25	14	12	1	1	10°45'29"	23	25	40	41	43	3	3.5	1	1	0.29	2.1	1.2	28.2	27.2	8500	11000	7303E
30304	20	52	16.25	15	13	1.5	1.5	11°18'36"	27	28	44	45	48	3	3.5	1.5	1.5	0.3	2	1.1	33.0	33.2	7500	9500	7304E
30305	25	62	18.25	17	15	1.5	1.5	11°18'36"	32	34	54	55	58	3	3.5	1.5	2	0.3	2	1.1	46.8	48.0	6300	8000	7305E
30306	30	72	20.75	19	16	1.5	1.5	11°51'35"	37	40	62	65	66	3	5	1.5	2	0.31	1.9	1.1	59.0	63.0	5600	7000	7306E
30307	35	80	22.75	21	18	2	1.5	11°51'35"	44	45	70	71	74	3	5	2	1.5	0.31	1.9	1.1	75.2	82.5	5000	6300	7307E
30308	40	90	25.25	23	20	2	1.5	12°57'10"	49	52	77	81	84	3	5.5	2	1.5	0.35	1.7	1	90.8	108	4500	5600	7308E
30309	45	100	27.25	25	22	2	1.5	12°57'10"	54	59	86	91	94	3	5.5	2	1.5	0.35	1.7	1	108	130	4000	5000	7309E
30310	50	110	29.25	27	23	2.5	2	12°57'10"	60	65	95	100	103	4	6.5	2	2	0.35	1.7	1	130	158	3800	4800	7310E
30311	55	120	31.5	29	25	2.5	2	12°57'10"	65	70	104	110	112	4	6.5	2.5	2	0.35	1.7	1	152	188	3400	4300	7311E
30312	60	130	33.5	31	26	3	2.5	12°57'10"	72	76	112	118	121	5	7.5	2.5	2.5	0.35	1.7	1	170	210	3200	4000	7312E
30313	65	140	36	33	28	3	2.5	12°57'10"	77	83	122	128	131	5	8	2.5	2.5	0.35	1.7	1	195	242	2800	3600	7313E
30314	70	150	38	35	30	3	2.5	12°57'10"	82	89	130	138	141	5	8	2.5	2.5	0.35	1.7	1	218	272	2600	3400	7314E
30315	75	160	40	37	31	3	2.5	12°57'10"	87	95	139	148	150	5	9	2.5	2.5	0.35	1.7	1	252	318	2400	3200	7315E
30316	80	170	42.5	39	33	3	2.5	12°57'10"	92	102	148	158	160	5	9.5	2.5	2.5	0.35	1.7	1	278	352	2200	3000	7316E
30317	85	180	44.5	41	34	4	3	12°57'10"	99	107	156	166	168	6	10.5	3	3	0.35	1.7	1	305	388	2000	2800	7317E
30318	90	190	46.5	43	36	4	3	12°57'10"	104	113	165	176	178	6	10.5	3	3	0.35	1.7	1	342	440	1900	2600	7318E
30319	95	200	49.5	45	38	4	3	12°57'10"	109	118	172	186	185	6	11.5	3	3	0.35	1.7	1	370	478	1800	2400	7319E
30320	100	215	51.5	47	39	4	3	12°57'10"	114	127	184	201	199	6	12.5	3	3	0.35	1.7	1	405	525	1600	2000	7320E
22 尺寸系列																									
32206	30	62	21.25	20	17	1	1	14°02'10"	36	36	52	56	58	3	4.5	1	1	0.37	1.6	0.9	51.8	63.8	6000	7500	7506E
32207	35	72	24.25	23	19	1.5	1.5	14°02'10"	42	42	61	65	68	3	5.5	1.5	1.5	0.37	1.6	0.9	70.5	89.5	5300	6700	7507E
32208	40	80	24.75	23	19	1.5	1.5	14°02'10"	47	48	68	73	75	3	6	1.5	1.5	0.37	1.6	0.9	77.8	97.2	5000	6300	7508E
32209	45	85	24.75	23	19	1.5	1.5	15°06'34"	52	53	73	78	81	3	6	1.5	1.5	0.4	1.5	0.8	80.8	105	4500	5600	7509E

（续）

轴承代号	尺　寸/mm							α/(°)	安　装　尺　寸/mm									计算系数			基本额定		极限转速 /r·min⁻¹		原轴承代号
	d	D	T	B	C	r_s min	r_{1s} min		d_a min	d_b max	D_a min	D_a max	D_b	a_1 min	a_2 min	r_{as} max	r_{bs} max	e	Y	Y_0	动载荷 C_r/kN	静载荷 C_{0r}/kN	脂润滑	油润滑	
22 尺寸系列																									
32210	50	90	24.75	23	19	1.5	1.5	15°38′32″	57	57	78	83	86	3	6	1.5	1.5	0.42	1.4	0.8	82.8	108	4300	5300	7510E
32211	55	100	26.75	25	21	2	1.5	15°06′34″	64	62	87	91	96	4	6	2	1.5	0.4	1.5	0.8	108	142	3800	4800	7511E
32212	60	110	29.75	28	24	2	1.5	15°06′34″	69	68	95	101	105	4	6	2	1.5	0.4	1.5	0.8	132	180	3600	4500	7512E
32213	65	120	32.75	31	27	2	1.5	15°06′34″	74	75	104	111	115	4	6	2	1.5	0.4	1.5	0.8	160	222	3200	4000	7513E
32214	70	125	33.25	31	27	2	1.5	15°38′32″	79	79	108	116	120	4	6.5	2	1.5	0.42	1.4	0.8	168	238	3000	3800	7514E
32215	75	130	33.25	31	27	2	1.5	16°10′20″	84	84	115	121	126	4	6.5	2	1.5	0.44	1.4	0.8	170	242	2800	3600	7515E
32216	80	140	35.25	33	28	2.5	2	15°38′32″	90	89	122	130	135	5	7.5	2.1	2	0.42	1.4	0.8	198	278	2600	3400	7516E
32217	85	150	38.5	36	30	2.5	2	15°38′32″	95	95	130	140	143	5	8.5	2.1	2	0.42	1.4	0.8	228	325	2400	3200	7517E
32218	90	160	42.5	40	34	2.5	2	15°38′32″	100	101	138	150	153	5	8.5	2.5	2.1	0.42	1.4	0.8	270	395	2200	3000	7518E
32219	95	170	45.5	43	37	3	2.5	15°38′32″	107	106	145	158	163	5	8.5	2.5	2.1	0.42	1.4	0.8	302	448	2000	2800	7519E
32220	100	180	49	46	39	3	2.5	15°38′32″	112	113	154	168	172	5	10	2.5	2.1	0.42	1.4	0.8	340	512	1900	2600	7520E
23 尺寸系列																									
32303	17	47	20.25	19	16	1	1	10°45′29″	23	24	39	41	43	3	4.5	1	1	0.29	2.1	1.2	35.2	36.2	8500	11000	7603E
32304	20	52	22.25	21	18	1.5	1.5	11°51′35″	27	26	43	45	48	3	4.5	1.5	1.5	0.3	2	1.1	42.8	46.2	7500	9500	7604E
32305	25	62	25.25	24	20	1.5	1.5	11°51′35″	32	32	52	55	58	3	5.5	2	1.5	0.3	2	1.1	61.5	68.8	6300	8000	7605E
32306	30	72	28.75	27	23	1.5	1.5	11°51′35″	37	38	59	65	66	4	6	2	1.5	0.31	1.9	1.1	81.5	96.5	5600	7000	7606E
32307	35	80	32.75	31	25	2	1.5	11°51′35″	44	43	66	71	74	4	8.5	2	1.5	0.31	1.9	1.1	99.0	118	5000	6300	7607E
32308	40	90	35.25	33	27	2	1.5	12°57′10″	49	49	73	81	83	4	8.5	2	1.5	0.35	1.7	1	115	148	4500	5600	7608E
32309	45	100	38.25	36	30	2	1.5	12°57′10″	54	56	82	91	93	4	8.5	2	1.5	0.35	1.7	1	145	188	4000	5000	7609E
32310	50	110	42.25	40	33	2.5	2	12°57′10″	60	61	90	100	102	5	9.5	2.5	2	0.35	1.7	1	178	235	3800	4800	7610E
32311	55	120	45.5	43	35	2.5	2	12°57′10″	65	66	99	110	111	5	10	2.5	2	0.35	1.7	1	202	270	3400	4300	7611E
32312	60	130	48.5	46	37	3	2.5	12°57′10″	72	72	107	118	122	6	11.5	3	2.1	0.35	1.7	1	228	302	3200	4000	7612E
32313	65	140	51	48	39	3	3	12°57′10″	77	79	117	128	131	6	12	3	2.1	0.35	1.7	1	260	350	2800	3600	7613E
32314	70	150	54	51	42	3	3	12°57′10″	82	84	125	138	141	6	12	3	2.1	0.35	1.7	1	298	408	2600	3400	7614E
32315	75	160	58	55	45	3	2.5	12°57′10″	87	91	133	148	150	7	13	3	2.5	0.35	1.7	1	348	482	2400	3200	7615E
32316	80	170	61.5	58	48	3	2.5	12°57′10″	92	97	142	158	160	7	13.5	3	2.5	0.35	1.7	1	388	542	2200	3000	7616E
32317	85	180	63.5	60	49	4	3	12°57′10″	99	102	150	166	168	8	14.5	3	2.5	0.35	1.7	1	422	592	2000	2800	7617E
32318	90	190	67.5	64	53	4	3	12°57′10″	104	107	157	176	178	8	14.5	3	2.5	0.35	1.7	1	478	682	1900	2600	7618E
32319	95	200	71.5	67	55	4	3	12°57′10″	109	114	166	186	187	8	16.5	3	2.5	0.35	1.7	1	515	738	1800	2400	7619E
32320	100	215	77.5	73	60	4	3	12°57′10″	114	122	177	201	201	8	17.5	3	2.5	0.35	1.7	1	600	872	1600	2000	7620E

注：1. 表中 C_r 值适用于轴承为真空脱气轴承钢材料。如为普通电炉钢，C_r 值降低；如为真空重熔或电渣重熔轴承钢，C_r 值提高。

2. 后缀带 E 为加强型圆柱型滚子轴承，优先选用。

表 6-65 推力球轴承（GB/T 301—2015 摘录）

轴向当量动载荷　$P_a = F_a$

轴向当量静载荷　$P_{0a} = F_a$

标记示例：

滚动轴承　51208　GB/T 301—2015

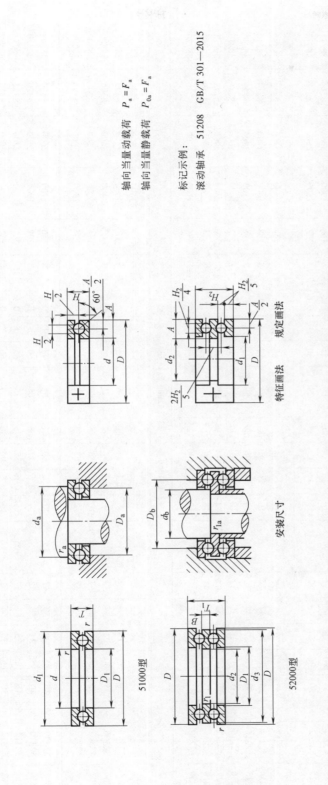

51000型　　52000型

特征画法　　规定画法

安装尺寸

轴承代号		尺　寸/mm								安装尺寸/mm						基本额定		极限转速 /r·min^{-1}		原轴承代号
		d	d_2	D	T	T_1	D_1 min	d_1 max	d_3 max	B	r_s min	r_{1s} min	d_a min	D_a max	D_b min	d_b max	r_{as} max	r_{1as} max	动载荷 C_a/kN	静载荷 C_{0a}/kN	脂润滑	油润滑	
51200	—	10	—	26	11	—	12	26	—		0.6	—	20	16		—	0.6	—	12.5	17.0	6000	8000	8200
51201	—	12	—	28	11	—	14	28	—		0.6	—	22	18		—	0.6	—	13.2	19.0	5300	7500	8201
51202	52202	15	10	32	12	22	17	32	32	5	0.6	0.3	25	22	15	0.6	0.3	16.5	24.8	4800	6700	8202 38202
51203	—	17	—	35	12	—	19	35	—		0.6	—	28	24		—	0.6	—	17.0	27.2	4500	6300	8203
51204	52204	20	15	40	14	26	22	40	40	6	0.6	0.3	32	28	20	0.6	0.3	22.2	37.5	3800	5300	8204 38204

12（51000 型），22（52000 型）尺寸系列

（续）

12（51000 型），22（52000 型）尺寸系列

轴承代号(51000型)	轴承代号(52000型)	d	d2	D	T	T1	D1 min	d1 max	d3 max	B	rs min	r1s min	da min	Da max	Db min	db max	ras max	r1as max	Ca/kN	C0a/kN	脂润滑	油润滑	原轴承代号	原轴承代号
51205	52205	25	20	47	15	28	27	47		7	0.6	0.3	34	38		25	0.6	0.3	27.8	50.5	3400	4800	8205	38205
51206	52206	30	25	52	16	29	32	52		7	0.6	0.3	39	43		30	0.6	0.3	28.0	54.2	3200	4500	8206	38206
51207	52207	35	30	62	18	34	37	62		8	1	0.3	46	51		35	1	0.3	39.2	78.2	2800	4000	8207	38207
51208	52208	40	30	68	19	36	42	68		9	1	0.6	51	57		40	1	0.6	47.0	98.2	2400	3600	8208	38208
51209	52209	45	35	73	20	37	47	73		9	1	0.6	56	62		45	1	0.6	47.8	105	2200	3400	8209	38209
51210	52210	50	40	78	22	39	52	78		9	1	0.6	61	67		50	1	0.6	48.5	112	2000	3200	8210	38210
51211	52211	55	45	90	25	45	57	90		10	1	1	69	76		55	1	1	67.5	158	1900	3000	8211	38211
51212	52212	60	50	95	26	46	62	95		10	1	1	74	81		60	1	1	73.5	178	1800	2800	8212	38212
51213	52213	65	55	100	27	47	67	100		10	1	0.6	79	86		65	1	0.6	74.8	188	1700	2600	8213	38213
51214	52214	70	55	105	27	47	72	105		10	1	1	84	91		70	1	1	73.5	188	1600	2400	8214	38214
51215	52215	75	60	110	27	47	77	110		10	1	1	89	96		75	1	1	74.8	198	1500	2200	8215	38215
51216	52216	80	65	115	28	48	82	115		10	1	1	94	101		80	1	1	83.8	222	1400	2000	8216	38216
51217	52217	85	70	125	31	55	88	125		12	1	1	101	109		85	1	1	102	280	1300	1900	8217	38271
51218	52218	90	75	135	35	62	93	135		14	1	1	108	117		90	1	1	115	315	1200	1800	8218	38218
51220	52220	100	85	150	38	67	103	150		15	1	1	120	130		100	1	1	132	375	1100	1700	8220	38220

13（51000 型），23（52000 型）尺寸系列

轴承代号(51000型)	轴承代号(52000型)	d	d2	D	T	T1	D1 min	d1 max	d3 max	B	rs min	r1s min	da min	Da max	Db min	db max	ras max	r1as max	Ca/kN	C0a/kN	脂润滑	油润滑	原轴承代号	原轴承代号
51304	—	20	—	47	18	—	22	47		—	—	—	31	36		20	—	—	35.0	55.8	3600	4500	8304	—
51305	52305	25	20	52	18	34	27	52		8	0.3	0.3	36	41		25	0.3	0.3	35.5	61.5	3000	4300	8305	38305
51306	52306	30	25	60	21	38	32	60		9	0.3	0.3	42	48		30	0.3	0.3	42.8	78.5	2400	3600	8306	38306
51307	52307	35	30	68	24	44	37	68		10	0.3	0.3	48	55		35	0.3	0.3	55.2	105	2000	3200	8307	38307
51308	52308	40	30	78	26	49	42	78		12	0.6	0.6	55	63		40	0.6	0.6	69.2	135	1900	3000	8308	38308
51309	52309	45	35	85	28	52	47	85		12	0.6	0.6	61	69		45	0.6	0.6	75.8	150	1700	2600	8309	38309
51310	52310	50	40	95	31	58	52	95		14	0.6	0.6	68	77		50	0.6	0.6	96.5	202	1600	2400	8310	38310
51311	52311	55	45	105	35	64	57	105		15	0.6	0.6	75	85		55	1	0.6	115	242	1500	2200	8311	38311
51312	52312	60	50	110	35	64	62	110		15	0.6	0.6	80	90		60	1	0.6	118	262	1400	2000	8312	38312
51313	52313	65	55	115	36	65	67	115		15	0.6	0.6	85	95		65	1	0.6	115	262	1300	1900	8313	38313

基本额定：动载荷 Ca/kN，静载荷 C0a/kN；极限转速 /r·min⁻¹（脂润滑，油润滑）

14（51000 型）、24（52000 型）尺寸系列

51000型	52000型	d	d_3	D	T	尺寸1	尺寸2	D	B	r_{smin}	r_{1smin}	尺寸3	尺寸4	尺寸5	d_2	r_{smin}	r_{1smin}	C_r/kN	C_{0r}/kN	脂/(r/min)	油/(r/min)	8000型	38000型
51314	52314	70	55	125	40	72	72	125	16	1.1	1	103	92	92	70	1	1	148	340	1200	1800	8314	38314
51315	52315	75	60	135	44	79	77	135	18	1.5	1	111	99	99	75	1.5	1	162	380	1100	1700	8315	38315
51316	52316	80	65	140	44	79	82	140	18	1.5	1	116	104	104	80	1.5	1	160	380	1000	1600	8316	83816
51317	52317	85	70	150	49	87	88	150	19	1.5	1	124	111	114	85	1.5	1	208	495	950	1500	8317	38317
51318	52318	90	75	155	50	88	93	155	19	1.5	1	129	116	116	90	1.5	1	205	495	900	1400	8318	38318
51320	52320	100	85	170	55	97	103	170	21	1.5	1	142	128	128	100	1.5	1	235	595	800	1200	8320	38320
51405	52405	25	15	60	24	45	27	60	11	1	0.6	46	46	39	25	1	0.6	55.5	89.2	2200	3400	8405	38405
51406	52406	30	20	70	28	52	32	70	12	1	0.6	54	54	46	30	1	0.6	72.5	125	1900	3000	8406	38406
51407	52407	35	25	80	32	59	37	80	14	1.1	0.6	62	62	53	35	1	0.6	86.8	155	1700	2600	8407	38407
51408	52408	40	30	90	36	65	42	90	15	1.1	0.6	70	70	60	40	1	0.6	112	205	1500	2200	8408	38408
51409	52409	45	35	100	39	72	47	100	17	1.1	0.6	78	78	67	45	1	0.6	140	262	1400	2000	8409	38409
51410	52410	50	40	110	43	78	52	110	18	1.5	1	110	86	74	50	1.5	0.6	160	302	1300	1900	8410	38410
51411	52411	55	45	120	48	87	57	120	20	1.5	1	120	94	81	55	1.5	0.6	182	355	1100	1700	8411	38411
51412	52412	60	50	130	51	93	62	130	21	1.5	1	130	102	88	60	1.5	0.6	200	395	1000	1600	8412	38412
51413	52413	65	55	140	56	101	68	140	23	2	1	140	110	95	65	2.0	1	215	448	900	1400	8413	38413
51414	52414	70	60	150	60	107	73	150	24	2	1	150	118	102	70	2.0	1	255	560	850	1300	8414	38414
51415	52415	75	60	160	65	115	78	160	26	2	1.1	160	125	110	75	2.0	1	268	615	800	1200	8415	38415
51416	—	80	—	170	68	—	83	170	—	—	—	170	133	117	—	2.1	—	292	692	750	1100	8416	—
51417	52417	85	65	180	72	128	88	177	29	2.1	1.1	179.5	141	124	85	2.1	1	318	782	700	1000	8417	38417
51418	52418	90	70	190	77	135	93	187	30	2.1	1.1	189.5	149	131	90	2.1	1	325	825	670	950	8418	38418
51420	52420	100	80	210	85	150	103	205	33	3	1.1	209.5	165	145	100	2.5	1	400	1080	600	850	8420	38420

注：1. 表中 C_r 值适用于轴承为真空脱气轴承钢材料。如为普通电炉钢，C_r 值降低；如为真空重熔或电渣重熔轴承钢，C_r 值提高。

2. r_{smin}、r_{1smin} 为 r、r_1 的单向最小倒角尺寸；r_{asmax}、r_{1asmax} 为 r_a、r_{1a} 的单向最大倒角尺寸。

二、滚动轴承的配合（GB/T 275—2015 摘录）

表 6-66　向心轴承和轴的配合——轴公差带

圆柱孔轴承					
载荷情况		举　例	深沟球轴承、调心球轴承和角接触球轴承	圆柱滚子轴承和圆锥滚子轴承	调心滚子轴承	公差带
			轴承公称内径/mm			
内圈承受旋转载荷或方向不定载荷	轻载荷 $P_r/C_r \leqslant 0.06$	输送机、轻载齿轮箱	≤18 >18~100 >100~200	≤40 >40~140 >140~200	≤40 >40~100 >100~200	h5 j6① k6① m6①
	正常载荷 $P_r/C_r >0.06\sim 0.12$	一般通用机械、电动机、泵、内燃机、正齿轮传动装置	≤18 >18~100 >100~140 >140~200 >200~280	≤40 >40~100 >100~140 >140~200 >200~400	≤40 >40~65 >65~100 >100~140 >140~280 >280~500	j5、js5 k5② m5② m6 n6 p6 r6
	重载荷 $P_r/C_r >0.12$	铁路机车车辆轴箱、牵引电动机、破碎机等		>50~140 >140~200 >200	>50~100 >100~140 >140~200 >200	n6③ p6③ r6③ r7③
内圈承受固定载荷	所有载荷	内圈需在轴向易移动	非旋转轴上的各种轮子	所有尺寸		f6 g6
		内圈不需在轴向易移动	张紧轮、绳轮			h6 j6
仅有轴向载荷			所有尺寸			j6、js6
圆锥孔轴承					
所有载荷	铁路机车车辆轴箱	装在退卸套上	所有尺寸		h8(IT6)④
	一般机械传动	装在紧定套上	所有尺寸		h9(IT7)④

① 凡精度要求较高的场合，应用 j5、k5、m5 代替 j6、k6、m6。
② 圆锥滚子轴承、角接触球轴承配合对游隙影响不大，可用 k6、m6 代替 k5、m5。
③ 重载荷下轴承游隙应选大于 N 组。
④ 凡精度要求较高或转速要求较高的场合，应用 h7（IT5）代替 h8（IT6）等，IT6、IT7 表示圆柱度公差数值。

表 6-67　向心轴承和轴承座孔的配合——孔公差带

载荷情况		举　例	其他状况	公差带①	
				球轴承	滚子轴承
外圈承受固定载荷	轻、正常、重冲击	一般机械、铁路机车车辆轴箱	轴向易移动,可采用剖分式轴承座	H7、G7②	
方向不定载荷	轻、正常	电动机、泵、曲轴主轴承	轴向能移动,可采用整体或剖分式轴承座	J7、JS7	
	正常、重			K7	
	重、冲击	牵引电动机		M7	
外圈承受旋转载荷	轻	带张紧轮	轴向不移动,采用整体式轴承座	J7	K7
	正常	轮毂轴承		M7	N7
	重			—	N7、P7

① 并列公差带随尺寸的增大从左至右选择。对旋转精度有较高要求时，可相应提高一个公差等级。
② 不适用于剖分式轴承座。

表 6-68　推力轴承和轴的配合——轴公差带

载荷情况		轴承类型	轴承公称内径/mm	公差带
仅有轴向载荷		推力球和推力圆柱滚子轴承	所有尺寸	j6、js6
径向和轴向联合载荷	轴圈承受固定载荷	推力调心滚子轴承、推力角接触球轴承、推力圆锥滚子轴承	≤250	j6
			>250	js6
	轴圈承受旋转载荷或方向不定载荷		≤200	k6
			>200~400	m6
			>400	n6

注：要求较小过盈时，可分别用 j6、k6、m6 代替 k6、m6、n6。

表 6-69 轴和轴承座孔的几何公差

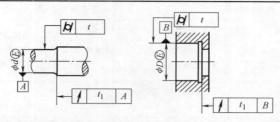

公称尺寸/mm		圆柱度 t/μm				轴向圆跳动 t_1/μm			
		轴 颈		轴承座孔		轴 肩		轴承座孔肩	
		轴承公差等级							
>	≤	0	6（6X）	0	6（6X）	0	6（6X）	0	6（6X）
—	6	2.5	1.5	4	2.5	5	3	8	5
6	10	2.5	1.5	4	2.5	6	4	10	6
10	18	3	2	5	3	8	5	12	8
18	30	4	2.5	6	4	10	6	15	10
30	50	4	2.5	7	4	12	8	20	12
50	80	5	3	8	5	15	10	25	15
80	120	6	4	10	6	15	10	25	15
120	180	8	5	12	8	20	12	30	20
180	250	10	7	14	10	20	12	30	20
250	315	12	8	16	12	25	15	40	25
315	400	13	9	18	13	25	15	40	25
400	500	15	10	20	15	25	15	40	25

表 6-70 配合表面及端面的表面粗糙度

轴或轴承座孔 直径/mm		轴或轴承座孔配合表面直径公差等级					
		IT7		IT6		IT5	
		表面粗糙度 Ra 值/μm					
>	≤	磨	车	磨	车	磨	车
—	80	1.6	3.2	0.8	1.6	0.4	0.8
80	500	1.6	3.2	1.6	3.2	0.8	1.6
500	1250	3.2	6.3	1.6	3.2	1.6	3.2
端面		3.2	6.3	6.3	6.3	6.3	3.2

表 6-71 向心推力轴承和推力轴承的轴向游隙（参考） （单位：μm）

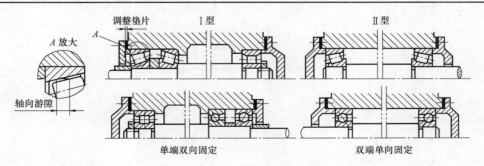

单端双向固定 　　　　　　　　　　　　双端单向固定

（续）

轴承内径 d/mm		角接触球轴承				圆锥滚子轴承				推力球轴承		
		I型	II型	I型	II型轴承允许间距（参考值）	I型	II型	I型	II型轴承允许间距（参考值）	轴承系列		
		接触角 α				接触角 α				51100	51200 51300	51400
超过	到	15°		25°，40°		10°~18°		27°~30°				
—	30	20~40	30~50	10~20	8d	20~40	40~70	—	14d	10~20	20~40	—
30	50	30~50	40~70	15~30	7d	40~70	50~100	20~40	12d			
50	80	40~70	50~100	20~40	6d	50~100	80~150	30~50	11d	20~40	40~60	60~80
80	120	50~100	60~150	30~50	5d	80~150	120~200	40~70	10d			

注：本表不属 GB/T 275，仅供参考。

第五节　润滑与密封

一、润滑剂

表 6-72　常用润滑油的主要性质和用途

名　称	代　号	运动黏度/(mm²/s)		倾点 /(℃≤)	闪点（开口） /(℃≥)	主　要　用　途
		40℃	100℃			
全损耗系统用油（GB 443—1989）	L-AN10	9.00~11.0	—	-5	130	用于高速轻载机械轴承的润滑和冷却
	L-AN15	13.5~16.5			150	用于小型机床齿轮箱、传动装置轴承、中小型电动机、风动工具等
	L-AN22	19.8~24.2				
	L-AN32	28.8~35.2				主要用在一般机床齿轮变速、中小型机床导轨及100kW以上电动机轴承
	L-AN46	41.4~50.6			160	主要用在大型机床、大型刨床上
	L-AN68	61.2~74.8				
	L-AN100	90.0~110			180	主要用在低速重载的纺织机械及重型机床、锻压、铸造设备上
	L-AN105	135~165				
工业闭式齿轮油（GB 5903—2011）	L-CKC68	61.2~74.8	—	-12	180	适用于煤炭、水泥、冶金工业部门的大型封闭式齿轮传动装置的润滑
	L-CKC100	90.0~110			200	
	L-CKC150	135~165				
	L-CKC220	198~242		-9		
	L-CKC320	288~352				
	L-CKC460	414~506				
	L-CKC680	612~748		-5		
蜗轮蜗杆油（SH/T 0094—1991）	L-CKE220	198~242	—	-6	200	用于蜗杆传动的润滑
	L-CKE320	288~352				
	L-CKE460	414~506				
	L-CKE680	612~748			220	
	L-CKE1000	900~1100				

表 6-73　常用润滑脂的主要性质和用途

名　　称	代　　号	滴点/℃ 不低于	工作锥入度 /(1/10mm) (25℃，150g)	主　要　用　途
钙基润滑脂 （GB/T 491—2008）	L-XAAMHA1	80	310~340	有耐水性能。适用于工作温度低于 55~60℃ 的各种工农业、交通运输机械设备的轴承润滑，特别是有水或潮湿处
	L-XAAMHA2	85	265~295	
	L-XAAMHA3	90	220~250	
	L-XAAMHA4	95	175~205	
钠基润滑脂 （GB 492—1989）	L-XACMGA2	160	265~295	不耐水（或潮湿）。适用于工作温度在 -10~110℃ 的一般中负荷机械设备的轴承润滑
	L-XACMGA3		220~250	
通用锂基润滑脂 （GB/T 7324—2010）	ZL-1	170	310~340	有良好的耐水性和耐热性。适用于 -20~120℃ 温度范围内各种机械的滚动轴承、滑动轴承及其他摩擦部位的润滑
	ZL-2	175	265~295	
	ZL-3	180	220~250	
钙钠基润滑脂 （SH/T 0368—1992）	ZGN-2	120	250~290	用于工作温度在 80~100℃、有水分或较潮湿环境中工作的机械润滑，多用于铁路机车、列车、小电动机、发电机滚动轴承（温度较高者）的润滑。不适于低温工作
	ZGN-3	135	200~240	
7407 号齿轮润滑脂 （SH/T 0469—1994）		160	75~90	适用于各种低速、中、重载荷齿轮、链和联轴器等的润滑，使用温度 ≤120℃，可承受冲击载荷 ≤25000MPa

二、油杯、油标、油塞

表 6-74　直通式压注油杯（JB/T 7940.1—1995 摘录）　　　（单位：mm）

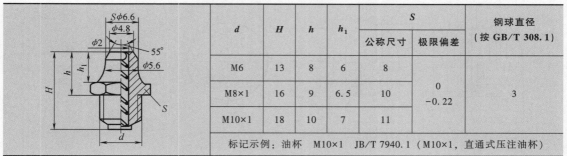

d	H	h	h₁	S 公称尺寸	S 极限偏差	钢球直径 （按 GB/T 308.1）
M6	13	8	6	8	0 -0.22	3
M8×1	16	9	6.5	10		
M10×1	18	10	7	11		

标记示例：油杯　M10×1　JB/T 7940.1（M10×1，直通式压注油杯）

表 6-75　压配式压注油杯（JB/T 7940.4—1995 摘录）　　　（单位：mm）

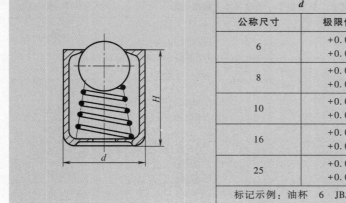

d 公称尺寸	d 极限偏差	H	钢球直径 （按 GB/T 308.1）
6	+0.040 +0.028	6	4
8	+0.049 +0.034	10	5
10	+0.058 +0.040	12	6
16	+0.063 +0.045	20	11
25	+0.085 +0.064	30	13

标记示例：油杯　6　JB/T 7940.4（d=6mm，压配式压注油杯）

表 6-76　旋盖式油杯（JB/T 7940.3—1995 摘录）　　　　　（单位：mm）

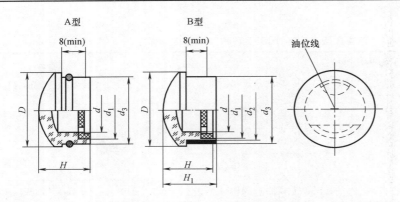

最小容量/cm³	d	l	H	h	h_1	d_1	D A 型	D B 型	L max	S 公称尺寸	S 极限偏差
1.5	M8×1	8	14	22	7	3	16	18	33	10	0 -0.22
3	M10×1		15	23	8	4	20	22	35	13	
6			17	26			26	28	40		
12	M14×1.5	12	20	30	10	5	32	34	47	18	0 -0.27
18			22	32			36	40	50		
25			24	34			41	44	55		
50	M16×1.5		30	44			51	54	70	21	0 -0.33
100			38	52			68	68	85		
200	M24×1.5	16	48	64	16	6	—	86	105	30	—

标记示例：油杯　A25　JB/T 7940.3（最小容量25cm³，A 型旋盖式油杯）

注：B 型油杯除尺寸 D 和滚花部分尺寸稍有不同外，其余尺寸均与 A 型相同。

表 6-77　压配式圆形油标（JB/T 7941.1—1995 摘录）　　　　　（单位：mm）

A型　　8(min)　　B型　　8(min)　　油位线

标记示例：
视孔 $d=32$mm，A 型压配式圆形油标：
油标　A32　JB/T 7941.1

d	D	d_1 公称尺寸	d_1 极限偏差	d_2 公称尺寸	d_2 极限偏差	d_3 公称尺寸	d_3 极限偏差	H	H_1	O 形橡胶密封圈（按 GB/T 3452.1）
12	22	12	-0.050 -0.160	17	-0.050 -0.160	20	-0.065 -0.195	14	16	15×2.65
16	27	18		22	-0.065 -0.195	25				20×2.65
20	34	22	-0.065 -0.195	28		32	-0.080 -0.240	16	18	25×3.55
25	40	28		34	-0.080 -0.240	38				31.5×3.55
32	48	35	-0.080 -0.240	41		45		18	20	38.7×3.55
40	58	45		51		55				48.7×3.55
50	70	55	-0.100 -0.290	61	-0.100 -0.290	65	-0.100 -0.290	22	24	—
63	85	70		76		80				

表 6-78　长形油标（JB/T 7941.3—1995 摘录）　　　（单位：mm）

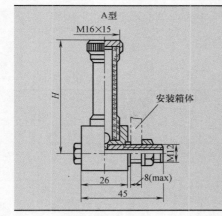

A型

8(min)

M10

n—油位线

H_1　H　L

9

25

26

H		H_1	L	n（条数）
公称尺寸	极限偏差			
80	±0.17	40	110	2
100		60	130	3
125	±0.20	80	155	4
160		120	190	6

O 形橡胶密封圈（按 GB/T 3452.1）	六角薄螺母（按 GB/T 6172）	锁紧垫圈（按 GB/T 861）
10×2.65	M10	10

标记示例：

$H=80$mm，A 型长形油标：

油标　A80　JB/T 7941.3

表 6-79　管状油标（JB/T 7941.4—1995 摘录）　　　（单位：mm）

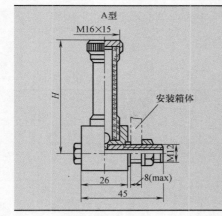

A型

M16×15

H

安装箱体

M12

26　8(max)

45

H	O 形橡胶密封圈（按 GB/T 3452.1）	六角薄螺母（按 GB/T 6172）	弹性垫圈（按 GB/T 861）
80，100，125，160，200	11.8×2.65	M12	12

标记示例：

$H=200$mm，A 型管状油标：

油标　A200　JB/T 7941.4

表 6-80　杆式油标　　　（单位：mm）

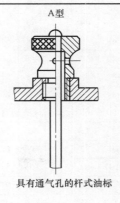

A型

具有通气孔的杆式油标

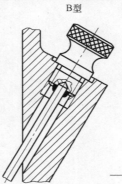

B型

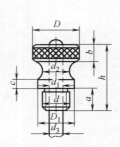

C型

D　b　h　a　c　d_2　d_1　d　D_1　d_3

d	d_1	d_2	d_3	h	a	b	c	D	D_1
M12	4	12	6	28	10	6	4	20	16
M16	4	16	6	35	12	8	5	26	22
M20	6	20	8	42	15	10	6	32	26

三、螺塞和封油圈

表 6-81　外六角螺塞、纸封油圈、皮封油圈　　　　　　（单位：mm）

外六角螺塞

封油圈

d	d_1	D	e	s	L	h	b	b_1	C	D_0	H 纸圈	H 皮圈
M10×1	8.5	18	12.7	11	20	10		2	0.7	18		
M12×1.25	10.2	22	15	13	24		3			22		
M14×1.5	11.8	23	20.8	18	25	12	3		1.0	22	2	2
M18×1.5	15.8	28	24.2	21	27			3		25		
M20×1.5	17.8	30			30	15				30		
M22×1.5	19.8	32	27.7	24						32		
M24×2	21	34	31.2	27	32	16	4		1.5	35		
M27×2	24	38	34.6	30	35	17		4		40	3	2.5
M30×2	27	42	39.3	34	38	18				45		

材料：螺塞—Q235；纸封油圈—石棉橡胶纸；皮封油圈—工业用革

四、密封件

表 6-82　毡圈油封及槽　　　　　　　　（单位：mm）

毡圈

装毡圈的沟槽尺寸

材料：半粗羊毛毡

轴径 d	毡封油圈 D	毡封油圈 d_1	毡封油圈 B_1	槽 D_0	槽 d_0	槽 b	B_{min} 钢	B_{min} 铸铁
15	29	14	6	28	16	5	10	12
20	33	19		32	21			
25	39	24	7	38	26	6		
30	45	29		44	31			
35	49	34		48	36			
40	53	39		52	41			
45	61	44	8	60	46	7	12	15
50	69	49		68	51			
55	74	53		72	56			
60	80	58		78	61			
65	84	63		82	66			
70	90	68		88	71			
75	94	73		92	77			
80	102	78	9	100	82	8	15	18
85	107	83		105	87			
90	112	88		110	92			
95	117	93	10	115	97			
100	122	98		120	102			

注：粗毛毡适用于线速度 $v<5$m/s。

表 6-83　液压气动用 O 形橡胶密封圈（GB/T 3452.1—2005 摘录）　（单位：mm）

沟槽尺寸（GB/T 3452.3—2005）				
d_2	$b_0^{+0.25}$	h	r_1	r_2
1.8	2.6	$1.28_0^{+0.05}$	0.2~0.4	0.1~0.3
2.65	3.8	$1.97_0^{+0.05}$	0.2~0.4	0.1~0.3
3.55	5.0	$2.75_0^{+0.05}$	0.4~0.8	0.1~0.3
5.3	7.3	$4.24_0^{+0.10}$	0.4~0.8	0.1~0.3
7.0	9.7	$5.72_0^{+0.10}$	0.8~1.2	0.1~0.3

标记示例：
O 形圈 40×3.55-G　GB/T 3452.1—2005
（内径 d_1=40.0mm，截面直径 d_2=3.55mm 的 O 形密封圈）

d_1	极限偏差(±) G系列	极限偏差(±) A系列	1.80±0.08	2.65±0.09	3.55±0.10	5.30±0.13	7.0±0.15
11.8	0.19	0.16	*	*			
12.5	0.21	0.17	*	*			
13.2	0.21	0.17	*	*			
14.0	0.22	0.18	*	*			
15.0	0.22	0.18	*	*			
16.0	0.23	0.19	*	*			
17.0	0.24	0.20	*	*			
18.0	0.25	0.20	*	*	*		
19.0	0.25	0.21	*	*	*		
20.0	0.26	0.21	*	*	*		
21.2	0.27	0.22	*	*	*		
22.4	0.28	0.23	*	*	*		
23.6	0.29	0.24	*	*	*		
25.0	0.30	0.24	*	*	*		
26.5	0.31	0.25	*	*	*		
30.0	0.34	0.27	*	*	*		
31.5	0.35	0.28	*	*	*		
32.5	0.36	0.29	*	*	*		
33.5	0.36	0.29	*	*	*		
34.0	0.37	0.30	*	*	*		
35.5	0.38	0.30	*	*	*		
36.5	0.38	0.31	*	*	*		
37.5	0.39	0.31	*	*	*		
38.7	0.40	0.32	*	*	*		
40.0	0.41	0.33	*	*	*	*	
41.2	0.42	0.34		*	*	*	
42.5	0.43	0.34		*	*	*	
43.7	0.44	0.35		*	*	*	
45.0	0.45	0.36		*	*	*	
47.5	0.46	0.37		*	*	*	
50.0	0.48	0.39		*	*	*	
51.5	0.49	0.40		*	*	*	
53.0	0.50	0.41		*	*	*	
54.5	0.51	0.42		*	*	*	
56.0	0.52	0.42		*	*	*	
58.0	0.55	0.44		*	*	*	
60.0	0.55	0.45		*	*	*	
61.5	0.56	0.46		*	*	*	
63.0	0.57	0.46		*	*	*	
65.0	0.58	0.48		*	*	*	
67.0	0.60	0.48		*	*	*	
69.0	0.61	0.50		*	*	*	
71.0	0.63	0.51		*	*	*	
73.0	0.64	0.52		*	*	*	
75.0	0.65	0.53		*	*	*	
80.0	0.69	0.56		*	*	*	
85.0	0.72	0.59		*	*	*	
90.0	0.76	0.62		*	*	*	
95.0	0.79	0.64		*	*	*	
100	0.82	0.67		*	*	*	
106	0.87	0.71		*	*	*	
112	0.91	0.74		*	*	*	
118	0.95	0.77		*	*	*	*
125	0.99	0.81		*	*	*	*
132	1.04	0.85		*	*	*	*
140	1.09	0.89		*	*	*	*
145	1.13	0.92		*	*	*	*
150	1.15	0.95		*	*	*	*

注：1. *表示有产品。

　　2. 工作压力超过 10MPa 时，需采用挡圈结构形式，见相关标准。

　　3. GB/T 3452.1 适用于一般用途（G 系列）和航空及类似的应用（A 系列）。

表 6-84　旋转轴唇形密封圈（GB/T 13871.1—2007 摘录）　（单位：mm）

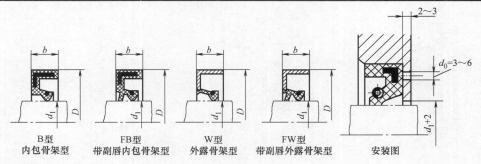

B型 内包骨架型　　FB型 带副唇内包骨架型　　W型 外露骨架型　　FW型 带副唇外露骨架型　　安装图

标记示例：
FB　025052　GB/T 13871.1
（带副唇内包骨架型旋转轴唇形密封圈，d_1=25mm，D=52mm）

（续）

d_1	D	b	d_1	D	b	d_1	D	b
6	16, 22		25	40, 47, 52		55	72, 75, 80	8 ± 0.3
7	22		28	40, 47, 52	7 ± 0.3	60	80, 85	
8	22, 24		30	42, 47, 50		65	85, 90	
9	22		30	52		70	90, 95	10 ± 0.4
10	22, 25		32	45, 47, 52		75	95, 100	
12	24, 25, 30	7 ± 0.3	35	50, 52, 55		80	100, 110	
15	26, 30, 35		38	52, 58, 62	8 ± 0.3	85	110, 120	
16	30, 35		40	55, 60, 62		90	115, 120	
18	30, 35		42	55, 62		95	120	12 ± 0.4
20	35, 40, 45		45	62, 65		100	125	
22	35, 40, 47		50	68, 70, 72		105	130	

旋转轴唇形密封圈的安装要求

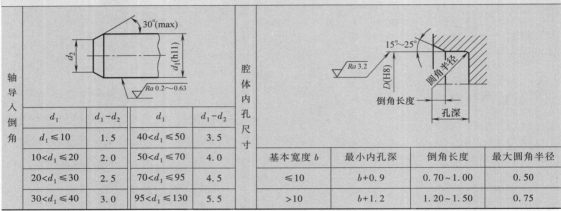

轴导入倒角	d_1	d_1-d_2	d_1	d_1-d_2
	$d_1\leqslant10$	1.5	$40<d_1\leqslant50$	3.5
	$10<d_1\leqslant20$	2.0	$50<d_1\leqslant70$	4.0
	$20<d_1\leqslant30$	2.5	$70<d_1\leqslant95$	4.5
	$30<d_1\leqslant40$	3.0	$95<d_1\leqslant130$	5.5

腔体内孔尺寸	基本宽度 b	最小内孔深	倒角长度	最大圆角半径
	$\leqslant10$	$b+0.9$	$0.70\sim1.00$	0.50
	>10	$b+1.2$	$1.20\sim1.50$	0.75

注：1. 标准中考虑到国内实际情况，除全部采用国际标准的基本尺寸外，还补充了若干种国内常用的规格，并加括号以示区别。轴表面磨削至表面粗糙度 Ra 值为 $0.2\sim0.63\mu m$，直径公差 d_1 不超过 h11，D 不超过 H8。

　　2. 安装要求中若轴端采用倒圆导入倒角，则倒圆的圆角半径不小于表中的 d_1-d_2 之值。

表 6-85　J 形无骨架橡胶油封　　　　（单位：mm）

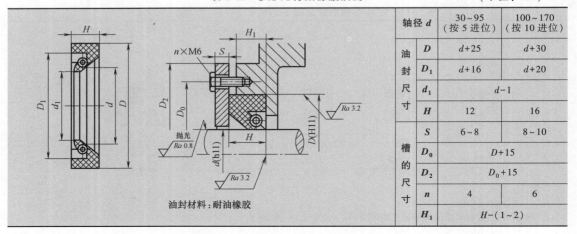

轴径 d		30~95（按 5 进位）	100~170（按 10 进位）
油封尺寸	D	$d+25$	$d+30$
	D_1	$d+16$	$d+20$
	d_1	$d-1$	
	H	12	16
	S	6~8	8~10
槽的尺寸	D_0	$D+15$	
	D_2	D_0+15	
	n	4	6
	H_1	$H-(1\sim2)$	

表 6-86　迷宫密封槽　　　　　　　　　（单位：mm）

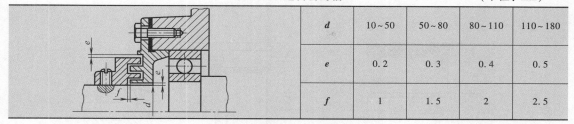

d	10~50	50~80	80~110	110~180
e	0.2	0.3	0.4	0.5
f	1	1.5	2	2.5

表 6-87　油沟式密封槽　　　　　　　　（单位：mm）

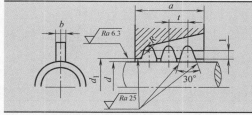

轴径 d	25~80	>80~120	>120~180
R	1.5	2	2.5
t	4.5	6	7.5
b	4	5	6
d_1	\multicolumn{3}{c}{$d_1 = d+1$}
a_{min}	\multicolumn{3}{c}{$a_{min} = nt+R$}

n—槽数
一般 n = 2~4 个,
使用 3 个的较多
b—回油槽宽

注：回油槽位置应利于被密封液体的回流。

表 6-88　挡油环、甩油环

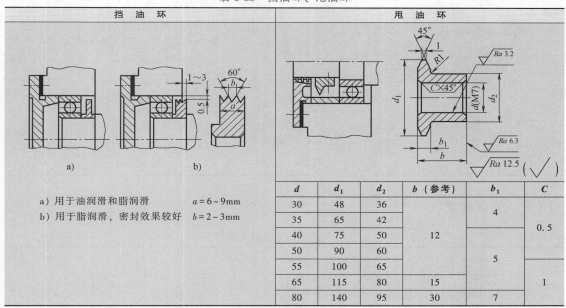

挡　油　环	甩　油　环

a）用于油润滑和脂润滑　　　a = 6~9mm
b）用于脂润滑，密封效果较好　b = 2~3mm

d	d_1	d_2	b（参考）	b_1	C
30	48	36		4	0.5
35	65	42			
40	75	50	12		
50	90	60			
55	100	65		5	
65	115	80	15		1
80	140	95	30	7	

五、通气器

表 6-89　通气塞　　　　　　　　　　　（单位：mm）

d	D	D_1	S	L	l	a	d_1
M12×1.25	18	16.5	14	19	10	2	4
M16×1.5	22	19.6	17	23	12	2	5
M20×1.5	30	25.4	22	28	15	4	6
M22×1.5	32	25.4	22	29	15	4	7
M27×1.5	38	31.2	27	34	18	4	8
M30×2	42	36.9	32	36	18	4	8

注：1. 材料为 Q235。
　　2. S 为扳手开口宽度。

表 6-90 通气帽 （单位：mm）

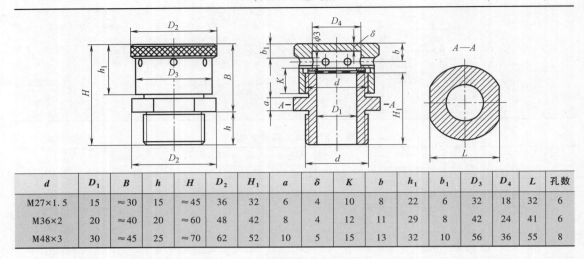

d	D_1	B	h	H	D_2	H_1	a	δ	K	b	h_1	b_1	D_3	D_4	L	孔数
M27×1.5	15	≈30	15	≈45	36	32	6	4	10	8	22	6	32	18	32	6
M36×2	20	≈40	20	≈60	48	42	8	4	12	11	29	8	42	24	41	6
M48×3	30	≈45	25	≈70	62	52	10	5	15	13	32	10	56	36	55	8

表 6-91 通气器 （单位：mm）

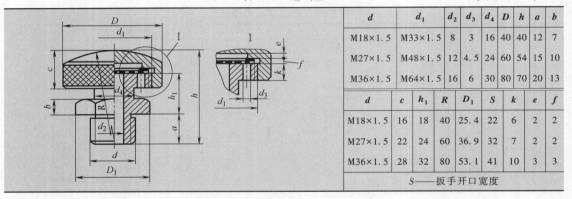

d	d_1	d_2	d_3	d_4	D	h	a	b
M18×1.5	M33×1.5	8	3	16	40	40	12	7
M27×1.5	M48×1.5	12	4.5	24	60	54	15	10
M36×1.5	M64×1.5	16	6	30	80	70	20	13

d	c	h_1	R	D_1	S	k	e	f
M18×1.5	16	18	40	25.4	22	6	2	2
M27×1.5	22	24	60	36.9	32	7	2	2
M36×1.5	28	32	80	53.1	41	10	3	3

S——扳手开口宽度

六、轴承端盖

表 6-92 凸缘式轴承盖 （单位：mm）

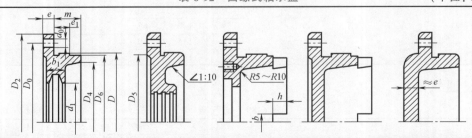

计算公式	计算公式	轴承外径 D	螺钉直径 d_3	螺钉数
$d_0 = d_3 + 1$	$D_4 = D - (10 \sim 15)$	45~65	6	4
$D_0 = D + 2.5d_3$	$D_5 = D_0 - 3d_3$	70~100	8	4
$D_2 = D_0 + 2.5d_3$	$D_6 = D - (2 \sim 4)$	110~140	10	6
$e = 1.2d_3$	b_1、d_1 由密封件尺寸确定	150~230	12~16	6
$e_1 \geqslant e$	$b = 5 \sim 10$			
m 由结构确定	$h = (0.8 \sim 1)\ b$			

注：材料为 HT150。

第六节　联轴器

表 6-93　联轴器轴孔和键槽的形式、代号及系列尺寸（GB/T 3852—2017 摘录）

（单位：mm）

轴孔和 C 型键槽尺寸

直径 d, d_2	轴孔长度 L Y型	轴孔长度 L J, Z型	L_1	沉孔 d_1	R	C型键槽 b	t_2 公称尺寸	t_2 极限偏差
16						3	8.7	
18	42	30	42				10.1	
19				38		4	10.6	
20							10.9	
22	52	38	52		1.5		11.9	
24							13.4	±0.1
25	62	44	62	48		5	13.7	
28							15.2	
30							15.8	
32	82	60	82	55		6	17.3	
35							18.8	
38							20.3	
40				65	2	10	21.2	
42							22.2	
45	112	84	112				23.7	±0.2
48				80		12	25.2	
50				95			26.2	

直径 d, d_2	轴孔长度 L Y型	轴孔长度 L J, Z型	L_1	沉孔 d_1	R	C型键槽 b	t_2 公称尺寸	t_2 极限偏差
55	112	84	112	95		14	29.2	
56							29.7	
60							31.7	
63				105	2.5	16	33.2	
65	142	107	142				34.2	
70							36.8	
71				120		18	37.3	
75							39.3	
80							41.6	±0.2
85	172	132	172	140		20	44.1	
90				160		22	47.1	
95					3		49.6	
100				180		25	51.3	
110							56.3	
120	212	167	212	210			62.3	
125						28	64.7	
130	252	202	252	235	4		66.4	

轴孔与轴伸的配合、键槽宽度 b 的极限偏差

d, d_2	圆柱形轴孔与轴伸的配合		圆锥形轴孔的直径偏差	键槽宽度 b 的极限偏差
6~30	H7/j6	根据使用要求也可选用 H7/ r6 或 H7/n6	JS10（圆锥角度及圆锥形状公差应小于直径公差）	P9（或 JS9, D10）
>30~50	H7/k6			
>50	H7/m6			

注：1. 无沉孔的圆锥形轴孔（Z_1 型）和 B_1 型、D 型键槽尺寸，详见 GB/T 3852—2017。

　　2. Y 型限用于圆柱形轴伸的电动机端。

表 6-94　凸缘联轴器（GB/T 5843—2003 摘录）

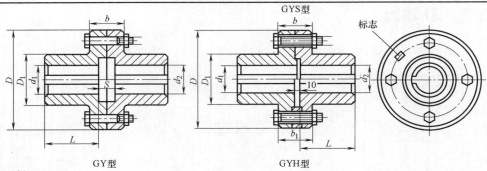

GY型　　　　　　　　　　　　　　　　　　GYH型

标记示例：

GY4 联轴器 $\dfrac{30\times82}{J_1 30\times60}$ GB/T 5843

主动端：Y 型轴孔，A 型键槽，$d=30mm$，$L=82mm$
从动端：J_1 型轴孔，A 型键槽，$d=30mm$，$L=60mm$

型号	公称转矩 /N·m	许用转速 /(r/min)	轴孔直径 d_1，d_2	轴孔长度 L Y 型	J_1 型	D	D_1	b	b_1	S	转动惯量 /kg·m²	质量 /kg
				mm								
GY1 GYS1 GYH1	25	12000	12，14	32	27	80	30	26	42	6	0.0008	1.16
			16，18，19	42	30							
GY2 GYS2 GYH2	63	10000	16，18，19	42	30	90	40	28	44	6	0.0015	1.72
			20，22，24	52	38							
			25	62	44							
GY3 GYS3 GYH3	112	9500	20，22，24	52	38	100	45	30	46	6	0.0025	2.38
			25，28	62	44							
GY4 GYS4 GYH4	224	9000	25，28	62	44	105	55	32	48	6	0.003	3.15
			30，32，35	82	60							
GY5 GYS5 GYH5	400	8000	30，32，35，38	82	60	120	68	36	52	8	0.007	5.43
			40，42	112	84							
GY6 GYS6 GYH6	900	6800	38	82	60	140	80	40	56	8	0.015	7.59
			40，42，45，48，50	112	84							
GY7 GYS7 GYH7	1600	6000	48，50，55，56	112	84	160	100	40	56	8	0.031	13.1
			60，63	142	107							
GY8 GYS8 GYH8	3150	4800	60，63，65，70，71，75	142	107	200	130	50	68	10	0.103	27.5
			80	172	132							
GY9 GYS9 GYH9	6300	3600	75	142	107	260	160	66	84	10	0.319	47.8
			80，85，90，95	172	132							
			100	212	167							
GY10 GYS10 GYH10	10000	3200	90，95	172	132	300	200	72	90	10	0.720	82.0
			100，110，120，125	212	167							
GY11 GYS11 GYH11	25000	2500	120，125	212	167	380	260	80	98	10	2.278	162.2
			130，140，150	252	202							
			160	302	242							
GY12 GYS12 GYH12	50000	2000	150	252	202	460	320	92	112	12	5.923	285.6
			160，170，180	302	242							
			190，200	352	282							

注：1. 质量、转动惯量按 GY 型 Y/J_1 组合和最小轴孔直径计算。
　　2. 本联轴器不具备径向、轴向和角向的补偿性能，刚性好，传递转矩大，结构简单，工作可靠，维护简便，适用于两轴对中精度良好的一般轴系传动。

表 6-95 GⅠCL 型鼓形齿式联轴器（JB/T 8854.3—2001 摘录）

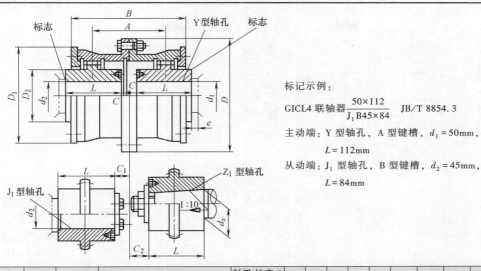

标记示例：

GICL4 联轴器 $\dfrac{50×112}{J_1 B45×84}$ JB/T 8854.3

主动端：Y 型轴孔，A 型键槽，$d_1 = 50$mm，

L = 112mm

从动端：J_1 型轴孔，B 型键槽，$d_2 = 45$mm，

L = 84mm

型号	公称转矩 /N·m	许用转速 /(r/min)	轴孔直径 d_1, d_2, d_z	轴孔长度 L Y型	轴孔长度 L J_1、Z_1型	D	D_1	D_2	B	A	C	C_1	C_2	e	转动惯量 /kg·m²	质量 /kg
					mm											
GICL1	800	7100	16, 18, 19	42	—	125	95	60	115	75	20	—	—	30	0.009	5.9
			20, 22, 24	52	38						10	—	24			
			25, 28	62	44						2.5	—	19			
			30, 32, 35, 38	82	60							15	22			
GICL2	1400	6300	25, 28	62	44	145	120	75	135	88	10.5	—	29	30	0.02	9.7
			30, 32, 35, 38	82	60						2.5	12.5	30			
			40, 42, 45, 48	112	84							13.5	28			
GICL3	2800	5900	30, 32, 35, 38	82	60	170	140	95	155	106	3	24.5	25	30	0.047	17.2
			40, 42, 45, 48, 50, 55, 56	112	84							17	28			
			60	142	107								35			
GICL4	5000	5400	32, 35, 38	82	60	195	165	115	178	125	14	37	32	30	0.091	24.9
			40, 42, 45, 48, 50, 55, 56	112	84						3	17	28			
			60, 63, 65, 70	142	107								35			
GICL5	8000	5000	40, 42, 45, 48, 50, 55, 56	112	84	225	183	130	198	142	3	25	28	30	0.167	38
			60, 63, 65, 70, 71, 75	142	107							20	35			
			80	172	132							22	43			
GICL6	11200	4800	48, 50, 55, 56	112	84	240	200	145	218	160	6	35	35	30	0.267	48.2
			60, 63, 65, 70, 71, 75	142	107						4	20	35			
			80, 85, 90	172	132							22	43			
GICL7	15000	4500	60, 63, 65, 70, 71, 75	142	107	260	230	160	244	180	4	35	35	30	0.453	68.9
			80, 85, 90, 95	172	132							22	43			
			100	212	167								48			
GICL8	21200	4000	65, 70, 71, 75	142	107	280	245	175	264	193	5	35	35	30	0.646	83.3
			80, 85, 90, 95	172	132							22	43			
			100, 110	212	167								48			

注：1. J_1 型轴孔根据需要也可以不使用轴端挡圈。

2. 本联轴器具有良好的补偿两轴综合位移的能力，外形尺寸小，承载能力高，能在高转速下可靠地工作，适用于重型机械及长轴的联接，但不宜用于立轴的联接。

表 6-96　弹性套柱销联轴器（GB/T 4323—2017 摘录）

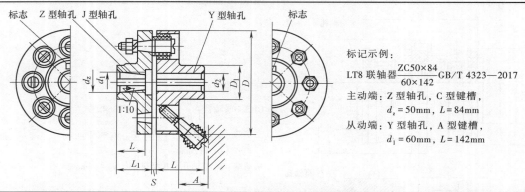

标记示例：

LT8 联轴器 $\dfrac{ZC50\times84}{60\times142}$ GB/T 4323—2017

主动端：Z 型轴孔，C 型键槽，

　　$d_z = 50\,\text{mm}$，$L = 84\,\text{mm}$

从动端：Y 型轴孔，A 型键槽，

　　$d_1 = 60\,\text{mm}$，$L = 142\,\text{mm}$

型号	公称转矩 /N·m	许用转速 /(r/min)	轴孔直径 d_1、d_2、d_z	轴孔长度 Y型 L	轴孔长度 J、Z型 L_1	轴孔长度 J、Z型 L	D	D_1	S	A	转动惯量 /kg·m²	质量 /kg	许用补偿量（参考）径向 Δy/mm	许用补偿量（参考）角向 $\Delta\alpha$
				mm	mm	mm								
LT1	16	8800	10, 11	22	25	22	71	22	3	18	0.0004	0.7		
			12, 14	27	32	27								
LT2	25	7600	12, 14	27	32	27	80	30	3	18	0.001	1.0	0.2	1°30′
			16, 18, 19	30	42	30								
LT3	63	6300	16, 18, 19	30	42	30	95	35	4	35	0.002	2.2		
			20, 22	38	52	38								
LT4	100	5700	20, 22, 24	38	52	38	106	42	4	35	0.004	3.2		
			25, 28	44	62	44								
LT5	224	4600	25, 28	44	62	44	130	56	4	45	0.011	5.5		
			30, 32, 35	60	82	60							0.3	
LT6	355	3800	32, 35, 38	60	82	60	160	71	5	45	0.026	9.6		
			40, 42	84	112	84								
LT7	560	3600	40, 42, 45, 48	84	112	84	190	80	5	45	0.06	15.7		
LT8	1120	3000	40, 42, 45, 48, 50, 55	84	112	84	224	95	6	65	0.13	24.0		1°
			60, 63, 65	107	142	107								
LT9	1600	2850	50, 55	84	112	84	250	110	6	65	0.20	31.0	0.4	
			60, 63, 65, 70	107	142	107								
LT10	3150	2300	63, 65, 70, 75	107	142	107	315	150	8	80	0.64	60.2		
			80, 85, 90, 95	132	172	132								
LT11	6300	1800	80, 85, 90, 95	132	172	132	400	190	10	100	2.06	114		
			100, 110	167	212	167							0.5	
LT12	12500	1450	100, 110, 120, 125	167	212	167	475	220	12	130	5.00	212		0°30′
			130	202	252	202								
LT13	22400	1150	120, 125	167	212	167	600	280	14	180	16.0	416	0.6	
			130, 140, 150	202	252	202								
			160, 170	242	302	242								

注：1. 质量、转动惯量按材料为铸钢、无孔、计算近似值。

　2. 本联轴器具有一定补偿两轴线相对偏移和减振缓冲能力，适用于安装底座刚性好，冲击载荷不大的中、小功率轴系传动，可用于经常正反转、起动频繁的场合，工作温度为 $-20\sim70\,℃$。

表 6-97　弹性柱销联轴器（GB/T 5014—2017 摘录）

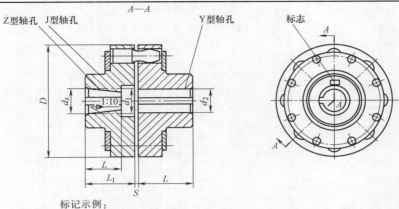

标记示例：

LX7 弹性柱销联轴器 $\dfrac{ZC75×107}{JB70×107}$　GB/T 5014—2017

主动端：Z 型轴孔，C 型键槽，$d_z = 75$mm，$L = 107$mm
从动端：J 型轴孔，B 型键槽，$d_1 = 70$mm，$L = 107$mm

型号	公称转矩/N·m	许用转速/(r/min)	轴孔直径 d_1、d_2、d_z	轴孔长度 Y 型 L	轴孔长度 J、Z 型 L	轴孔长度 J、Z 型 L_1	D	S	转动惯量/kg·m²	质量/kg	许用补偿量（参考）径向 Δy/mm	许用补偿量（参考）轴向 Δy/mm	许用补偿量（参考）角向 Δα
				mm									
LX1	250	8500	12、14	32	27	—	90	2.5	0.002	2		±0.5	
			16、18、19	42	30	42							
			20、22、24	52	38	52							
LX2	560	6300	20、22、24	52	38	52	120	2.5	0.009	5	0.15	±1	
			25、28	62	44	62							
			30、32、35	82	60	82							
LX3	1250	4750	30、32、35、38	82	60	82	160	2.5	0.026	8			
			40、42、45、48	112	84	112							
LX4	2500	3850	40、42、45、48、50、55、56	112	84	112	195	3	0.109	22		±1.5	
			60、63	142	107	142							
LX5	3150	3450	50、55、56	112	84	112	220	3	0.191	30			≤0°30′
			60、63、65、70、71、75	142	107	142							
LX6	6300	2720	60、63、65、70、71、75	142	107	142	280	4	0.543	53			
			80、85	172	132	172							
LX7	11200	2360	70、71、75	142	107	142	320	4	1.314	98	0.20	±2	
			80、85、90、95	172	132	172							
			100、110	212	167	212							
LX8	16000	2120	80、85、90、95	172	132	172	360	5	2.023	119			
			100、110、120、125	212	167	212							
LX9	22400	1850	100、110、120、125	212	167	212	410	5	4.385	197			
			130、140	252	202	252							
LX10	35500	1600	110、120、125	212	167	212	480	6	9.760	322	0.25	±2.5	
			130、140、150	252	202	252							
			160、170、180	302	242	302							

（续）

型号	公称转矩 /N·m	许用转速 /(r/min)	轴孔直径 d_1、d_2、d_z	轴孔长度 Y型 L	轴孔长度 J、Z型 L	轴孔长度 J、Z型 L_1	D	S	转动惯量 /kg·m²	质量 /kg	许用补偿量（参考）径向 Δy /mm	许用补偿量（参考）轴向 Δy /mm	许用补偿量（参考）角向 $\Delta \alpha$
			mm						/kg·m²				
LX11	50000	1400	130、140、150	252	202	252	540	6	20.05	520			
			160、170、180	302	242	302							
			190、200、220	352	282	352							
LX12	80000	1220	160、170、180	302	242	302	630	7	37.71	714			
			190、200、220	352	282	352					0.25	±2.5	≤0°30′
			240、250、260	410	330	—							
LX13	125000	1060	190、200、220	352	282	352	710	8	71.37	1057			
			240、250、260	410	330	—							
			280、300	470	380	—							
LX14	180000	950	240、250、260	410	330	—	800	8	170.6	1956			
			280、300、320	470	380	—							
			340	550	450	—							

注：1. 质量、转动惯量按 J/Y 组合型最小轴孔直径计算。

2. 本联轴器结构简单，制造容易，装拆更换弹性元件方便，有微量补偿两轴线偏移和缓冲吸振能力，主要用于载荷较平稳，起动频繁，对缓冲要求不高的中、低速轴系传动，工作温度为−20～70℃。

表 6-98　梅花形弹性联轴器（GB/T 5272—2017 摘录）

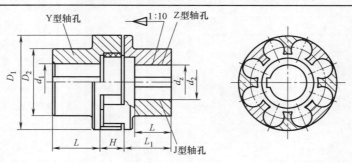

标记示例：

LM145 联轴器 45×112　GB/T 5272—2017

主动端：Y 型轴孔，A 型键槽，$d_1 = 45$mm，$L = 112$mm

从动端：Y 型轴孔，A 型键槽，$d_2 = 45$mm，$L = 112$mm

型号	公称转矩 /N·m	最大转矩 /N·m	许用转速 /(r/min)	轴孔直径 d_1、d_2、d_z	轴孔长度 Y型 L	轴孔长度 J、Z型 L_1	轴孔长度 J、Z型 L	D_1	D_2	H	转动惯量 /kg·m²	质量 /kg
				mm								
LM50	28	50	15000	10，11	22	—	—	50	42	16	0.0002	1.00
				12，14	27	—	—					
				16，18，19	30	—	—					
				20，22，24	38	—	—					
LM70	112	200	11000	12，14	27	—	—	70	55	23	0.0011	2.50
				16，18，19	30	—	—					

（续）

型号	公称转矩/N·m	最大转矩/N·m	许用转速/(r/min)	轴孔直径 d_1、d_2、d_z	轴孔长度 Y型 L	轴孔长度 J、Z型 L_1	轴孔长度 J、Z型 L	D_1	D_2	H	转动惯量/kg·m²	质量/kg
					mm							
LM70	112	200	11000	20，22，24	38	—	—	70	55	23	0.0011	2.50
				25，28	44	—	—					
				30，32，35，38	60	—	—					
LM85	160	288	9000	16，18，19	30	—	—	85	60	24	0.0022	3.42
				20，22，24	38	—	—					
				25，28	44	—	—					
				30，32，35，38	60	—	—					
LM105	355	640	7250	18，19	30	—	—	105	65	27	0.0051	5.15
				20，22，24	38	—	—					
				25，28	44	—	—					
				30，32，35，38	60	—	—					
				40，42	84	—	—					
LM125	450	810	6000	20，22，24	38	52	38	125	85	33	0.014	10.1
				25，28	44	62	44					
				30，32，35，38	60	82	60					
				40，42，45，48，50，55	84	—	—					
LM145	710	1280	5250	25，28	44	62	44	145	95	39	0.025	13.1
				30，32，35，38	60	82	60					
				40，42，45，48，50，55	84	112	84					
				60，63，65	107	—	—					
LM170	1250	2250	4500	30，32，35，38	60	82	60	170	120	41	0.055	21.2
				40，42，45，48，50，55	84	112	84					
				60，63，65，70，75	107	—	—					
				80，85	132	—	—					
LM200	2000	3600	3750	35，38	60	82	60	200	135	48	0.119	33.0
				40，42，45，48，50，55	84	112	84					
				60，63，65，70，75	107	142	107					
				80，85，90，95	132	—	—					
LM230	3150	5670	3250	40，42，45，48，50，55	84	112	84	230	150	50	0.217	45.5
				60，63，65，70，75	107	142	107					
				80，85，90，95	132	—	—					
LM260	5000	9000	3000	45，48，50，55	84	112	84	260	180	60	0.458	75.2
				60，63，65，70，75	107	142	107					
				80，85，90，95	132	172	132					
				100，110，120，125	167	—	—					
LM300	7100	12780	2500	60，63，65，70，75	107	142	107	300	200	67	0.804	99.2
				80，85，90，95	132	172	132					

（续）

型号	公称转矩 /N·m	最大转矩 /N·m	许用转速 /(r/min)	轴孔直径 d_1、d_2、d_z	轴孔长度 Y型 L	轴孔长度 J、Z型 L_1	轴孔长度 J、Z型 L	D_1	D_2	H	转动惯量 /kg·m²	质量 /kg
					mm							
LM300	7100	12780	2500	100，110，120，125	167	—	—	300	200	67	0.804	99.2
				130，140	202							
LM360	12500	22500	2150	60，63，65，70，75	107	142	107	360	225	73	1.73	148.1
				80，85，90，95	132	172	132					
				100，110，120，125	167	212	167					
				130，140，150	202							
LM400	14000	25200	1900	80，85，90，95	132	172	132	400	250	73	2.84	197.5
				100，110，120，125	167	212	167					
				130，140，150	202							
				160	242							

注：LMS型—法兰型联轴器的形式、LML—带制动轮型联轴器的形式、基本尺寸和主要尺寸见 GB/T 5272—2017。

表 6-99　尼龙滑块联轴器

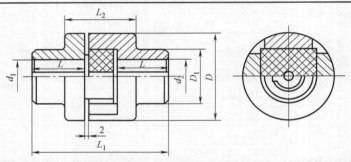

型号	公称转矩 /N·m	许用转速 /(r/min)	轴孔直径 d_1、d_2	轴孔长度 L Y型	轴孔长度 L J_1型	D	D_1	L_2	L_1	质量 /kg	转动惯量 /kg·m²
				mm							
KL1	16	10000	10、11	25	22	40	30	52	67	0.6	0.0007
			12、14	32	27				81		
KL2	31.5	8200	12、14	32	27	50	32	56	86	1.5	0.0038
			16、17、18	42	30				106		
KL3	73	7000	17、18、19	42	30	70	40	60	106	1.8	0.0063
			20、22	52	38				126		
KL4	160	5700	20、22、24	52	38	80	50	64	126	2.5	0.013
			25、28	62	44				146		
KL5	280	4700	25、28	62	44	100	70	75	151	5.8	0.045
			30、32、35	82	60				191		

（续）

型号	公称转矩 /N·m	许用转速 /(r/min)	轴孔直径 d_1、d_2	轴孔长度 L Y型	轴孔长度 L J_1型	D	D_1	L_2	L_1	质量 /kg	转动惯量 /kg·m²
				mm							
KL6	500	3800	30、32、35、38	82	60	120	80	90	201	9.5	0.12
			40、42、45						261		
KL7	900	3200	40、42、45、48	112	84	150	100	120	266	25	0.43
			50、55								
KL8	1800	2400	50、55			190	120	150	276	55	1.98
			60、63、65、70	142	107				336		
KL9	3550	1800	65、70、75			250	150	180	346	85	4.9
			80、85	172	132				406		
KL10	5000	1500	80、85、90、95			330	190	180		120	7.5
			100	212	167				486		

注：1. 装配时两轴的许用补偿量：轴向 $\Delta x = 1 \sim 2mm$；径向 $\Delta y \leqslant 0.2mm$；角向 $\Delta \alpha \leqslant 0°40'$。

2. 本联轴器具有一定补偿两轴相对偏移量、减振和缓冲性能，适用于中、小功率，转速较高，转矩较小的轴系传动，如控制器、油泵装置等，工作温度为$-20 \sim 70℃$。

第七节　极限与配合、几何公差和表面粗糙度

一、极限与配合

　　孔（或轴）的公称尺寸、上极限尺寸和下极限尺寸的关系如图 6-1 所示。在实际应用中，为简化起见，常不画出孔（或轴），仅用公差带图来表示其公称尺寸、尺寸公差及偏差的关系，如图 6-2 所示。

　　基本偏差是确定公差带相对于零线的极限偏差，它可以是上极限偏差或下极限偏差，一般为靠近零线的那个偏差。图 6-2 所示的基本偏差为下极限偏差。基本偏差的代号规定用拉丁字母（一个或两个）表示，大写的为孔，小写的为轴。图 6-3 所示为基本偏差系列及其代号。

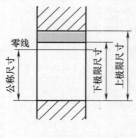

图 6-1　尺寸关系图

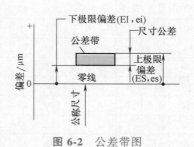

图 6-2　公差带图

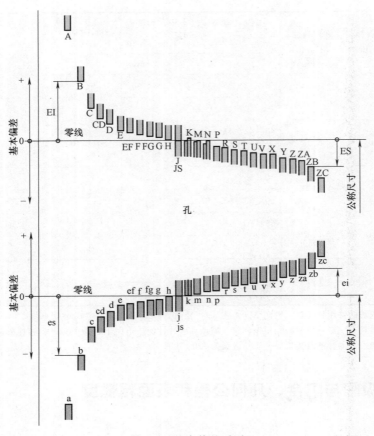

图 6-3 基本偏差系列

表 6-100 公称尺寸至 3150mm 的标准公差数值 (GB/T 1800.1—2009 摘录)

公称尺寸 /mm		标准公差等级																
		IT1	IT2	IT3	IT4	IT5	IT6	IT7	IT8	IT9	IT10	IT11	IT12	IT13	IT14	IT15	IT16	IT17	IT18
大于	至	μm											mm						
—	3	0.8	1.2	2	3	4	6	10	14	25	40	60	0.1	0.14	0.25	0.4	0.6	1	1.4
3	6	1	1.5	2.5	4	5	8	12	18	30	48	75	0.12	0.18	0.3	0.48	0.75	1.2	1.8
6	10	1	1.5	2.5	4	6	9	15	22	36	58	90	0.15	0.22	0.36	0.58	0.9	1.5	2.2
10	18	1.2	2	3	5	8	11	18	27	43	70	110	0.18	0.27	0.43	0.7	1.1	1.8	2.7
18	30	1.5	2.5	4	6	9	13	21	33	52	84	130	0.21	0.33	0.52	0.84	1.3	2.1	3.3
30	50	1.5	2.5	4	7	11	16	25	39	62	100	160	0.25	0.39	0.62	1	1.6	2.5	3.9
50	80	2	3	5	8	13	19	30	46	74	120	190	0.3	0.46	0.74	1.2	1.9	3	4.6
80	120	2.5	4	6	10	15	22	35	54	87	140	220	0.35	0.54	0.87	1.4	2.2	3.5	5.4
120	180	3.5	5	8	12	18	25	40	63	100	160	250	0.4	0.63	1	1.6	2.5	4	6.3
180	250	4.5	7	10	14	20	29	46	72	115	185	290	0.46	0.72	1.15	1.85	2.9	4.6	7.2
250	315	6	8	12	16	23	32	52	81	130	210	320	0.52	0.81	1.3	2.1	3.2	5.2	8.1
315	400	7	9	13	18	25	36	57	89	140	230	360	0.57	0.89	1.4	2.3	3.6	5.7	8.9

（续）

公称尺寸 /mm		标准公差等级																	
		IT1	IT2	IT3	IT4	IT5	IT6	IT7	IT8	IT9	IT10	IT11	IT12	IT13	IT14	IT15	IT16	IT17	IT18
大于	至	μm											mm						
400	500	8	10	15	20	27	40	63	97	155	250	400	0.63	0.97	1.55	2.5	4	6.3	9.7
500	630	9	11	16	22	32	44	70	110	175	280	440	0.7	1.1	1.75	2.8	4.4	7	11
630	800	10	13	18	25	36	50	80	125	200	320	500	0.8	1.25	2	3.2	5	8	12.5
800	1000	11	15	21	28	40	56	90	140	230	360	560	0.9	1.4	2.3	3.6	5.6	9	14

注：1. 公称尺寸大于 500mm 的 IT1~IT5 的数值为试行的。

2. 公称尺寸小于或等于 1mm 时，无 IT14~IT18。

表 6-101　轴的各种基本偏差的应用

配合种类	基本偏差	配 合 特 性 及 应 用
间隙配合	a, b	可得到特别大的间隙，很少应用
	c	可得到很大的间隙，一般适用于缓慢、松弛的间隙配合。用于工作条件较差（如农业机械）、受力变形，或为了便于装配而必须保证有较大的间隙。推荐配合为 H11/c11，其较高公差等级的配合，如 H8/c7 适用于轴在高温工作的紧密间隙配合，如内燃机排气阀和导管
	d	一般用于 IT7~IT11 级的配合。适用于松的转动配合，如密封盖、滑轮、空转带轮等与轴的配合，也适用于大直径滑动轴承的配合，如涡轮机、球磨机、轧滚成形和重型弯曲机及其他重型机械中的一些滑动支承
	e	多用于 IT7~IT9 级，通常适用于要求有明显间隙、易于转动的支承配合，如大跨距、多支点支承等。高公差等级的轴适用于大型、高速、重载支承的配合，如涡轮发电机、大型电动机、内燃机、凸轮轴及摇臂支承等
	f	多用于 IT6~IT8 级的一般转动配合。当温度影响不大时，被广泛用于普通润滑油（或润滑脂）润滑的支承，如齿轮箱、小电动机、泵等的转轴与滑动支承的配合
	g	配合间隙很小，制造成本高，除很轻负荷的精密装置外，不推荐用于转动配合。多用于 IT5~IT7 级，最适合不回转的精密滑动配合，也用于轴销等定位配合，如精密连杆轴承、活塞、滑阀及连杆销等
	h	多用于 IT4~IT11 级。广泛用于无相对转动的零件，作为一般的定位配合。若没有温度、变形影响，也用于精密滑动配合
过渡配合	js	为完全对称偏差（±IT/2），平均为稍有间隙的配合，多用于 IT4~IT7 级，要求间隙比基本偏差代号为 h 的轴小，并允许略有过盈的定位配合，如联轴器。可用手或木槌装配
	k	平均为没有间隙的配合，适用于 IT4~IT7 级。推荐用于稍有过盈的定位配合。例如，为了消除振动用的定位配合。一般用木槌装配
	m	平均为具有不大过盈的过渡配合，适用于 IT4~IT7 级，一般可用木槌装配，但在最大过盈时，要求有相当的压入力
	n	平均过盈比基本偏差代号为 m 的轴稍大，很少得到间隙，适用于 IT4~IT7 级，用锤子或压力机装配，通常推荐用于紧密的组件配合。H6/n5 配合时为过盈配合
过盈配合	p	与 H6 或 H7 孔配合时是过盈配合，与 H8 孔配合时则为过渡配合。对非铁类零件，为较轻的压入配合，当需要时易于拆卸。对钢、铸铁或铜、钢组件装配是标准压入配合
	r	对铁类零件，为中等打入配合；对非铁类零件，为轻打入配合，需要时可以拆卸。与 H8 孔配合，直径在 100mm 以上时为过盈配合，直径小时为过渡配合
	s	用于钢和铁制零件的永久性和半永久性装配，可产生相当大的结合力。当用弹性材料，如轻合金时，其配合性质与铁类零件的基本偏差代号为 p 的轴相当。例如，套环压装在轴上、阀座等配合。尺寸较大时，为了避免损伤配合表面，需用热胀或冷缩法装配

（续）

配合种类	基本偏差	配 合 特 性 及 应 用
过盈配合	t, u, v, x, y, z	过盈量依次增大，一般不推荐

表 6-102 优先配合特性及应用举例

基孔制	基轴制	优 先 配 合 特 性 及 应 用 举 例
$\dfrac{H11}{c11}$	$\dfrac{C11}{h11}$	间隙非常大，用于很松的、转动很慢的间隙配合；要求大公差与大间隙的外露组件；要求装配方便的很松的配合
$\dfrac{H9}{d9}$	$\dfrac{D9}{h9}$	间隙很大的自由转动配合，用于精度非主要要求时，或有大的温度变动、高转速或大的轴颈压力时
$\dfrac{H8}{f7}$	$\dfrac{F8}{h7}$	间隙不大的转动配合，用于中等转速与中等轴颈压力的精确转动，也用于装配较易的中等定位配合
$\dfrac{H7}{g6}$	$\dfrac{G7}{h6}$	间隙很小的滑动配合，用于不希望自由转动，但可自由移动和滑动并精密定位时，也可用于要求明确的定位配合
$\dfrac{H7}{h6}\quad\dfrac{H8}{h7}$ $\dfrac{H9}{h9}\quad\dfrac{H11}{h11}$	$\dfrac{H7}{h6}\quad\dfrac{H8}{h7}$ $\dfrac{H9}{h9}\quad\dfrac{H11}{h11}$	均为间隙定位配合，零件可自由装拆，而工作时一般相对静止不动。在最大实体条件下的间隙为零，在最小实体条件下的间隙由公差等级决定
$\dfrac{H7}{k6}$	$\dfrac{K7}{h6}$	过渡配合，用于精密定位
$\dfrac{H7}{n6}$	$\dfrac{N7}{h6}$	过渡配合，允许有较大过盈的更精密定位
$\dfrac{H7}{p6}$[①]	$\dfrac{P7}{h6}$	过盈定位配合，即小过盈配合，用于定位精度特别重要时，能以最好的定位精度达到部件的刚性及对中性要求，而对内孔承受压力无特殊要求，不依靠配合的紧固性传递摩擦负荷
$\dfrac{H7}{s6}$	$\dfrac{S7}{h6}$	中等压入配合，适用于一般钢件，或用于薄壁件的冷缩配合；用于铸铁件可得到最紧的配合
$\dfrac{H7}{u6}$	$\dfrac{U7}{h6}$	压入配合，适用于可以承受大压入力的零件或不宜承受大压入力的冷缩配合

① 小于或等于 3mm 为过渡配合。

表 6-103 线性尺寸的未注公差（GB/T 1804—2000 摘录） （单位：mm）

公差等级	线性尺寸的极限偏差数值								倒圆半径与倒角高度尺寸的极限偏差数值			
	尺 寸 分 段								尺 寸 分 段			
	0.5~3	>3~6	>6~30	>30~120	>120~400	>400~1000	>1000~2000	>2000~4000	0.5~3	>3~6	>6~30	>30
f（精密级）	±0.05	±0.05	±0.1	±0.15	±0.2	±0.3	±0.5	—	±0.2	±0.5	±1	±2
m（中等级）	±0.1	±0.1	±0.2	±0.3	±0.5	±0.8	±1.2	±2	±0.2	±0.5	±1	±2
c（粗糙级）	±0.2	±0.3	±0.5	±0.8	±1.2	±2	±3	±4	±0.4	±1	±2	±4
v（最粗级）	—	±0.5	±1	±1.5	±2.5	±4	±6	±8	±0.4	±1	±2	±4

在图样、技术文件或标准中的表示方法示例：GB/T 1804—m（表示选用中等级）

表6-104 轴的极限偏差 （GB/T 1800. 2—2009 摘录）

（单位：μm）

| 公称尺寸/mm | | a | c | d | | | | e | | | f | | | | | g | | | h | | | | | |
大于	至	11②	11①	8②	9①	10②	11②	7②	8②	9②	5②	6②	7①	8②	9②	5②	6①	7②	5②	6①	7①	8②	9①	10②
3	6	-270/-345	-70/-145	-30/-48	-30/-60	-30/-78	-30/-105	-20/-32	-20/-38	-20/-50	-10/-15	-10/-18	-10/-22	-10/-28	-10/-40	-4/-9	-4/-12	-4/-16	0/-5	0/-8	0/-12	0/-18	0/-30	0/-48
6	10	-280/-370	-80/-170	-40/-62	-40/-76	-40/-98	-40/-130	-25/-40	-25/-47	-25/-61	-13/-19	-13/-22	-13/-28	-13/-35	-13/-49	-5/-11	-5/-14	-5/-20	0/-6	0/-9	0/-15	0/-22	0/-36	0/-58
10	18	-290/-400	-95/-205	-50/-77	-50/-93	-50/-120	-50/-160	-32/-50	-32/-59	-32/-75	-16/-24	-16/-27	-16/-34	-16/-43	-16/-59	-6/-14	-6/-17	-6/-24	0/-8	0/-11	0/-18	0/-27	0/-43	0/-70
18	30	-300/-430	-110/-240	-65/-98	-65/-117	-65/-149	-65/-195	-40/-61	-40/-73	-40/-92	-20/-29	-20/-33	-20/-41	-20/-53	-20/-72	-7/-16	-7/-20	-7/-28	0/-9	0/-13	0/-21	0/-33	0/-52	0/-84
30	40	-310/-470	-120/-280	-80/-119	-80/-142	-80/-180	-80/-240	-50/-75	-50/-89	-50/-112	-25/-36	-25/-41	-25/-50	-25/-64	-25/-87	-9/-20	-9/-25	-9/-34	0/-11	0/-16	0/-25	0/-39	0/-62	0/-100
40	50	-320/-480	-130/-290	-80/-119	-80/-142	-80/-180	-80/-240	-50/-75	-50/-89	-50/-112	-25/-36	-25/-41	-25/-50	-25/-64	-25/-87	-9/-20	-9/-25	-9/-34	0/-11	0/-16	0/-25	0/-39	0/-62	0/-100
50	65	-340/-530	-140/-330	-100/-146	-100/-174	-100/-220	-100/-290	-60/-90	-60/-106	-60/-134	-30/-43	-30/-49	-30/-60	-30/-76	-30/-104	-10/-23	-10/-29	-10/-40	0/-13	0/-19	0/-30	0/-46	0/-74	0/-120
65	80	-360/-550	-150/-340	-100/-146	-100/-174	-100/-220	-100/-290	-60/-90	-60/-106	-60/-134	-30/-43	-30/-49	-30/-60	-30/-76	-30/-104	-10/-23	-10/-29	-10/-40	0/-13	0/-19	0/-30	0/-46	0/-74	0/-120
80	100	-380/-600	-170/-390	-120/-174	-120/-207	-120/-260	-120/-340	-72/-107	-72/-126	-72/-159	-36/-51	-36/-58	-36/-71	-36/-90	-36/-123	-12/-27	-12/-34	-12/-47	0/-15	0/-22	0/-35	0/-54	0/-87	0/-140
100	120	-410/-630	-180/-400	-120/-174	-120/-207	-120/-260	-120/-340	-72/-107	-72/-126	-72/-159	-36/-51	-36/-58	-36/-71	-36/-90	-36/-123	-12/-27	-12/-34	-12/-47	0/-15	0/-22	0/-35	0/-54	0/-87	0/-140

（续）

公称尺寸/mm 大于	至	a 11②	c 11①	d 8②	d 9①	d 10②	d 11②	e 7②	e 8②	e 9②	f 5②	f 6②	f 7①	f 8②	f 9②	g 5②	g 6①	g 7②	h 5②	h 6①	h 7①	h 8②	h 9①	h 10②
120	140	−460 −710	−200 −450	−145 −208	−145 −245	−145 −305	−145 −395	−85 −125	−85 −148	−85 −185	−43 −61	−43 −68	−43 −83	−43 −106	−43 −143	−14 −32	−14 −39	−14 −54	0 −18	0 −25	0 −40	0 −63	0 −100	0 −160
140	160	−520 −770	−210 −460																					
160	180	−580 −830	−230 −480																					
180	200	−660 −950	−240 −530	−170 −242	−170 −285	−170 −355	−170 −460	−100 −146	−100 −172	−100 −215	−50 −70	−50 −79	−50 −96	−50 −122	−50 −165	−15 −35	−15 −44	−15 −61	0 −20	0 −29	0 −46	0 −72	0 −115	0 −185
200	225	−740 −1030	−260 −550																					
225	250	−820 −1110	−280 −570																					
250	280	−920 −1240	−300 −620	−190 −271	−190 −320	−190 −400	−190 −510	−110 −162	−110 −191	−110 −240	−56 −79	−56 −88	−56 −108	−56 −137	−56 −185	−17 −40	−17 −49	−17 −69	0 −23	0 −32	0 −52	0 −81	0 −130	0 −210
280	315	−1050 −1370	−330 −650																					
315	355	−1200 −1560	−360 −720	−210 −299	−210 −350	−210 −440	−210 −570	−125 −182	−125 −214	−125 −265	−62 −87	−62 −98	−62 −119	−62 −151	−62 −202	−18 −43	−18 −54	−18 −75	0 −25	0 −36	0 −57	0 −89	0 −140	0 −230
355	400	−1350 −1710	−400 −760																					

（续）

公称尺寸/mm 大于	至	h11①	h12②	j5	j6	js5②	js6②	js7②	k5②	k6①	k7②	m5②	m6②	m7②	n5②	n6①	n7②	p6①	p7②	r6②	r7②	s6①	u6①	u8
3	6	0/−75	0/−120	+3/−2	+6/−2	±2.5	±4	±6	+6/+1	+9/+1	+13/+1	+9/+4	+12/+4	+16/+4	+13/+8	+16/+8	+20/+8	+20/+12	+24/+12	+23/+15	+27/+15	+27/+19	+31/+23	+41/+23
6	10	0/−90	0/−150	+4/−2	+7/−2	±3	±4.5	±7	+7/+1	+10/+1	+16/+1	+12/+6	+15/+6	+21/+6	+16/+10	+19/+10	+25/+10	+24/+15	+30/+15	+28/+19	+34/+19	+32/+23	+37/+28	+50/+28
10	18	0/−110	0/−180	+5/−3	+8/−3	±4	±5.5	±9	+9/+1	+12/+1	+19/+1	+15/+7	+18/+7	+25/+7	+20/+12	+23/+12	+30/+12	+29/+18	+36/+18	+34/+23	+41/+23	+39/+28	+44/+33	+60/+33
18	24	0/−130	0/−210	+5/−4	+9/−4	±4.5	±6.5	±10	+11/+2	+15/+2	+23/+2	+17/+8	+21/+8	+29/+8	+24/+15	+28/+15	+36/+15	+35/+22	+43/+22	+41/+28	+49/+28	+48/+35	+54/+41	+74/+41
24	30	0/−130	0/−210	+5/−4	+9/−4	±4.5	±6.5	±10	+11/+2	+15/+2	+23/+2	+17/+8	+21/+8	+29/+8	+24/+15	+28/+15	+36/+15	+35/+22	+43/+22	+41/+28	+49/+28	+48/+35	+61/+48	+81/+48
30	40	0/−160	0/−250	+6/−5	+11/−5	±5.5	±8	±12	+13/+2	+18/+2	+27/+2	+20/+9	+25/+9	+34/+9	+28/+17	+33/+17	+42/+17	+42/+26	+51/+26	+50/+34	+59/+34	+59/+43	+76/+60	+99/+60
40	50	0/−160	0/−250	+6/−5	+11/−5	±5.5	±8	±12	+13/+2	+18/+2	+27/+2	+20/+9	+25/+9	+34/+9	+28/+17	+33/+17	+42/+17	+42/+26	+51/+26	+50/+34	+59/+34	+59/+43	+86/+70	+109/+70
50	65	0/−190	0/−300	+6/−7	+12/−7	±6.5	±9.5	±15	+15/+2	+21/+2	+32/+2	+24/+11	+30/+11	+41/+11	+33/+20	+39/+20	+50/+20	+51/+32	+62/+32	+60/+41	+71/+41	+72/+53	+106/+87	+133/+87
65	80	0/−190	0/−300	+6/−7	+12/−7	±6.5	±9.5	±15	+15/+2	+21/+2	+32/+2	+24/+11	+30/+11	+41/+11	+33/+20	+39/+20	+50/+20	+51/+32	+62/+32	+62/+43	+72/+43	+78/+59	+121/+102	+148/+102
80	100	0/−220	0/−350	+6/−9	+13/−9	±7.5	±11	±17	+18/+3	+25/+3	+38/+3	+28/+13	+35/+13	+48/+13	+38/+23	+45/+23	+58/+23	+59/+37	+72/+37	+73/+51	+86/+51	+93/+71	+146/+124	+178/+124
100	120	0/−220	0/−350	+6/−9	+13/−9	±7.5	±11	±17	+18/+3	+25/+3	+38/+3	+28/+13	+35/+13	+48/+13	+38/+23	+45/+23	+58/+23	+59/+37	+72/+37	+76/+54	+89/+54	+101/+79	+166/+144	+198/+144

公差带

（续）　单位：μm

公差带

公称尺寸/mm 大于	至	h 11①	h 12②	j 5	j 6	js 5②	js 6②	js 7②	k 5②	k 6①	k 7②	m 5②	m 6②	m 7②	n 5②	n 6①	n 7②	p 6①	p 7②	r 6②	r 7②	s 6①	u 6①	u 8
120	140	0/−250	0/−400	+7/−11	+14/−11	±9	±12.5	±20	+21/+3	+28/+3	+43/+3	+33/+15	+40/+15	+55/+15	+45/+27	+52/+27	+67/+27	+68/+43	+83/+43	+88/+63	+103/+63	+117/+92	+195/+170	+233/+170
140	160	0/−250	0/−400	+7/−11	+14/−11	±9	±12.5	±20	+21/+3	+28/+3	+43/+3	+33/+15	+40/+15	+55/+15	+45/+27	+52/+27	+67/+27	+68/+43	+83/+43	+90/+65	+105/+65	+125/+100	+215/+190	+253/+190
160	180	0/−250	0/−400	+7/−11	+14/−11	±9	±12.5	±20	+21/+3	+28/+3	+43/+3	+33/+15	+40/+15	+55/+15	+45/+27	+52/+27	+67/+27	+68/+43	+83/+43	+93/+68	+108/+68	+133/+108	+235/+210	+273/+210
180	200	0/−290	0/−460	+7/−13	+16/−13	±10	±14.5	±23	+24/+4	+33/+4	+50/+4	+37/+17	+46/+17	+63/+17	+51/+31	+60/+31	+77/+31	+79/+50	+96/+50	+106/+77	+123/+77	+151/+122	+265/+236	+308/+236
200	225	0/−290	0/−460	+7/−13	+16/−13	±10	±14.5	±23	+24/+4	+33/+4	+50/+4	+37/+17	+46/+17	+63/+17	+51/+31	+60/+31	+77/+31	+79/+50	+96/+50	+109/+80	+126/+80	+159/+130	+287/+258	+330/+258
225	250	0/−290	0/−460	+7/−13	+16/−13	±10	±14.5	±23	+24/+4	+33/+4	+50/+4	+37/+17	+46/+17	+63/+17	+51/+31	+60/+31	+77/+31	+79/+50	+96/+50	+113/+84	+130/+84	+169/+140	+313/+284	+356/+284
250	280	0/−320	0/−520	+7/−16	±16	±11.5	±16	±26	+27/+4	+36/+4	+56/+4	+43/+20	+52/+20	+72/+20	+57/+34	+66/+34	+86/+34	+88/+56	+108/+56	+126/+94	+146/+94	+190/+158	+347/+315	+396/+315
280	315	0/−320	0/−520	+7/−16	±16	±11.5	±16	±26	+27/+4	+36/+4	+56/+4	+43/+20	+52/+20	+72/+20	+57/+34	+66/+34	+86/+34	+88/+56	+108/+56	+130/+98	+150/+98	+202/+170	+382/+350	+431/+350
315	355	0/−360	0/−570	+7/−18	±18	±12.5	±18	±28	+29/+4	+40/+4	+61/+4	+46/+21	+57/+21	+78/+21	+62/+37	+73/+37	+94/+37	+98/+62	+119/+62	+144/+108	+165/+108	+226/+190	+426/+390	+479/+390
355	400	0/−360	0/−570	+7/−18	±18	±12.5	±18	±28	+29/+4	+40/+4	+61/+4	+46/+21	+57/+21	+78/+21	+62/+37	+73/+37	+94/+37	+98/+62	+119/+62	+150/+114	+171/+114	+244/+208	+471/+435	+524/+435

① 为优先公差带。

② 为常用公差带。其余为一般用途公差带。

表 6-105 孔的极限偏差(GB/T 1800.2—2009 摘录)　　　　　　　　　　　　　　　　(单位：μm)

公称尺寸/mm		C	D				E		F				G		H								J	
大于	至	11①	8②	9①	10②	11②	8②	9②	6②	7②	8①	9②	6②	7①	5	6②	7②	8①	9①	10②	11②	12②	6	7
3	6	+145 +70	+48 +30	+60 +30	+78 +30	+105 +30	+38 +20	+50 +20	+18 +10	+22 +10	+28 +10	+40 +10	+12 +4	+16 +4	+5 0	+8 0	+12 0	+18 0	+30 0	+48 0	+75 0	+120 0	+5 -3	±6
6	10	+170 +80	+62 +40	+76 +40	+98 +40	+130 +40	+47 +25	+61 +25	+22 +13	+28 +13	+35 +13	+49 +13	+14 +5	+20 +5	+6 0	+9 0	+15 0	+22 0	+36 0	+58 0	+90 0	+150 0	+5 -4	+8 -7
10	18	+205 +95	+77 +50	+93 +50	+120 +50	+160 +50	+59 +32	+75 +32	+27 +16	+34 +16	+43 +16	+59 +16	+17 +6	+24 +6	+8 0	+11 0	+18 0	+27 0	+43 0	+70 0	+110 0	+180 0	+6 -5	+10 -8
18	30	+240 +110	+98 +65	+117 +65	+149 +65	+195 +65	+73 +40	+92 +40	+33 +20	+41 +20	+53 +20	+72 +20	+20 +7	+28 +7	+9 0	+13 0	+21 0	+33 0	+52 0	+84 0	+130 0	+210 0	+8 -5	+12 -9
30	40	+280 +120	+119 +80	+142 +80	+180 +80	+240 +80	+89 +50	+112 +50	+41 +25	+50 +25	+64 +25	+87 +25	+25 +9	+34 +9	+11 0	+16 0	+25 0	+39 0	+62 0	+100 0	+160 0	+250 0	+10 -6	+14 -11
40	50	+290 +130	+119 +80	+142 +80	+180 +80	+240 +80	+89 +50	+112 +50	+41 +25	+50 +25	+64 +25	+87 +25	+25 +9	+34 +9	+11 0	+16 0	+25 0	+39 0	+62 0	+100 0	+160 0	+250 0	+10 -6	+14 -11
50	65	+330 +140	+146 +100	+174 +100	+220 +100	+290 +100	+106 +60	+134 +60	+49 +30	+60 +30	+76 +30	+104 +30	+29 +10	+40 +10	+13 0	+19 0	+30 0	+46 0	+74 0	+120 0	+190 0	+300 0	+13 -6	+18 -12
65	80	+340 +150	+146 +100	+174 +100	+220 +100	+290 +100	+106 +60	+134 +60	+49 +30	+60 +30	+76 +30	+104 +30	+29 +10	+40 +10	+13 0	+19 0	+30 0	+46 0	+74 0	+120 0	+190 0	+300 0	+13 -6	+18 -12
80	100	+390 +170	+174 +120	+207 +120	+260 +120	+340 +120	+125 +72	+159 +72	+58 +36	+71 +36	+90 +36	+123 +36	+34 +12	+47 +12	+15 0	+22 0	+35 0	+54 0	+87 0	+140 0	+220 0	+350 0	+16 -6	+22 -13
100	120	+400 +180	+174 +120	+207 +120	+260 +120	+340 +120	+125 +72	+159 +72	+58 +36	+71 +36	+90 +36	+123 +36	+34 +12	+47 +12	+15 0	+22 0	+35 0	+54 0	+87 0	+140 0	+220 0	+350 0	+16 -6	+22 -13

公差带

（续）

公称尺寸/mm		公 差 带																						
		C	D				E		F				G		H								J	
大于	至	11[1]	8[2]	9[1]	10[2]	11[2]	8[2]	9[2]	6[2]	7[2]	8[1]	9[2]	6[2]	7[1]	5	6[2]	7[2]	8[1]	9[1]	10[2]	11[1]	12[2]	6	7
120	140	+450 +200	+208 +145	+245 +145	+305 +145	+395 +145	+148 +85	+185 +85	+68 +43	+83 +43	+106 +43	+143 +43	+39 +14	+54 +14	+18 0	+25 0	+40 0	+63 0	+100 0	+160 0	+250 0	+400 0	+18 −7	+26 −14
140	160	+460 +210																						
160	180	+480 +230																						
180	200	+530 +240	+242 +170	+285 +170	+355 +170	+460 +170	+172 +100	+215 +100	+79 +50	+96 +50	+122 +50	+165 +50	+44 +15	+61 +15	+20 0	+29 0	+46 0	+72 0	+115 0	+185 0	+290 0	+460 0	+22 −7	+30 −16
200	225	+550 +260																						
225	250	+570 +280																						
250	280	+620 +300	+271 +190	+320 +190	+400 +190	+510 +190	+191 +110	+240 +110	+88 +56	+108 +56	+137 +56	+186 +56	+49 +17	+69 +17	+23 0	+32 0	+52 0	+81 0	+130 0	+210 0	+320 0	+520 0	+25 −7	+36 −16
280	315	+650 +330																						
315	355	+720 +360	+299 +210	+350 +210	+440 +210	+570 +210	+214 +125	+265 +125	+98 +62	+119 +62	+151 +62	+202 +62	+54 +18	+75 +18	+25 0	+36 0	+57 0	+89 0	+140 0	+230 0	+360 0	+570 0	+29 −7	+39 −18
355	400	+760 +400																						

（续）

公称尺寸/mm		公差带 JS					K			M			N				P			R		S		U
大于	至	6②	7②	8②	9	10	6②	7①	8②	6②	7②	8②	6②	7①	8②	9	6②	7①	9	6②	7②	6②	7①	7①
3	6	±4	±6	±9	±15	±24	+2 / -6	+3 / -9	+5 / -13	-1 / -9	0 / -12	+2 / -16	-5 / -13	-4 / -16	-2 / -20	0 / -30	-9 / -17	-8 / -20	-12 / -42	-12 / -20	-11 / -23	-16 / -24	-15 / -27	-19 / -31
6	10	±4.5	±7	±11	±18	±29	+2 / -7	+5 / -10	+6 / -16	-3 / -12	0 / -15	+1 / -21	-7 / -16	-4 / -19	-3 / -25	0 / -36	-12 / -21	-9 / -24	-15 / -51	-16 / -25	-13 / -28	-20 / -29	-17 / -32	-22 / -37
10	18	±5.5	±9	±13	±21	±36	+2 / -9	+6 / -12	+8 / -19	-4 / -15	0 / -18	+2 / -25	-9 / -20	-5 / -23	-3 / -30	0 / -43	-15 / -26	-11 / -29	-18 / -61	-20 / -31	-16 / -34	-25 / -36	-21 / -39	-26 / -44
18	24	±6.5	±10	±16	±26	±42	+2 / -11	+6 / -15	+10 / -23	-4 / -17	0 / -21	+4 / -29	-11 / -24	-7 / -28	-3 / -36	0 / -52	-18 / -31	-14 / -35	-22 / -74	-24 / -37	-20 / -41	-31 / -44	-27 / -48	-33 / -54
24	30	±6.5	±10	±16	±26	±42	+2 / -11	+6 / -15	+10 / -23	-4 / -17	0 / -21	+4 / -29	-11 / -24	-7 / -28	-3 / -36	0 / -52	-18 / -31	-14 / -35	-22 / -74	-24 / -37	-20 / -41	-31 / -44	-27 / -48	-40 / -61
30	40	±8	±12	±19	±31	±50	+3 / -13	+7 / -18	+12 / -27	-4 / -20	0 / -25	+5 / -34	-12 / -28	-8 / -33	-3 / -42	0 / -62	-21 / -37	-17 / -42	-26 / -88	-29 / -45	-25 / -50	-38 / -54	-34 / -59	-51 / -76
40	50	±8	±12	±19	±31	±50	+3 / -13	+7 / -18	+12 / -27	-4 / -20	0 / -25	+5 / -34	-12 / -28	-8 / -33	-3 / -42	0 / -62	-21 / -37	-17 / -42	-26 / -88	-29 / -45	-25 / -50	-38 / -54	-34 / -59	-61 / -86
50	65	±9.5	±15	±23	±37	±60	+4 / -15	+9 / -21	+14 / -32	-5 / -24	0 / -30	+5 / -41	-14 / -33	-9 / -39	-4 / -50	0 / -74	-26 / -45	-21 / -51	-32 / -106	-35 / -54	-30 / -60	-47 / -66	-42 / -72	-76 / -106
65	80	±9.5	±15	±23	±37	±60	+4 / -15	+9 / -21	+14 / -32	-5 / -24	0 / -30	+5 / -41	-14 / -33	-9 / -39	-4 / -50	0 / -74	-26 / -45	-21 / -51	-32 / -106	-37 / -56	-32 / -62	-53 / -72	-48 / -78	-91 / -121
80	100	±11	±17	±27	±43	±70	+4 / -18	+10 / -25	+16 / -38	-6 / -28	0 / -35	+6 / -48	-16 / -38	-10 / -45	-4 / -58	0 / -87	-30 / -52	-24 / -59	-37 / -124	-44 / -66	-38 / -73	-64 / -86	-58 / -93	-111 / -146
100	120	±11	±17	±27	±43	±70	+4 / -18	+10 / -25	+16 / -38	-6 / -28	0 / -35	+6 / -48	-16 / -38	-10 / -45	-4 / -58	0 / -87	-30 / -52	-24 / -59	-37 / -124	-47 / -69	-41 / -76	-72 / -94	-66 / -101	-131 / -166

（续）

公称尺寸/mm 大于	至	公差带 JS 6②	JS 7②	JS 8②	JS 9	JS 10	K 6②	K 7①	K 8②	M 6②	M 7②	M 8②	N 6②	N 7①	N 8②	N 9	P 6②	P 7①	P 9	R 6②	R 7②	S 6②	S 7①	U 7①
120	140	±12.5	±20	±31	±50	±80	+4 / −21	+12 / −28	+20 / −43	−8 / −33	0 / −40	+8 / −55	−20 / −45	−12 / −52	−4 / −67	0 / −100	−36 / −61	−28 / −68	−43 / −143	−56 / −81	−48 / −88	−85 / −110	−77 / −117	−155 / −195
140	160																			−58 / −83	−50 / −90	−93 / −118	−85 / −125	−175 / −215
160	180																			−61 / −86	−53 / −93	−101 / −126	−93 / −133	−195 / −235
180	200	±14.5	±23	±36	±57	±92	+5 / −24	+13 / −33	+22 / −50	−8 / −37	0 / −46	+9 / −63	−22 / −51	−14 / −60	−5 / −77	0 / −115	−41 / −70	−33 / −79	−50 / −165	−68 / −97	−60 / −106	−113 / −142	−105 / −151	−219 / −265
200	225																			−71 / −100	−63 / −109	−121 / −150	−113 / −159	−241 / −287
225	250																			−75 / −104	−67 / −113	−131 / −160	−123 / −169	−267 / −313
250	280	±16	±26	±40	±65	±105	+5 / −27	+16 / −36	+25 / −56	−9 / −41	0 / −52	+9 / −72	−25 / −57	−14 / −66	−5 / −86	0 / −130	−47 / −79	−36 / −88	−56 / −186	−85 / −117	−74 / −126	−149 / −181	−138 / −190	−295 / −347
280	315																			−89 / −121	−78 / −130	−161 / −193	−150 / −202	−330 / −382
315	355	±18	±28	±44	±70	±115	+7 / −29	+17 / −40	+28 / −61	−10 / −46	0 / −57	+11 / −78	−26 / −62	−16 / −73	−5 / −94	0 / −140	−51 / −87	−41 / −98	−62 / −202	−97 / −133	−87 / −144	−179 / −215	−169 / −226	−369 / −426
355	400																			−103 / −139	−93 / −150	−197 / −233	−187 / −244	−414 / −471

① 为优先公差带。

② 为常用公差带。其余为一般用途公差带。

二、几何公差（GB/T 1184—1996 摘录）

表 6-106 未注垂直度、对称度公差 （单位：mm）

项目	公差等级	基本长度范围			
		≤100	>100~300	>300~1000	>1000~3000
垂直度	H	0.2	0.3	0.4	0.5
	K	0.4	0.6	0.8	1
	L	0.6	1	1.5	2
对称度	H	0.5			
	K	0.6		0.8	1
	L	0.6	1	1.5	2

表 6-107 未注直线度、平面度、圆跳动公差 （单位：mm）

项目	公差等级	基本长度范围					
		≤10	<10~30	<30~100	<100~300	<300~1000	<1000~3000
直线度、平面度	H	0.02	0.05	0.1	0.2	0.3	0.4
	K	0.05	0.1	0.2	0.4	0.6	0.8
	L	0.1	0.2	0.4	0.8	1.2	1.6
圆跳动	H	0.1					
	K	0.2					
	L	0.5					

表 6-108 平行度、垂直度、倾斜度公差 （单位：μm）

主参数 L，d，(D) 图例

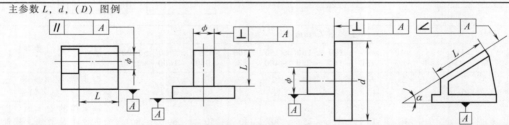

公差等级	主参数 L，d，(D)/mm											应用举例（参考）	
	≤10	>10~16	>16~25	>25~40	>40~63	>63~100	>100~160	>160~250	>250~400	>400~630	>630~1000	平行度	垂直度和倾斜度
5	5	6	8	10	12	15	20	25	30	40	50	用于重要轴承孔对基准面的要求，一般减速器箱体孔的中心线等	用于安装/P4、/P5级轴承的箱体的凸肩，发动机轴和离合器的凸缘
6	8	10	12	15	20	25	30	40	50	60	80	用于一般机械中箱体孔中心线间的要求，如减速器箱体的轴承孔，7~10精度齿轮传动箱体孔的中心线	用于安装/P6、/P0级轴承的箱体孔的中心线，低精度机床主要基准面和工作面
7	12	15	20	25	30	40	50	60	80	100	120		

（续）

公差等级	主参数 $L, d, (D)$/mm											应用举例（参考）	
	≤10	>10 ~16	>16 ~25	>25 ~40	>40 ~63	>63 ~100	>100 ~160	>160 ~250	>250 ~400	>400 ~630	>630~ 1000	平行度	垂直度和倾斜度
8	20	25	30	40	50	60	80	100	120	150	200	用于重型机械轴承盖的端面，手动传动装置中的传动轴	用于一般导轨，普通传动箱体中的轴肩
9	30	40	50	60	80	100	120	150	200	250	300	用于低精度零件、重型机械滚动轴承端盖	用于花键轴肩端面、减速器箱体平面等
10	50	60	80	100	120	150	200	250	300	400	500		
11	80	100	120	150	200	250	300	400	500	600	800	零件的非工作面，卷扬机、运输机上用的减速器壳体平面	农业机械齿轮端面等
12	120	150	200	250	300	400	500	600	800	1000	1200		

表 6-109　直线度、平面度公差　　　　　　（单位：μm）

主参数 L 图例

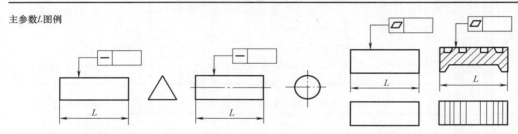

精度等级	主参数 L/mm													应用举例（参考）
	≤10	>10 ~16	>16 ~25	>25 ~40	>40 ~63	>63 ~100	>100 ~160	>160 ~250	>250 ~400	>400 ~630	>630 ~1000	>1000 ~1600	>1600 ~2500	
5	2	2.5	3	4	5	6	8	10	12	15	20	25	30	普通精度机床导轨，柴油机进、排气门导杆
6	3	4	5	6	8	10	12	15	20	25	30	40	50	
7	5	6	8	10	12	15	20	25	30	40	50	60	80	轴承体的支承面，压力机导轨及滑块，减速器箱体、油泵、轴系支承轴承的接合面
8	8	10	12	15	20	25	30	40	50	60	80	100	120	
9	12	15	20	25	30	40	50	60	80	100	120	150	200	辅助机构及手动机械的支承面，液压管件和法兰的连接面
10	20	25	30	40	50	60	80	100	120	150	200	250	300	
11	30	40	50	60	80	100	120	150	200	250	300	400	500	离合器的摩擦片，汽车发动机缸盖接合面
12	60	80	100	120	150	200	250	300	400	500	600	800	1000	

表 6-110　圆度、圆柱度公差　　　　　　（单位：μm）

主参数 $d, (D)$ 图例

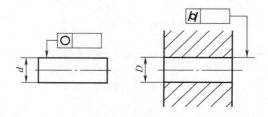

（续）

精度等级	主参数 d，(D)/mm												应用举例（参考）
	>3 ~6	>6 ~10	>10 ~18	>18 ~30	>30 ~50	>50 ~80	>80 ~120	>120 ~180	>180 ~250	>250 ~315	>315 ~400	>400 ~500	
5 6	1.5 2.5	1.5 2.5	2 3	2.5 4	2.5 4	3 5	4 6	5 8	7 10	8 12	9 13	10 15	安装/P6、/P0级滚动轴承的配合面，中等压力下的液压装置工作面（包括泵、压缩机的活塞和气缸），风动绞车曲轴，通用减速器轴颈，一般机床主轴
7 8	4 5	4 6	5 8	6 9	7 11	8 13	10 15	12 18	14 20	16 23	18 25	20 27	发动机的胀圈和活塞销及连杆中装衬套的孔等，千斤顶或压力油缸活塞，水泵及减速器轴颈，液压传动系统的分配机构，拖拉机气缸体，炼胶机冷铸轧辊
9 10 11	8 12 18	9 15 22	11 18 27	13 21 33	16 25 39	19 30 46	22 35 54	25 40 63	29 46 72	32 52 81	36 57 89	40 63 97	起重机、卷扬机用的滑动轴承，带软密封的低压泵的活塞和气缸，通用机械杠杆与拉杆，拖拉机的活塞环与套筒孔
12	30	36	43	52	62	74	87	100	115	130	140	155	

表 6-111　同轴度、对称度、圆跳动和全跳动公差　　　　　（单位：μm）

主参数 d，(D)，B，L 图例

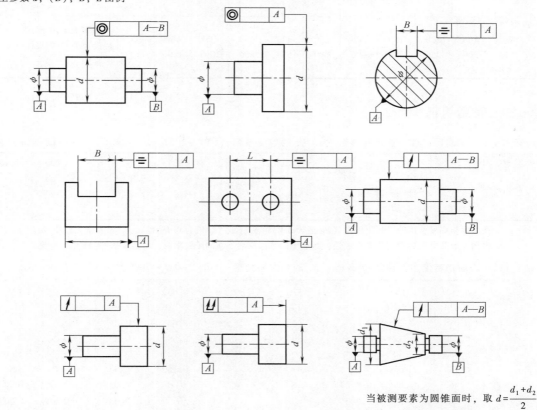

当被测要素为圆锥面时，取 $d = \dfrac{d_1 + d_2}{2}$

（续）

精度等级	主参数 d，(D)，L，B/mm											应用举例（参考）
	>3 ~6	>6 ~10	>10 ~18	>18 ~30	>30 ~50	>50 ~120	>120 ~250	>250 ~500	>500 ~800	>800 ~1250	>1250 ~2000	
5 6	3 5	4 6	5 8	6 10	8 12	10 15	12 20	15 25	20 30	25 40	30 50	6级和7级精度齿轮轴的配合面，较高精度的快速轴，汽车发动机曲轴和分配轴的支承轴颈，较高精度机床的轴套
7 8	8 12	10 15	12 20	15 25	20 30	25 40	30 50	40 60	50 80	60 100	80 120	8级和9级精度齿轮轴的配合面，拖拉机发动机分配轴轴颈，普通精度高速轴（1000r/min 以下），长度在1m以下的主传动轴，起重运输机的鼓轮配合孔和导轮的滚动面
9 10	25 50	30 60	40 80	50 100	60 120	80 150	100 200	120 250	150 300	200 400	250 500	10级和11级精度齿轮轴的配合面，发动机气缸套配合面，水泵叶轮离心泵泵件，摩托车活塞，自行车中轴
11 12	80 150	100 200	120 250	150 300	200 400	250 500	300 600	400 800	500 1000	600 1200	800 1500	用于无特殊要求，一般按尺寸公差等级IT12制造的零件

三、表面粗糙度

表 6-112　表面粗糙度主要评定参数 Ra、Rz 的数值系列（GB/T 1031—2009 摘录）　（单位：μm）

Ra					Rz					
0.012	0.2	3.2	50			0.025	0.4	6.3	100	1600
0.025	0.4	6.3	100			0.05	0.8	12.5	200	—
0.05	0.8	12.5	—			0.1	1.6	25	400	—
0.1	1.6	25	—			0.2	3.2	50	800	—

注：1. 在表面粗糙度常用的参数范围内（Ra 值为 0.025~6.3μm，Rz 值为 0.1~25μm），推荐优先选用 Ra。

2. 根据表面功能和生产的经济合理性，当选用的数值系列不能满足要求时，可选取表 6-113 中的补充系列值。

表 6-113　表面粗糙度主要评定参数 Ra、Rz 的补充系列值（GB/T 1031—2009 摘录）　（单位：μm）

Ra				Rz			
0.008	0.125	2.0	32	0.032	0.50	8.0	125
0.010	0.160	2.5	40	0.040	0.63	10.0	160
0.016	0.25	4.0	63	0.063	1.00	16.0	250
0.020	0.32	5.0	80	0.080	1.25	20	320
0.032	0.50	8.0	—	0.125	2.0	32	500
0.040	0.63	10.0	—	0.160	2.5	40	630
0.063	1.00	16.0	—	0.25	4.0	63	1000
0.080	1.25	20	—	0.32	5.0	80	1250

表 6-114　加工方法与表面粗糙度 Ra 值的关系（参考）　　　　　　（单位：μm）

加 工 方 法		表面粗糙度 Ra 值	加 工 方 法		表面粗糙度 Ra 值	加 工 方 法		表面粗糙度 Ra 值
砂模铸造		80~20①	铰孔	粗铰	40~20	齿轮加工	插齿	5~1.25①
模型锻造		80~10		半精铰，精铰	2.5~0.32①		滚齿	2.5~1.25①
车外圆	粗车	20~10	拉削	半精拉	2.5~0.63		剃齿	1.25~0.32①
	半精车	10~2.5		精拉	0.32~0.16	切螺纹	板牙	10~2.5
	精车	1.25~0.32	刨削	粗刨	20~10		铣	5~1.25①
镗孔	粗镗	40~10		精刨	1.25~0.63		磨削	2.5~0.32①
	半精镗	2.5~0.63①	钳工加工	粗锉	40~10	镗磨		0.32~0.04
	精镗	0.63~0.32		细锉	10~2.5	研磨		0.63~0.16①
圆柱铣，端铣	粗铣	20~5①		刮削	2.5~0.63	精研磨		0.08~0.02
	精铣	1.25~0.63①		研磨	1.25~0.08	抛光	一般抛	1.25~0.16
钻孔，扩孔		20~5	插削		40~2.5		精抛	0.08~0.04
锪孔，锪端面		5~1.25	磨削		5~0.01①			

注：被加工材料为钢材。

① 为该加工方法可达到的 Ra 极限值。

表 6-115　表面粗糙度符号、代号及其注法（GB/T 131—2006 摘录）

表面粗糙度符号及意义		表面粗糙度数值及其有关规定在符号中注写的位置
符　号	**意　义　及　说　明**	
∨	基本符号，表示表面可用任何方法获得。当不加注表面粗糙度参数值或有关说明（如表面处理、局部热处理状况等）时，仅适用于简化代号标注	
∨̄	基本符号上加一短横，表示表面是用去除材料的方法获得，如车、铣、钻、磨、剪切、抛光、腐蚀、电火花加工、气割等	
∨○	基本符号上加一小圆，表示表面是用不去除材料的方法获得，如铸、锻、冲压变形、热轧、冷轧、粉末冶金等，或者是用于保持原供应状况的表面（包括保持上道工序的状况）	位置 a——注写表面结构的单一要求 位置 a 和 b——注写两个或多个表面结构要求 位置 c——注写加工方法 位置 d——注写表面纹理和方向 位置 e——注写加工余量
∨ ∨ ∨	在上述三个符号的长边上均可加一横线，用于标注有关参数和说明	
∨ ∨ ∨	在上述三个符号上均可加一小圆，表示所有表面具有相同的表面粗糙度要求	

符　号	**含义/解释**
$\sqrt{}$ Rz 0.4	表示不允许去除材料，单向上限值，默认传输带，R 轮廓，粗糙度的最大高度 0.4μm，评定长度为 5 个取样长度（默认），"16%规则"（默认）
$\sqrt{}$ Rz max 0.2	表示去除材料，单向上限值，默认传输带，R 轮廓，粗糙度最大高度的最大值 0.2μm，评定长度为 5 个取样长度（默认），"最大规则"
$\sqrt{}$ 0.008-0.8/Ra 3.2	表示去除材料，单向上限值，传输带 0.008~0.8mm，R 轮廓，算术平均偏差 3.2μm，评定长度为 5 个取样长度（默认），"16%规则"（默认）

（续）

符　号	含义/解释
$\sqrt{}^{-0.8/Ra3\ 3.2}$	表示去除材料，单向上限值，传输带：根据 GB/T 6062，取样长度 0.8μm（λ_s 默认 0.0025mm），R 轮廓，算术平均偏差 3.2μm，评定长度包含 3 个取样长度，"16% 规则"（默认）
$\sqrt{}\ {\small\begin{array}{l}U\ Ra\ max\ 3.2\\ L\ Ra\ 0.8\end{array}}$	表示不允许去除材料，双向极限值，两极限值均使用默认传输带，R 轮廓，上限值：算术平均偏差 3.2μm，评定长度为 5 个取样长度（默认），"最大规则"，下限值：算术平均偏差 0.8μm，评定长度为 5 个取样长度（默认），"16% 规则"（默认）
$\sqrt{}^{0.8-25/Wz3\ 10}$	表示去除材料，单向上限值，传输带 0.8~25mm，W 轮廓，波纹度最大高度 10μm，评定长度包含 3 个取样长度，"16% 规则"（默认）
$\sqrt{}^{0.008-/Pt\ max\ 25}$	表示去除材料，单向上限值，传输带 $\lambda_s = 0.008$mm，无长波滤器，P 轮廓，轮廓总高 25μm，评定长度等于工件长度（默认），"最大规则"
$\sqrt{}^{0.0025-0.1//Rx\ 0.2}$	表示任意加工方法，单向上限值，传输带 $\lambda_s = 0.0025$mm，$A = 0.1$mm，评定长度 3.2mm（默认），粗糙度图形参数，粗糙度图形最大深度 0.2μm，"16% 规则"（默认）
$\sqrt{}^{/10/R\ 10}$	表示不允许去除材料，单向上限值，传输带 $\lambda_s = 0.008$mm（默认），$A = 0.5$mm（默认），评定长度 10mm，粗糙度图形参数，粗糙度图形平均深度 10μm，"16% 规则"（默认）
$\sqrt{}^{W\ 1}$	表示去除材料，单向上限值，传输带 $A = 0.5$mm（默认），$B = 2.5$mm（默认），评定长度 16mm（默认），波纹度图形参数，波形度图形平均深度 1mm，"16% 规则"（默认）
$\sqrt{}^{-0.3/6/AR\ 0.09}$	表示任意加工方法，单向上限值，传输带 $\lambda_s = 0.008$mm（默认），$A = 0.3$mm（默认），评定长度 6mm，粗糙度图形参数，粗糙度图形平均间距 0.09mm，"16% 规则"（默认）

第八节　渐开线圆柱齿轮精度、锥齿轮精度和圆柱蜗杆、蜗轮精度

一、渐开线圆柱齿轮精度（GB/T 10095—2008 和 GB/Z 18620—2008 摘录）

标准 GB/T 10095—2008《渐开线圆柱齿轮　精度制》由两部分组成，与标准 GB/Z 18620—2008《圆柱齿轮　检验实施规范》组成一个标准和指导性技术文件的体系。两标准等同采用 ISO 1328《圆柱齿轮　ISO 精度制》和 ISO 10064《圆柱齿轮　检验实施规范》相应部分。

1. 精度等级与检验要求

标准 GB/T 10095.1 规定了单个渐开线圆柱齿轮同侧齿面的精度，该精度分为 0~12 共 13 个精度等级，0 级最高，12 级最低。标准 GB/T 10095.2 规定了单个渐开线圆柱齿轮的有关径向综合偏差的精度，其中径向综合公差的精度分为 4~12 共 9 个精度等级，4 级最高，12 级最低。标准 GB/T 10095.1 和 GB/T 10095.2 定义的精度见表 6-116。

表 6-116　齿轮精度标准中的术语定义和符号

精度位置	偏差种类	偏差项目	符 号	定义和计算公式[①]	数值和说明图
渐开线圆柱齿轮轮齿同侧齿面偏差	齿距偏差	单个齿距偏差	f_{pt}	在端平面上，在接近齿高中部的一个与齿轮轴线同心的圆上，实际齿距与理论齿距的代数差 $\pm f_{pt}=0.3(m_n+0.4\sqrt{d})+4$	表 6-117 图 6-4
		齿距累积偏差	F_{pk}	任意 k 个齿距的实际弧长与理论弧长的代数差，理论上等于这 k 个齿距的各单个齿距偏差的代数和，且一般 $k\leqslant 8/z$ $\pm F_{pk}=f_{pt}+1.6\sqrt{(k-1)m_n}$	图 6-4
		齿距累积总偏差	F_p	齿轮同侧齿面任意弧段内的最大齿距积累偏差，它表现为齿距积累偏差的总幅值 $F_p=0.3m_n+1.25\sqrt{d}+7$	表 6-118
	齿廓偏差	齿廓偏差可用长度	L_{AF}	两条端面基圆切线之差，两切线分别为从基圆到可用齿廓的外界限点和内界限点，前者被齿顶、齿顶倒棱或倒圆的起始点（图 6-5 中点 A）限定，后者即齿根方向上内界限点被齿根圆角或根切的起始点（图 6-5 中点 F）限定	图 6-5a
		齿廓偏差有效长度	L_{AE}	可用长度对应于有效齿廓的部分，图 6-5 中点 E 为齿根上有效长度延伸到与之配对齿轮有效啮合的终止点	图 6-5a
		齿廓偏差齿廓计值范围	L_α	可用长度的一部分，除另有规定外，其长度等于 L_{AE} 的 92%	图 6-5a
		齿廓偏差设计齿廓		符合设计规定的齿廓，无其他规定时指齿面齿廓	
		齿廓偏差被测齿面平均齿廓		设计齿廓迹线的纵坐标减去一条斜直线的纵坐标后得到的一条迹线	
		齿廓总偏差	F_α	计值范围内包容实际廓线的两条设计齿廓迹线间的距离 $F_\alpha=3.2\sqrt{m_n}+0.22\sqrt{d}+0.7$	表 6-119 图 6-5b
		齿廓形状偏差	$f_{f\alpha}$	计值范围内包容实际廓线的两条与平均齿廓迹线完全相同的迹线间的距离，且两条曲线与平均齿廓迹线的距离为常数	表 6-120 图 6-5c
		齿廓倾斜偏差	$f_{H\alpha}$	计值范围内的两段面与平均迹线相交的两条设计齿廓迹线间的距离	表 6-121 图 6-5d
	螺旋线偏差	螺旋线偏差迹线长度		与齿宽成正比而不包括齿端倒角或修圆在内的长度	
		螺旋线偏差计值范围	L_β	5% 齿宽或等于一个模数的长度	
		螺旋线偏差设计螺旋线		符合设计规定的螺旋线	

（续）

精度位置	偏差种类	偏差项目	符　号	定义和计算公式[①]	数值和说明图
渐开线圆柱齿轮轮齿同侧齿面偏差	螺旋线偏差	螺旋线偏差被测齿面的平均螺旋线		设计螺旋线迹线的纵坐标减去一条斜直线的纵坐标后得到的一条迹线	
		螺旋线总偏差	F_β	计值范围内包括实际螺旋线迹线的两条设计螺旋线间的距离 $F_\beta = 0.1\sqrt{d} + 0.63\sqrt{b} + 4.2$	表 6-122 图 6-6a
		螺旋线形状偏差	$f_{f\beta}$	计值范围内包括实际螺旋线迹线的两条与平均螺旋线迹线完全相同的区线间的距离，且两条曲线与平均螺旋线迹线的距离为常数	表 6-123 图 6-6b
		螺旋线倾斜偏差	$f_{H\beta}$	计值范围内的两端与平均螺旋线迹线相交的设计螺旋线间的距离	表 6-123 图 6-6c
	切向综合偏差	切向综合总偏差	F_i'	被测齿轮与测量齿轮单面啮合检验时，被测齿轮一转内齿轮分度圆上实际圆周位移与理论圆周位移的最大差值 $F_i' = F_p + f_i'$	图 6-7
		一齿切向综合偏差	f_i'	在一个齿距内的切向综合偏差 $f_i' = K\ (4.3 + f_{pt} + F_\alpha)$ 其中　$K = 0.2\ (\varepsilon_r + 4)\ /\varepsilon_r\ (\varepsilon_r < 4)$ $K = 0.4\ (\varepsilon_r \geq 4)$	表 6-124 图 6-7
渐开线圆柱齿轮径向综合偏差与径向跳动	径向综合偏差	径向综合总偏差	F_i''	在径向（双面）综合检验时产品齿轮的左右齿面同时与测量齿轮接触并转过一整圈时出现的中心距最大值与最小值之差	表 6-125 图 6-8
		一齿径向综合偏差	f_i''	产品齿轮啮合一整圈时对应一个齿距（360/z）的径向综合偏差值，产品齿轮所有轮齿的 f_i'' 中的最大值不应超过规定的允许值	表 6-126 图 6-8
	径向跳动	径向跳动公差	F_r	测头相继位于每个齿槽内，在近似齿高中部与左右齿面接触，其与齿轮轴线间的最大和最小径向距离之差	表 6-127 图 6-9

①　表中公式为 5 级精度的公差计算式。式中：z 为齿轮齿数，m_n、d、b 为分段界限值的几何平均值。

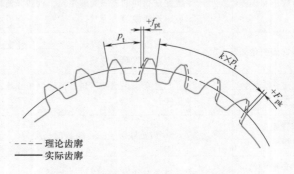

图 6-4　齿距偏差与齿距累积偏差（$k = 3$）

表 6-117　单个齿距极限偏差 $\pm f_{\mathrm{pt}}$　　　　　　　（单位：μm）

分度圆直径 d/mm	法向模数 $m_{\mathrm{n}}/\mathrm{mm}$	精 度 等 级												
		0	1	2	3	4	5	6	7	8	9	10	11	12
$5\leqslant d\leqslant 20$	$0.5\leqslant m_{\mathrm{n}}\leqslant 2$	0.8	1.2	1.7	2.3	3.3	4.7	6.5	9.5	13.0	19.0	26.0	37.0	53.0
	$2<m_{\mathrm{n}}\leqslant 3.5$	0.9	1.3	1.8	2.6	3.7	5.0	7.5	10.0	15.0	21.0	29.0	41.0	59.0
$20<d\leqslant 50$	$0.5\leqslant m_{\mathrm{n}}\leqslant 2$	0.9	1.2	1.8	2.5	3.5	5.0	7.0	10.0	14.0	20.0	28.0	40.0	56.0
	$2<m_{\mathrm{n}}\leqslant 3.5$	1.0	1.4	1.9	2.7	3.9	5.5	7.5	11.0	15.0	22.0	31.0	44.0	62.0
	$3.5<m_{\mathrm{n}}\leqslant 6$	1.1	1.5	2.1	3.0	4.3	6.0	8.5	12.0	17.0	24.0	34.0	48.0	68.0
	$6<m_{\mathrm{n}}\leqslant 10$	1.2	1.7	2.5	3.5	4.9	7.0	10.0	14.0	20.0	28.0	40.0	56.0	79.0
$50<d\leqslant 125$	$0.5\leqslant m_{\mathrm{n}}\leqslant 2$	0.9	1.3	1.9	2.7	3.8	5.5	7.5	11.0	15.0	21.0	30.0	43.0	61.0
	$2<m_{\mathrm{n}}\leqslant 3.5$	1.0	1.5	2.1	2.9	4.1	6.0	8.5	12.0	17.0	23.0	33.0	47.0	66.0
	$3.5<m_{\mathrm{n}}\leqslant 6$	1.1	1.6	2.3	3.2	4.6	6.5	9.0	13.0	18.0	26.0	36.0	52.0	73.0
	$6<m_{\mathrm{n}}\leqslant 10$	1.3	1.8	2.6	3.7	5.0	7.5	10.0	15.0	21.0	30.0	42.0	59.0	84.0
	$10<m_{\mathrm{n}}\leqslant 16$	1.6	2.2	3.1	4.4	6.5	9.0	13.0	18.0	25.0	35.0	50.0	71.0	100.0
	$16<m_{\mathrm{n}}\leqslant 25$	2.0	2.8	3.9	5.5	8.0	11.0	16.0	22.0	31.0	44.0	63.0	89.0	125.0
$125<d\leqslant 280$	$0.5\leqslant m_{\mathrm{n}}\leqslant 2$	1.1	1.5	2.1	3.0	4.2	6.0	8.5	12.0	17.0	24.0	34.0	48.0	67.0
	$2<m_{\mathrm{n}}\leqslant 3.5$	1.1	1.6	2.3	3.2	4.6	6.5	9.0	13.0	18.0	26.0	36.0	51.0	73.0
	$3.5<m_{\mathrm{n}}\leqslant 6$	1.2	1.8	2.5	3.5	5.0	7.0	10.0	14.0	20.0	28.0	40.0	56.0	79.0
	$6<m_{\mathrm{n}}\leqslant 10$	1.4	2.0	2.8	4.0	5.5	8.0	11.0	16.0	23.0	32.0	45.0	64.0	90.0
	$10<m_{\mathrm{n}}\leqslant 16$	1.7	2.4	3.3	4.7	6.5	9.5	13.0	19.0	27.0	38.0	53.0	75.0	107.0
	$16<m_{\mathrm{n}}\leqslant 25$	2.1	2.9	4.1	6.0	8.0	12.0	16.0	23.0	33.0	47.0	66.0	93.0	132.0
	$25<m_{\mathrm{n}}\leqslant 40$	2.7	3.8	5.5	7.5	11.0	15.0	21.0	30.0	43.0	61.0	86.0	121.0	171.0
$280<d\leqslant 560$	$0.5\leqslant m_{\mathrm{n}}\leqslant 2$	1.2	1.7	2.4	3.3	4.7	6.5	9.5	13.0	19.0	27.0	38.0	54.0	76.0
	$2<m_{\mathrm{n}}\leqslant 3.5$	1.3	1.8	2.5	3.6	5.0	7.0	10.0	14.0	20.0	29.0	41.0	57.0	81.0
	$3.5<m_{\mathrm{n}}\leqslant 6$	1.4	1.9	2.7	3.9	5.5	8.0	11.0	16.0	22.0	31.0	44.0	62.0	88.0
	$6<m_{\mathrm{n}}\leqslant 10$	1.5	2.2	3.1	4.4	6.0	8.5	12.0	17.0	25.0	35.0	49.0	70.0	99.0
	$10<m_{\mathrm{n}}\leqslant 16$	1.8	2.5	3.6	5.0	7.0	10.0	14.0	20.0	29.0	41.0	58.0	81.0	115.0
	$16<m_{\mathrm{n}}\leqslant 25$	2.2	3.1	4.4	6.0	9.0	12.0	18.0	25.0	35.0	50.0	70.0	99.0	140.0
	$25<m_{\mathrm{n}}\leqslant 40$	2.8	4.0	5.5	8.0	11.0	16.0	22.0	32.0	45.0	63.0	90.0	127.0	180.0
	$40<m_{\mathrm{n}}\leqslant 70$	3.9	5.5	8.0	11.0	16.0	22.0	31.0	45.0	63.0	89.0	126.0	178.0	252.0
$560<d\leqslant 1000$	$0.5\leqslant m_{\mathrm{n}}\leqslant 2$	1.3	1.9	2.7	3.8	5.5	7.5	11.0	15.0	21.0	30.0	43.0	61.0	86.0
	$2<m_{\mathrm{n}}\leqslant 3.5$	1.4	2.0	2.9	4.0	5.5	8.0	11.0	16.0	23.0	32.0	46.0	65.0	91.0
	$3.5<m_{\mathrm{n}}\leqslant 6$	1.5	2.2	3.1	4.3	6.0	8.5	12.0	17.0	24.0	35.0	49.0	69.0	98.0
	$6<m_{\mathrm{n}}\leqslant 10$	1.7	2.4	3.4	4.8	7.0	9.5	14.0	19.0	27.0	38.0	54.0	77.0	109.0
	$10<m_{\mathrm{n}}\leqslant 16$	2.0	2.8	3.9	5.5	8.0	11.0	16.0	22.0	31.0	44.0	63.0	89.0	125.0
	$16<m_{\mathrm{n}}\leqslant 25$	2.3	3.3	4.7	6.5	9.5	13.0	19.0	27.0	38.0	53.0	75.0	106.0	150.0
	$25<m_{\mathrm{n}}\leqslant 40$	3.0	4.2	6.0	8.5	12.0	17.0	24.0	34.0	47.0	67.0	95.0	134.0	190.0
	$40<m_{\mathrm{n}}\leqslant 70$	4.1	6.0	8.0	12.0	16.0	23.0	33.0	46.0	65.0	93.0	131.0	185.0	262.0

表 6-118 齿距累积总偏差 F_p （单位：μm）

分度圆直径 d/mm	法向模数 m_n/mm	精度等级												
		0	1	2	3	4	5	6	7	8	9	10	11	12
$5 \leqslant d \leqslant 20$	$0.5 \leqslant m_n \leqslant 2$	2.0	2.8	4.0	5.5	8.0	11.0	16.0	23.0	32.0	45.0	64.0	90.0	127.0
	$2 < m_n \leqslant 3.5$	2.1	2.9	4.2	6.0	8.5	12.0	17.0	23.0	33.0	47.0	66.0	94.0	133.0
$20 < d \leqslant 50$	$0.5 \leqslant m_n \leqslant 2$	2.5	3.6	5.0	7.0	10.0	14.0	20.0	29.0	41.0	57.0	81.0	115.0	162.0
	$2 < m_n \leqslant 3.5$	2.6	3.7	5.0	7.5	10.0	15.0	21.0	30.0	42.0	59.0	84.0	119.0	168.0
	$3.5 < m_n \leqslant 6$	2.7	3.9	5.5	7.5	11.0	15.0	22.0	31.0	44.0	62.0	87.0	123.0	174.0
	$6 < m_n \leqslant 10$	2.9	4.1	6.0	8.0	12.0	16.0	23.0	33.0	46.0	65.0	93.0	131.0	185.0
$50 < d \leqslant 125$	$0.5 \leqslant m_n \leqslant 2$	3.3	4.6	6.5	9.0	13.0	18.0	26.0	37.0	52.0	74.0	104.0	147.0	208.0
	$2 < m_n \leqslant 3.5$	3.3	4.7	6.5	9.5	13.0	19.0	27.0	38.0	53.0	76.0	107.0	151.0	214.0
	$3.5 < m_n \leqslant 6$	3.4	4.9	7.0	9.5	14.0	19.0	28.0	39.0	55.0	78.0	110.0	156.0	220.0
	$6 < m_n \leqslant 10$	3.6	5.0	7.0	10.0	14.0	20.0	29.0	41.0	58.0	82.0	116.0	164.0	231.0
	$10 < m_n \leqslant 16$	3.9	5.5	7.5	11.0	15.0	22.0	31.0	44.0	62.0	88.0	124.0	175.0	248.0
	$16 < m_n \leqslant 25$	4.3	6.0	8.5	12.0	17.0	24.0	34.0	48.0	68.0	96.0	136.0	193.0	273.0
$125 < d \leqslant 280$	$0.5 \leqslant m_n \leqslant 2$	4.3	6.0	8.5	12.0	17.0	24.0	35.0	49.0	69.0	98.0	138.0	195.0	276.0
	$2 < m_n \leqslant 3.5$	4.4	6.0	9.0	12.0	18.0	25.0	35.0	50.0	70.0	100.0	141.0	199.0	282.0
	$3.5 < m_n \leqslant 6$	4.5	6.5	9.0	13.0	18.0	25.0	36.0	51.0	72.0	102.0	144.0	204.0	288.0
	$6 < m_n \leqslant 10$	4.7	6.5	9.5	13.0	19.0	26.0	37.0	53.0	75.0	106.0	149.0	211.0	299.0
	$10 < m_n \leqslant 16$	4.9	7.0	10.0	14.0	20.0	28.0	39.0	56.0	79.0	112.0	158.0	223.0	316.0
	$16 < m_n \leqslant 25$	5.5	7.5	11.0	15.0	21.0	30.0	43.0	60.0	85.0	120.0	170.0	241.0	341.0
	$25 < m_n \leqslant 40$	6.0	8.5	12.0	17.0	24.0	34.0	47.0	67.0	95.0	134.0	190.0	269.0	380.0
$280 < d \leqslant 560$	$0.5 \leqslant m_n \leqslant 2$	5.5	8.0	11.0	16.0	23.0	32.0	46.0	64.0	91.0	129.0	182.0	257.0	364.0
	$2 < m_n \leqslant 3.5$	6.0	8.0	12.0	16.0	23.0	33.0	46.0	65.0	92.0	131.0	185.0	261.0	370.0
	$3.5 < m_n \leqslant 6$	6.0	8.5	12.0	17.0	24.0	33.0	47.0	66.0	94.0	133.0	188.0	266.0	376.0
	$6 < m_n \leqslant 10$	6.0	8.5	12.0	17.0	24.0	34.0	48.0	68.0	97.0	137.0	193.0	274.0	387.0
	$10 < m_n \leqslant 16$	6.5	9.0	13.0	18.0	25.0	36.0	50.0	71.0	101.0	143.0	202.0	285.0	404.0
	$16 < m_n \leqslant 25$	6.5	9.5	13.0	19.0	27.0	38.0	54.0	76.0	107.0	151.0	214.0	303.0	428.0
	$25 < m_n \leqslant 40$	7.5	10.0	15.0	21.0	29.0	41.0	58.0	83.0	117.0	165.0	234.0	331.0	468.0
	$40 < m_n \leqslant 70$	8.5	12.0	17.0	24.0	34.0	48.0	68.0	95.0	135.0	191.0	270.0	382.0	540.0
$560 < d \leqslant 1000$	$0.5 \leqslant m_n \leqslant 2$	7.5	10.0	15.0	21.0	29.0	41.0	59.0	83.0	117.0	166.0	235.0	332.0	469.0
	$2 < m_n \leqslant 3.5$	7.5	10.0	15.0	21.0	30.0	42.0	59.0	84.0	119.0	168.0	238.0	336.0	475.0
	$3.5 < m_n \leqslant 6$	7.5	11.0	15.0	21.0	30.0	43.0	60.0	85.0	120.0	170.0	241.0	341.0	482.0
	$6 < m_n \leqslant 10$	7.5	11.0	15.0	22.0	31.0	44.0	62.0	87.0	123.0	174.0	246.0	348.0	492.0
	$10 < m_n \leqslant 16$	8.0	11.0	16.0	22.0	32.0	45.0	64.0	90.0	127.0	180.0	254.0	360.0	509.0
	$16 < m_n \leqslant 25$	8.5	12.0	17.0	24.0	33.0	47.0	67.0	94.0	130.0	189.0	267.0	378.0	534.0
	$25 < m_n \leqslant 40$	9.0	13.0	18.0	25.0	36.0	51.0	72.0	101.0	143.0	203.0	287.0	405.0	573.0
	$40 < m_n \leqslant 70$	10.0	14.0	20.0	29.0	40.0	57.0	81.0	114.0	161.0	228.0	323.0	457.0	646.0

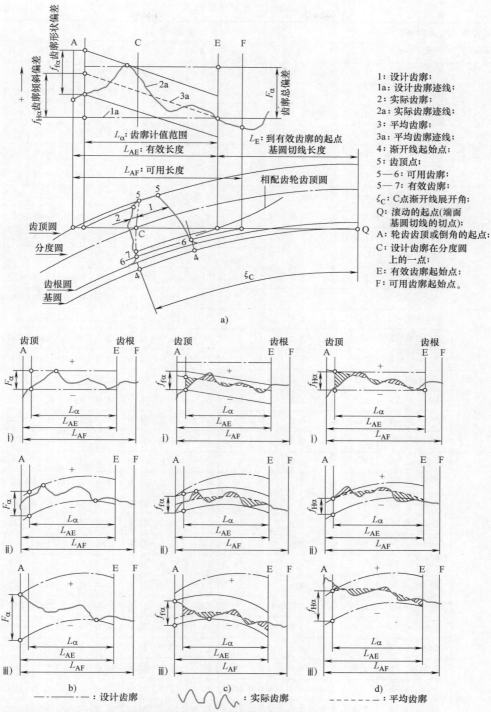

图 6-5　齿轮齿廓和齿廓偏差

a）齿轮齿廓　b）齿廓总偏差　c）齿廓形状偏差　d）齿廓倾斜偏差

表 6-119 齿廓总偏差 F_α （单位：μm）

分度圆直径 d/mm	法向模数 m_n/mm	精 度 等 级											
		0	1	2	3	4	5	6	7	8	9	10	11	12
$5 \leqslant d \leqslant 20$	$0.5 \leqslant m_n \leqslant 2$	0.8	1.1	1.6	2.3	3.2	4.6	6.5	9.0	13.0	18.0	26.0	37.0	52.0
	$2 < m_n \leqslant 3.5$	1.2	1.7	2.3	3.3	4.7	6.5	9.5	13.0	19.0	26.0	37.0	53.0	75.0
$20 < d \leqslant 50$	$0.5 \leqslant m_n \leqslant 2$	0.9	1.3	1.8	2.6	3.6	5.0	7.5	10.0	15.0	21.0	29.0	41.0	58.0
	$2 < m_n \leqslant 3.5$	1.3	1.8	2.5	3.6	5.0	7.0	10.0	14.0	20.0	29.0	40.0	57.0	81.0
	$3.5 < m_n \leqslant 6$	1.6	2.2	3.1	4.4	6.0	9.0	12.0	18.0	25.0	35.0	50.0	70.0	99.0
	$6 < m_n \leqslant 10$	1.9	2.7	3.8	5.5	7.5	11.0	15.0	22.0	31.0	43.0	61.0	87.0	123.0
$50 < d \leqslant 125$	$0.5 \leqslant m_n \leqslant 2$	1.0	1.5	2.1	2.9	4.1	6.0	8.5	12.0	17.0	23.0	33.0	47.0	66.0
	$2 < m_n \leqslant 3.5$	1.4	2.0	2.8	3.9	5.5	8.0	11.0	16.0	22.0	31.0	44.0	63.0	89.0
	$3.5 < m_n \leqslant 6$	1.7	2.4	3.4	4.8	6.5	9.0	13.0	19.0	27.0	38.0	54.0	76.0	108.0
	$6 < m_n \leqslant 10$	2.0	2.9	4.1	6.0	8.0	12.0	16.0	23.0	33.0	46.0	65.0	92.0	131.0
	$10 < m_n \leqslant 16$	2.5	3.5	5.0	7.0	10.0	14.0	20.0	28.0	40.0	56.0	79.0	112.0	159.0
	$16 < m_n \leqslant 25$	3.0	4.2	6.0	8.5	12.0	17.0	24.0	34.0	48.0	68.0	96.0	136.0	192.0
$125 < d \leqslant 280$	$0.5 \leqslant m_n \leqslant 2$	1.2	1.7	2.4	3.5	4.9	7.0	10.0	14.0	20.0	28.0	39.0	55.0	78.0
	$2 < m_n \leqslant 3.5$	1.6	2.2	3.2	4.5	6.5	9.0	13.0	18.0	25.0	36.0	50.0	71.0	101.0
	$3.5 < m_n \leqslant 6$	1.9	2.6	3.7	5.5	7.5	11.0	15.0	21.0	30.0	42.0	60.0	84.0	119.0
	$6 < m_n \leqslant 10$	2.2	3.2	4.5	6.5	9.0	13.0	18.0	25.0	36.0	50.0	71.0	101.0	143.0
	$10 < m_n \leqslant 16$	2.7	3.8	5.5	7.5	11.0	15.0	21.0	30.0	43.0	60.0	85.0	121.0	171.0
	$16 < m_n \leqslant 25$	3.2	4.5	6.5	9.0	13.0	18.0	25.0	36.0	51.0	72.0	102.0	144.0	204.0
	$25 < m_n \leqslant 40$	3.8	5.5	7.5	11.0	15.0	22.0	31.0	43.0	61.0	87.0	123.0	174.0	246.0
$280 < d \leqslant 560$	$0.5 \leqslant m_n \leqslant 2$	1.5	2.1	2.9	4.1	6.0	8.5	12.0	17.0	23.0	33.0	47.0	66.0	94.0
	$2 < m_n \leqslant 3.5$	1.8	2.6	3.6	5.0	7.5	10.0	15.0	21.0	29.0	41.0	58.0	82.0	116.0
	$3.5 < m_n \leqslant 6$	2.1	3.0	4.2	6.0	8.5	12.0	17.0	24.0	34.0	48.0	67.0	95.0	135.0
	$6 < m_n \leqslant 10$	2.5	3.5	4.9	7.0	10.0	14.0	20.0	28.0	40.0	56.0	79.0	112.0	158.0
	$10 < m_n \leqslant 16$	2.9	4.1	6.0	8.0	12.0	16.0	23.0	33.0	47.0	66.0	93.0	132.0	186.0
	$16 < m_n \leqslant 25$	3.4	4.8	7.0	9.5	14.0	19.0	27.0	39.0	55.0	78.0	110.0	155.0	219.0
	$25 < m_n \leqslant 40$	4.1	6.0	8.0	12.0	16.0	23.0	33.0	46.0	65.0	92.0	131.0	185.0	261.0
	$40 < m_n \leqslant 70$	5.0	7.0	10.0	14.0	20.0	28.0	40.0	57.0	80.0	113.0	160.0	227.0	321.0
$560 < d \leqslant 1000$	$0.5 \leqslant m_n \leqslant 2$	1.8	2.5	3.5	5.0	7.0	10.0	14.0	20.0	28.0	40.0	56.0	79.0	112.0
	$2 < m_n \leqslant 3.5$	2.1	3.0	4.2	6.0	8.5	12.0	17.0	24.0	34.0	48.0	67.0	95.0	135.0
	$3.5 < m_n \leqslant 6$	2.4	3.4	4.8	7.0	9.5	14.0	19.0	27.0	38.0	54.0	77.0	109.0	154.0
	$6 < m_n \leqslant 10$	2.8	3.9	5.5	8.0	11.0	16.0	22.0	31.0	44.0	62.0	88.0	125.0	177.0
	$10 < m_n \leqslant 16$	3.2	4.5	6.5	9.0	13.0	18.0	26.0	36.0	51.0	72.0	102.0	145.0	205.0
	$16 < m_n \leqslant 25$	3.7	5.5	7.5	11.0	15.0	21.0	30.0	42.0	59.0	84.0	119.0	168.0	238.0
	$25 < m_n \leqslant 40$	4.4	6.0	8.5	12.0	17.0	25.0	35.0	49.0	70.0	99.0	140.0	198.0	280.0
	$40 < m_n \leqslant 70$	5.5	7.5	11.0	15.0	21.0	30.0	42.0	60.0	85.0	120.0	170.0	240.0	339.0

表 6-120 齿廓形状偏差 $f_{f\alpha}$　　　　　　　　（单位：μm）

分度圆直径 d/mm	法向模数 m_n/mm	精度等级												
		0	1	2	3	4	5	6	7	8	9	10	11	12
5≤d≤20	0.5≤m_n≤2	0.6	0.9	1.3	1.8	2.5	3.5	5.0	7.0	10.0	14.0	20.0	28.0	40.0
	2<m_n≤3.5	0.9	1.3	1.8	2.6	3.6	5.0	7.0	10.0	14.0	20.0	29.0	41.0	58.0
20<d≤50	0.5≤m_n≤2	0.7	1.0	1.4	2.0	2.8	4.0	5.5	8.0	11.0	16.0	22.0	32.0	45.0
	2<m_n≤3.5	1.0	1.4	2.0	2.8	3.9	5.5	8.0	11.0	16.0	22.0	31.0	44.0	62.0
	3.5<m_n≤6	1.2	1.7	2.4	3.4	4.8	7.0	9.5	14.0	19.0	27.0	39.0	54.0	77.0
	6<m_n≤10	1.5	2.1	3.0	4.2	6.0	8.5	12.0	17.0	24.0	34.0	48.0	67.0	95.0
50<d≤125	0.5≤m_n≤2	0.8	1.1	1.6	2.3	3.2	4.5	6.5	9.0	13.0	18.0	26.0	36.0	51.0
	2<m_n≤3.5	1.1	1.5	2.1	3.0	4.3	6.0	8.5	12.0	17.0	24.0	34.0	49.0	69.0
	3.5<m_n≤6	1.3	1.8	2.6	3.7	5.0	7.5	10.0	15.0	21.0	29.0	42.0	59.0	83.0
	6<m_n≤10	1.6	2.2	3.2	4.5	6.5	9.0	13.0	18.0	25.0	36.0	51.0	72.0	101.0
	10<m_n≤16	1.9	2.7	3.9	5.5	7.5	11.0	15.0	22.0	31.0	44.0	62.0	87.0	123.0
	16<m_n≤25	2.3	3.3	4.7	6.5	9.5	13.0	19.0	26.0	37.0	53.0	75.0	106.0	149.0
125<d≤280	0.5≤m_n≤2	0.9	1.3	1.9	2.7	3.8	5.5	7.5	11.0	15.0	21.0	30.0	43.0	60.0
	2<m_n≤3.5	1.2	1.7	2.4	3.4	4.9	7.0	9.5	14.0	19.0	28.0	39.0	55.0	78.0
	3.5<m_n≤6	1.4	2.0	2.9	4.1	8.0	8.0	12.0	16.0	23.0	33.0	46.0	65.0	93.0
	6<m_n≤10	1.7	2.4	3.5	4.9	7.0	10.0	14.0	20.0	28.0	39.0	55.0	78.0	111.0
	10<m_n≤16	2.1	2.9	4.0	6.0	8.5	12.0	17.0	23.0	33.0	47.0	66.0	94.0	133.0
	16<m_n≤25	2.5	3.5	5.0	7.0	10.0	14.0	20.0	28.0	40.0	56.0	79.0	112.0	158.0
	25<m_n≤40	3.0	4.2	6.0	8.5	12.0	17.0	24.0	34.0	48.0	68.0	96.0	135.0	191.0
280<d≤560	0.5≤m_n≤2	1.1	1.6	2.3	3.2	4.5	6.5	9.0	13.0	18.0	26.0	36.0	51.0	72.0
	2<m_n≤3.5	1.4	2.0	2.8	4.0	5.5	8.0	11.0	16.0	22.0	32.0	45.0	64.0	90.0
	3.5<m_n≤6	1.6	2.3	3.3	4.6	6.5	9.0	13.0	18.0	26.0	37.0	52.0	74.0	104.0
	6<m_n≤10	1.9	2.7	3.8	5.5	7.5	11.0	15.0	22.0	31.0	43.0	61.0	87.0	123.0
	10<m_n≤16	2.3	3.2	4.5	6.5	9.0	13.0	18.0	26.0	36.0	51.0	72.0	102.0	145.0
	16<m_n≤25	2.7	3.8	5.5	7.5	11.0	15.0	21.0	30.0	43.0	60.0	85.0	121.0	170.0
	25<m_n≤40	3.2	4.5	6.5	9.0	13.0	18.0	25.0	36.0	51.0	72.0	101.0	144.0	203.0
	40<m_n≤70	3.9	5.5	8.0	11.0	16.0	22.0	31.0	44.0	62.0	88.0	125.0	177.0	250.0
560<d≤1000	0.5≤m_n≤2	1.4	1.9	2.7	3.8	5.5	7.5	11.0	15.0	22.0	31.0	43.0	61.0	87.0
	2<m_n≤3.5	1.6	2.3	3.3	4.6	6.5	9.0	13.0	18.0	26.0	37.0	52.0	74.0	104.0
	3.5<m_n≤6	1.9	2.6	3.7	5.5	7.5	11.0	15.0	21.0	30.0	42.0	59.0	84.0	119.0
	6<m_n≤10	2.1	3.0	4.3	6.0	8.5	12.0	17.0	24.0	34.0	48.0	68.0	97.0	137.0
	10<m_n≤16	2.5	3.5	5.0	7.0	10.0	14.0	20.0	28.0	40.0	56.0	79.0	112.0	159.0
	16<m_n≤25	2.9	4.1	6.0	8.0	12.0	16.0	23.0	33.0	46.0	65.0	92.0	131.0	185.0
	25<m_n≤40	3.4	4.8	7.0	9.5	14.0	19.0	27.0	38.0	54.0	77.0	109.0	154.0	217.0
	40<m_n≤70	4.1	6.0	8.5	12.0	17.0	23.0	33.0	47.0	66.0	93.0	132.0	187.0	264.0

表 6-121 齿廓倾斜极限偏差 $\pm f_{H\alpha}$ （单位：μm）

分度圆直径 d/mm	法向模数 m_n/mm	精 度 等 级												
		0	1	2	3	4	5	6	7	8	9	10	11	12
$5 \leqslant d \leqslant 20$	$0.5 \leqslant m_n \leqslant 2$	0.5	0.7	1.0	1.5	2.1	2.9	4.2	6.0	8.5	12.0	17.0	24.0	33.0
	$2 < m_n \leqslant 3.5$	0.7	1.0	1.5	2.1	3.0	4.2	6.0	8.5	12.0	17.0	24.0	34.0	47.0
$20 < d \leqslant 50$	$0.5 \leqslant m_n \leqslant 2$	0.6	0.8	1.2	1.6	2.3	3.3	4.6	6.5	9.5	13.0	19.0	26.0	37.0
	$2 < m_n \leqslant 3.5$	0.8	1.1	1.6	2.3	3.2	4.5	6.0	9.0	13.0	18.0	26.0	36.0	51.0
	$3.5 < m_n \leqslant 6$	1.0	1.4	2.0	2.8	3.9	5.5	8.0	11.0	16.0	22.0	32.0	45.0	63.0
	$6 < m_n \leqslant 10$	1.2	1.7	2.4	3.4	4.8	7.0	9.5	14.0	19.0	27.0	39.0	55.0	78.0
$50 < d \leqslant 125$	$0.5 \leqslant m_n \leqslant 2$	0.7	0.9	1.3	1.9	2.6	3.7	5.5	7.5	11.0	15.0	21.0	30.0	42.0
	$2 < m_n \leqslant 3.5$	0.9	1.2	1.8	2.5	3.5	5.0	7.0	10.0	14.0	20.0	28.0	40.0	57.0
	$3.5 < m_n \leqslant 6$	1.1	1.5	2.1	3.0	4.3	6.0	8.5	12.0	17.0	24.0	34.0	48.0	68.0
	$6 < m_n \leqslant 10$	1.3	1.8	2.6	3.7	5.0	7.5	10.0	15.0	21.0	29.0	41.0	58.0	83.0
	$10 < m_n \leqslant 16$	1.6	2.2	3.1	4.4	6.5	9.0	13.0	18.0	25.0	35.0	50.0	71.0	100.0
	$16 < m_n \leqslant 25$	1.9	2.7	3.8	5.5	7.5	11.0	15.0	21.0	30.0	43.0	60.0	86.0	121.0
$125 < d \leqslant 280$	$0.5 \leqslant m_n \leqslant 2$	0.8	1.1	1.6	2.2	3.1	4.4	6.0	9.0	12.0	18.0	25.0	35.0	50.0
	$2 < m_n \leqslant 3.5$	1.0	1.4	2.0	2.8	4.0	5.5	8.0	11.0	16.0	23.0	32.0	45.0	64.0
	$3.5 < m_n \leqslant 6$	1.2	1.7	2.4	3.3	4.7	6.5	9.5	13.0	19.0	27.0	38.0	54.0	76.0
	$6 < m_n \leqslant 10$	1.4	2.0	2.8	4.0	5.5	8.0	11.0	16.0	23.0	32.0	45.0	64.0	90.0
	$10 < m_n \leqslant 16$	1.7	2.4	3.4	4.8	6.5	9.5	13.0	19.0	27.0	38.0	54.0	76.0	108.0
	$16 < m_n \leqslant 25$	2.0	2.8	4.0	5.5	8.0	11.0	16.0	23.0	32.0	45.0	64.0	91.0	129.0
	$25 < m_n \leqslant 40$	2.4	3.4	4.8	7.0	9.5	14.0	19.0	27.0	39.0	55.0	77.0	109.0	155.0
$280 < d \leqslant 560$	$0.5 \leqslant m_n \leqslant 2$	0.9	1.3	1.9	2.6	3.7	5.5	7.5	11.0	15.0	21.0	30.0	42.0	60.0
	$2 < m_n \leqslant 3.5$	1.2	1.6	2.3	3.3	4.6	6.5	9.0	13.0	18.0	26.0	37.0	52.0	74.0
	$3.5 < m_n \leqslant 6$	1.3	1.9	2.7	3.8	5.5	7.5	11.0	15.0	21.0	30.0	43.0	61.0	86.0
	$6 < m_n \leqslant 10$	1.6	2.2	3.1	4.4	6.5	9.0	13.0	18.0	25.0	35.0	50.0	71.0	100.0
	$10 < m_n \leqslant 16$	1.8	2.6	3.7	5.0	7.5	10.0	15.0	21.0	29.0	42.0	59.0	83.0	118.0
	$16 < m_n \leqslant 25$	2.2	3.1	4.3	6.0	8.5	12.0	17.0	24.0	35.0	49.0	69.0	98.0	138.0
	$25 < m_n \leqslant 40$	2.6	3.6	5.0	7.5	10.0	15.0	21.0	29.0	41.0	58.0	82.0	116.0	164.0
	$40 < m_n \leqslant 70$	3.2	4.5	6.5	9.0	13.0	18.0	25.0	36.0	50.0	71.0	101.0	143.0	202.0
$560 < d \leqslant 1000$	$0.5 \leqslant m_n \leqslant 2$	1.1	1.6	2.2	3.2	4.5	6.5	9.0	13.0	18.0	25.0	36.0	51.0	72.0
	$2 < m_n \leqslant 3.5$	1.3	1.9	2.7	3.8	5.5	7.5	11.0	15.0	21.0	30.0	43.0	61.0	86.0
	$3.5 < m_n \leqslant 6$	1.5	2.2	3.0	4.3	6.0	8.5	12.0	17.0	24.0	34.0	49.0	69.0	97.0
	$6 < m_n \leqslant 10$	1.7	2.5	3.5	4.9	7.0	10.0	14.0	20.0	28.0	40.0	56.0	79.0	112.0
	$10 < m_n \leqslant 16$	2.0	2.9	4.0	5.5	8.0	11.0	16.0	23.0	32.0	46.0	65.0	92.0	129.0
	$16 < m_n \leqslant 25$	2.3	3.3	4.7	6.5	9.5	13.0	19.0	27.0	38.0	53.0	75.0	106.0	150.0
	$25 < m_n \leqslant 40$	2.8	3.9	5.5	8.0	11.0	16.0	22.0	31.0	44.0	62.0	88.0	125.0	176.0
	$40 < m_n \leqslant 70$	3.3	4.7	6.5	9.5	13.0	19.0	27.0	38.0	53.0	76.0	107.0	151.0	214.0

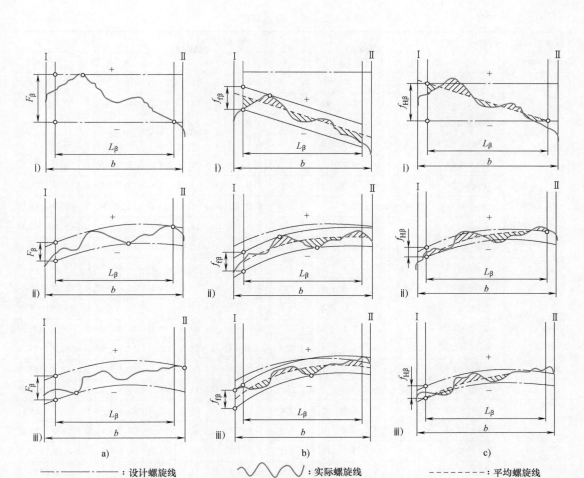

图 **6-6**　螺旋线偏差

a）螺旋线总偏差　b）螺旋线形状偏差　c）螺旋线倾斜偏差

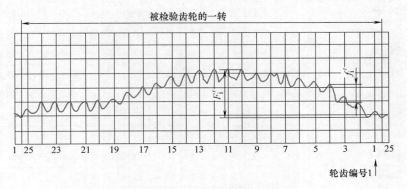

图 **6-7**　切向综合偏差

表 6-122 螺旋线总偏差 F_β （单位：μm）

分度圆直径 d/mm	齿 宽 b/mm	精 度 等 级												
		0	1	2	3	4	5	6	7	8	9	10	11	12
5≤d≤20	4≤b≤10	1.1	1.5	2.2	3.1	4.3	6.0	8.5	12.0	17.0	24.0	35.0	49.0	69.0
	10<b≤20	1.2	1.7	2.4	3.4	4.9	7.0	9.5	14.0	19.0	28.0	39.0	55.0	78.0
	20<b≤40	1.4	2.0	2.8	3.9	5.5	8.0	11.0	16.0	22.0	31.0	45.0	63.0	89.0
	40<b≤80	1.6	2.3	3.3	4.6	6.5	9.5	13.0	19.0	26.0	37.0	52.0	74.0	105.0
20<d≤50	4≤b≤10	1.1	1.6	2.2	3.2	4.5	6.5	9.0	13.0	18.0	25.0	36.0	51.0	72.0
	10<b≤20	1.3	1.8	2.5	3.6	5.0	7.0	10.0	14.0	20.0	29.0	40.0	57.0	81.0
	20<b≤40	1.4	2.0	2.9	4.1	5.5	8.0	11.0	16.0	23.0	32.0	46.0	65.0	92.0
	40<b≤80	1.7	2.4	3.4	4.8	6.5	9.5	13.0	19.0	27.0	38.0	54.0	76.0	107.0
	80<b≤160	2.0	2.9	4.1	5.5	8.0	11.0	16.0	23.0	32.0	46.0	65.0	92.0	130.0
50<d≤125	4≤b≤10	1.2	1.7	2.4	3.3	4.7	6.5	9.5	13.0	19.0	27.0	38.0	53.0	76.0
	10<b≤20	1.3	1.9	2.6	3.7	5.5	7.5	11.0	15.0	21.0	30.0	42.0	60.0	84.0
	20<b≤40	1.5	2.1	3.0	4.2	6.0	8.5	12.0	17.0	24.0	34.0	48.0	68.0	95.0
	40<b≤80	1.7	2.5	3.5	4.9	7.0	10.0	14.0	20.0	28.0	39.0	56.0	79.0	111.0
	80<b≤160	2.1	2.9	4.2	6.0	8.5	12.0	17.0	24.0	33.0	47.0	67.0	94.0	133.0
	160<b≤250	2.5	3.5	4.9	7.0	10.0	14.0	20.0	28.0	40.0	56.0	79.0	112.0	158.0
	250<b≤400	2.9	4.1	6.0	8.0	12.0	16.0	23.0	33.0	46.0	65.0	92.0	130.0	184.0
125<d≤280	4≤b≤10	1.3	1.8	2.5	3.6	5.0	7.0	10.0	14.0	20.0	29.0	40.0	57.0	81.0
	10<b≤20	1.4	2.0	2.8	4.0	5.5	8.0	11.0	16.0	22.0	32.0	45.0	63.0	90.0
	20<b≤40	1.6	2.2	3.2	4.5	6.5	9.0	13.0	18.0	25.0	36.0	50.0	71.0	101.0
	40<b≤80	1.8	2.6	3.6	5.0	7.5	10.0	15.0	21.0	29.0	41.0	58.0	82.0	117.0
	80<b≤160	2.2	3.1	4.3	6.0	8.5	12.0	17.0	25.0	35.0	49.0	69.0	98.0	139.0
	160<b≤250	2.6	3.6	5.0	7.0	10.0	14.0	20.0	29.0	41.0	58.0	82.0	116.0	164.0
	250<b≤400	3.0	4.2	6.0	8.5	12.0	17.0	24.0	34.0	47.0	67.0	95.0	134.0	190.0
	400<b≤650	3.5	4.9	7.0	10.0	14.0	20.0	28.0	40.0	56.0	79.0	112.0	158.0	224.0
280<d≤560	10<b≤20	1.5	2.1	3.0	4.3	6.0	8.5	12.0	17.0	24.0	34.0	48.0	68.0	97.0
	20<b≤40	1.7	2.4	3.4	4.8	6.5	9.5	13.0	19.0	27.0	38.0	54.0	76.0	108.0
	40<b≤80	1.9	2.7	3.9	5.5	7.5	11.0	15.0	22.0	31.0	44.0	62.0	87.0	124.0
	80<b≤160	2.3	3.2	4.6	6.5	9.0	13.0	18.0	26.0	36.0	52.0	73.0	103.0	146.0
	160<b≤250	2.7	3.8	5.5	7.5	11.0	15.0	21.0	30.0	43.0	60.0	85.0	121.0	171.0
	250<b≤400	3.1	4.5	6.0	8.5	12.0	17.0	25.0	35.0	49.0	70.0	98.0	139.0	197.0
	400<b≤650	3.6	5.0	7.0	10.0	14.0	20.0	29.0	41.0	58.0	82.0	115.0	163.0	231.0
	650<b≤1000	4.3	6.0	8.5	12.0	17.0	24.0	34.0	48.0	68.0	96.0	136.0	193.0	272.0
560<d≤1000	10≤b≤20	1.6	2.6	3.3	4.7	6.5	9.5	13.0	19.0	26.0	37.0	53.0	74.0	105.0
	20<b≤40	1.8	2.6	3.6	5.0	7.5	10.0	15.0	21.0	29.0	41.0	58.0	82.0	116.0
	40<b≤80	2.1	2.9	4.1	6.0	8.5	12.0	17.0	23.0	33.0	47.0	66.0	93.0	132.0

（续）

分度圆直径 d/mm	齿宽 b/mm	精度等级												
		0	1	2	3	4	5	6	7	8	9	10	11	12
560<d≤1000	80<b≤160	2.4	3.4	4.8	7.0	9.5	14.0	19.0	27.0	39.0	55.0	77.0	109.0	154.0
	160<b≤250	2.8	4.0	5.5	8.0	11.0	16.0	22.0	32.0	45.0	63.0	90.0	127.0	179.0
	250<b≤400	3.2	4.5	6.5	9.0	13.0	18.0	26.0	36.0	51.0	73.0	103.0	145.0	205.0
	400<b≤650	3.7	5.5	7.5	11.0	15.0	21.0	30.0	42.0	60.0	85.0	120.0	169.0	239.0
	650<b≤1000	4.4	6.0	9.0	12.0	18.0	25.0	35.0	50.0	70.0	99.0	140.0	199.0	281.0

表 6-123　螺旋线形状公差 $f_{f\beta}$ 和螺旋线倾斜极限偏差 $\pm f_{H\beta}$ 　　　　（单位：μm）

分度圆直径 d/mm	齿宽 b/mm	精度等级												
		0	1	2	3	4	5	6	7	8	9	10	11	12
5≤d≤20	4≤b≤10	0.8	1.1	1.5	2.2	3.1	4.4	6.0	8.5	12.0	17.0	25.0	35.0	49.0
	10<b≤20	0.9	1.2	1.7	2.5	3.5	4.9	7.0	10.0	14.0	20.0	28.0	39.0	56.0
	20<b≤40	1.0	1.4	2.0	2.8	4.0	5.5	8.0	11.0	16.0	22.0	32.0	45.0	64.0
	40<b≤80	1.2	1.7	2.3	3.3	4.7	6.5	9.5	13.0	19.0	26.0	37.0	53.0	75.0
20<d≤50	4≤b≤10	0.8	1.1	1.6	2.3	3.2	4.5	6.5	9.0	13.0	18.0	26.0	36.0	51.0
	10<b≤20	0.9	1.3	1.8	2.5	3.6	5.0	7.0	10.0	14.0	20.0	29.0	41.0	58.0
	20<b≤40	1.0	1.4	2.0	2.9	4.1	6.0	8.0	12.0	16.0	23.0	33.0	46.0	65.0
	40<b≤80	1.2	1.7	2.4	3.4	4.8	7.0	9.5	14.0	19.0	27.0	38.0	54.0	77.0
	80<b≤160	1.4	2.0	2.9	4.1	6.0	8.0	12.0	16.0	23.0	33.0	46.0	65.0	93.0
50<d≤125	4≤b≤10	0.8	1.2	1.7	2.4	3.4	4.8	6.5	9.5	13.0	19.0	27.0	38.0	54.0
	10<b≤20	0.9	1.3	1.9	2.7	3.8	5.5	7.5	11.0	15.0	21.0	30.0	43.0	60.0
	20<b≤40	1.1	1.5	2.1	3.0	4.3	6.0	8.5	12.0	17.0	24.0	34.0	48.0	68.0
	40<b≤80	1.2	1.8	2.5	3.5	5.0	7.0	10.0	14.0	20.0	28.0	40.0	56.0	79.0
	80<b≤160	1.5	2.1	3.0	4.2	6.0	8.5	12.0	17.0	24.0	34.0	48.0	67.0	95.0
	160<b≤250	1.8	2.5	3.5	5.0	7.0	10.0	14.0	20.0	28.0	40.0	56.0	80.0	113.0
	250<b≤400	2.1	2.9	4.1	6.0	8.0	12.0	16.0	23.0	33.0	46.0	66.0	93.0	132.0
125<d≤280	4≤b≤10	0.9	1.3	1.8	2.5	3.6	5.0	7.0	10.0	14.0	20.0	29.0	41.0	58.0
	10<b≤20	1.0	1.4	2.0	2.8	4.0	5.5	8.0	11.0	16.0	23.0	32.0	45.0	64.0
	20<b≤40	1.1	1.6	2.2	3.2	4.5	6.5	9.0	13.0	18.0	25.0	36.0	51.0	72.0
	40<b≤80	1.3	1.8	2.6	3.7	5.0	7.5	10.0	15.0	21.0	29.0	42.0	59.0	83.0
	80<b≤160	1.5	2.2	3.1	4.4	6.0	8.5	12.0	17.0	25.0	35.0	49.0	70.0	99.0
	160<b≤250	1.8	2.6	3.6	5.0	7.5	10.0	15.0	21.0	29.0	41.0	58.0	83.0	117.0
	250<b≤400	2.1	3.0	4.2	6.0	8.5	12.0	17.0	24.0	34.0	48.0	68.0	96.0	135.0
	400<b≤650	2.5	3.5	5.0	7.0	10.0	14.0	20.0	28.0	40.0	56.0	80.0	113.0	160.0
280<d≤560	10≤b≤20	1.1	1.5	2.2	3.0	4.3	6.0	8.5	12.0	17.0	24.0	34.0	49.0	69.0
	20<b≤40	1.2	1.7	2.4	3.4	4.8	7.0	9.5	14.0	19.0	27.0	38.0	54.0	77.0

（续）

分度圆直径	齿 宽	精 度 等 级												
d/mm	b/mm	0	1	2	3	4	5	6	7	8	9	10	11	12
	$40 \leq b \leq 80$	1.4	1.9	2.7	3.9	5.5	8.0	11.0	16.0	22.0	31.0	44.0	62.0	88.0
	$80 < b \leq 160$	1.6	2.3	3.2	4.6	6.5	9.0	13.0	18.0	26.0	37.0	52.0	73.0	104.0
$280 < d \leq 560$	$160 < b \leq 250$	1.9	2.7	3.8	5.5	7.5	11.0	15.0	22.0	30.0	43.0	61.0	86.0	122.0
	$250 < b \leq 400$	2.2	3.1	4.4	6.0	9.0	12.0	18.0	25.0	35.0	50.0	70.0	99.0	140.0
	$400 < b \leq 650$	2.6	3.6	5.0	7.5	10.0	15.0	21.0	29.0	41.0	58.0	82.0	116.0	165.0
	$650 < b \leq 1000$	3.0	4.3	6.0	8.5	12.0	17.0	24.0	34.0	49.0	69.0	97.0	137.0	194.0
	$10 \leq b \leq 20$	1.2	1.7	2.3	3.3	4.7	6.5	9.5	13.0	19.0	26.0	37.0	53.0	75.0
	$20 < b \leq 40$	1.3	1.8	2.6	3.7	5.0	7.5	10.0	15.0	21.0	29.0	41.0	58.0	83.0
	$40 < b \leq 80$	1.5	2.1	2.9	4.1	6.0	8.5	12.0	17.0	23.0	33.0	47.0	66.0	94.0
$560 < d \leq 1000$	$80 < b \leq 160$	1.7	2.4	3.4	4.9	7.0	9.5	14.0	19.0	27.0	39.0	55.0	78.0	110.0
	$160 < b \leq 250$	2.0	2.8	4.0	5.5	8.0	11.0	16.0	23.0	32.0	45.0	64.0	90.0	128.0
	$250 < b \leq 400$	2.3	3.2	4.6	6.5	9.0	13.0	18.0	26.0	37.0	52.0	73.0	103.0	146.0
	$400 < b \leq 650$	2.7	3.8	5.5	7.5	11.0	15.0	21.0	30.0	43.0	60.0	85.0	121.0	171.0
	$650 < b \leq 1000$	3.1	4.4	6.5	9.0	13.0	18.0	25.0	35.0	50.0	71.0	100.0	142.0	200.0

表 6-124　f'_i / K 的比值　　　　　　　　　（单位：μm）

分度圆直径	法向模数	精 度 等 级												
d/mm	m_n/mm	0	1	2	3	4	5	6	7	8	9	10	11	12
$5 \leq d \leq 20$	$0.5 \leq m_n \leq 2$	2.4	3.4	4.8	7.0	9.5	14.0	19.0	27.0	38.0	54.0	77.0	109.0	154.0
	$2 < m_n \leq 3.5$	2.8	4.0	5.5	8.0	11.0	16.0	23.0	32.0	45.0	64.0	91.0	129.0	182.0
	$0.5 \leq m_n \leq 2$	2.5	3.6	5.0	7.0	10.0	14.0	20.0	29.0	41.0	58.0	82.0	115.0	163.0
$20 < d \leq 50$	$2 < m_n \leq 3.5$	3.0	4.2	6.0	8.5	12.0	17.0	24.0	34.0	48.0	68.0	96.0	135.0	191.0
	$3.5 < m_n \leq 6$	3.4	4.8	7.0	9.5	14.0	19.0	27.0	38.0	54.0	77.0	108.0	153.0	217.0
	$6 < m_n \leq 10$	3.9	5.5	8.0	11.0	16.0	22.0	31.0	44.0	63.0	89.0	125.0	177.0	251.0
	$0.5 \leq m_n \leq 2$	2.7	3.9	5.5	8.0	11.0	16.0	22.0	31.0	44.0	62.0	88.0	124.0	176.0
	$2 < m_n \leq 3.5$	3.2	4.5	6.5	9.0	13.0	18.0	25.0	36.0	51.0	72.0	102.0	144.0	204.0
$50 < d \leq 125$	$3.5 < m_n \leq 6$	3.6	5.0	7.0	10.0	14.0	20.0	29.0	40.0	57.0	81.0	115.0	162.0	229.0
	$6 < m_n \leq 10$	4.1	6.0	8.0	12.0	16.0	23.0	33.0	47.0	66.0	93.0	132.0	186.0	263.0
	$10 < m_n \leq 16$	4.8	7.0	9.5	14.0	19.0	27.0	38.0	54.0	77.0	109.0	154.0	218.0	308.0
	$16 < m_n \leq 25$	5.5	8.0	11.0	16.0	23.0	32.0	46.0	65.0	91.0	129.0	183.0	259.0	366.0
	$0.5 \leq m_n \leq 2$	3.0	4.3	6.0	8.5	12.0	17.0	24.0	34.0	49.0	69.0	97.0	137.0	194.0
	$2 < m_n \leq 3.5$	3.5	4.9	7.0	10.0	14.0	20.0	28.0	39.0	56.0	79.0	111.0	157.0	222.0
$125 < d \leq 280$	$3.5 < m_n \leq 6$	3.9	5.5	7.5	11.0	15.0	22.0	31.0	44.0	62.0	88.0	124.0	175.0	247.0
	$6 < m_n \leq 10$	4.4	6.0	9.0	12.0	18.0	25.0	35.0	50.0	70.0	100.0	141.0	199.0	281.0
	$10 < m_n \leq 16$	5.0	7.0	10.0	14.0	20.0	29.0	41.0	58.0	82.0	115.0	163.0	231.0	326.0

（续）

分度圆直径 d/mm	法向模数 m_n/mm	精度等级												
		0	1	2	3	4	5	6	7	8	9	10	11	12
125<d≤280	16<m_n≤25	6.0	8.5	12.0	17.0	24.0	34.0	48.0	68.0	96.0	136.0	192.0	272.0	384.0
	25<m_n≤40	7.5	10.0	15.0	21.0	29.0	41.0	58.0	82.0	116.0	165.0	233.0	329.0	465.0
280<d≤560	0.5≤m_n≤2	3.4	4.8	7.0	9.5	14.0	19.0	27.0	39.0	54.0	77.0	109.0	154.0	218.0
	2<m_n≤3.5	3.8	5.5	7.5	11.0	15.0	22.0	31.0	44.0	62.0	87.0	123.0	174.0	246.0
	3.5<m_n≤6	4.2	6.0	8.5	12.0	17.0	24.0	34.0	48.0	68.0	96.0	136.0	192.0	271.0
	6<m_n≤10	4.8	6.5	9.5	13.0	19.0	27.0	38.0	54.0	76.0	108.0	153.0	216.0	305.0
	10<m_n≤16	5.5	7.5	11.0	15.0	22.0	31.0	44.0	62.0	88.0	124.0	175.0	248.0	350.0
	16<m_n≤25	6.5	9.0	13.0	18.0	26.0	36.0	51.0	72.0	102.0	144.0	204.0	289.0	408.0
	25<m_n≤40	7.5	11.0	15.0	22.0	31.0	43.0	61.0	86.0	122.0	173.0	245.0	346.0	489.0
	40<m_n≤70	9.5	14.0	19.0	27.0	39.0	55.0	78.0	110.0	155.0	220.0	311.0	439.0	621.0
560<d≤1000	0.5≤m_n≤2	3.9	5.5	7.5	11.0	15.0	22.0	31.0	44.0	62.0	87.0	123.0	174.0	247.0
	2<m_n≤3.5	4.3	6.0	8.5	12.0	17.0	24.0	34.0	49.0	69.0	97.0	137.0	194.0	275.0
	3.5<m_n≤6	4.7	6.5	9.5	13.0	19.0	27.0	38.0	53.0	75.0	106.0	150.0	212.0	300.0
	6<m_n≤10	5.0	7.5	10.0	15.0	21.0	30.0	42.0	59.0	84.0	118.0	167.0	236.0	334.0
	10<m_n≤16	6.0	8.5	12.0	17.0	24.0	33.0	47.0	67.0	95.0	134.0	189.0	268.0	379.0
	16<m_n≤25	7.0	9.5	14.0	19.0	27.0	39.0	55.0	77.0	109.0	154.0	218.0	309.0	437.0
	25<m_n≤40	8.0	11.0	16.0	23.0	32.0	46.0	65.0	92.0	129.0	183.0	259.0	366.0	518.0
	40<m_n≤70	10.0	14.0	20.0	29.0	41.0	57.0	81.0	115.0	163.0	230.0	325.0	460.0	650.0

表 6-125　径向综合总偏差 F_i''　　　　　　　　（单位：μm）

分度圆直径 d/mm	法向模数 m_n/mm	精度等级								
		4	5	6	7	8	9	10	11	12
5≤d≤20	0.2≤m_n≤0.5	7.5	11	15	21	30	42	60	85	120
	0.5<m_n≤0.8	8.0	12	16	23	33	46	66	93	131
	0.8<m_n≤1.0	9.0	12	18	25	35	50	70	100	141
	1.0<m_n≤1.5	10	14	19	27	38	54	76	108	153
	1.5<m_n≤2.5	11	16	22	32	45	63	89	126	179
	2.5<m_n≤4.0	14	20	28	39	56	79	112	158	223
20<d≤50	0.2≤m_n≤0.5	9.0	13	19	26	37	52	74	105	148
	0.5<m_n≤0.8	10	14	20	28	40	56	80	113	160
	0.8<m_n≤1.0	11	15	21	30	42	60	85	120	169
	1.0<m_n≤1.5	11	16	23	32	45	64	91	128	181
	1.5<m_n≤2.5	13	18	26	37	52	73	103	146	207
	2.5<m_n≤4.0	16	22	31	44	63	89	126	178	251
	4.0<m_n≤6.0	20	28	39	56	79	111	157	222	314
	6.0<m_n≤10	26	37	52	74	104	147	209	295	417

（续）

分度圆直径 d/mm	法向模数 m_n/mm	精度等级								
		4	**5**	**6**	**7**	**8**	**9**	**10**	**11**	**12**
50<d≤125	0.2≤m_n≤0.5	12	16	23	33	46	66	93	131	185
	0.5<m_n≤0.8	12	17	25	35	49	70	98	139	197
	0.8<m_n≤1.0	13	18	26	36	52	73	103	146	206
	1.0<m_n≤1.5	14	19	27	39	55	77	109	154	218
	1.5<m_n≤2.5	15	22	31	43	61	86	122	173	244
	2.5<m_n≤4.0	18	25	36	51	72	102	144	204	288
	4.0<m_n≤6.0	22	31	44	62	88	124	176	248	351
	6.0<m_n≤10	28	40	57	80	114	161	227	321	454
125<d≤280	0.2≤m_n≤0.5	15	21	30	42	60	85	120	170	240
	0.5<m_n≤0.8	16	22	31	44	63	89	126	178	252
	0.8<m_n≤1.0	16	23	33	46	65	92	131	185	261
	1.0<m_n≤1.5	17	24	34	48	68	97	137	193	273
	1.5<m_n≤2.5	19	26	37	53	75	106	149	211	299
	2.5<m_n≤4.0	21	30	43	61	86	121	172	243	343
	4.0<m_n≤6.0	25	36	51	72	102	144	203	287	406
	6.0<m_n≤10	32	45	64	90	127	180	255	360	509
280<d≤560	0.2≤m_n≤0.5	19	28	39	55	78	110	156	220	311
	0.5<m_n≤0.8	20	29	40	57	81	114	161	228	323
	0.8<m_n≤1.0	21	29	42	59	83	117	166	235	332
	1.0<m_n≤1.5	22	30	43	61	86	122	172	243	344
	1.5<m_n≤2.5	23	33	46	65	92	131	185	262	370
	2.5<m_n≤4.0	26	37	52	73	104	146	207	293	414
	4.0<m_n≤6.0	30	42	60	84	119	169	239	337	477
	6.0<m_n≤10	36	51	73	103	145	205	290	410	580
560<d≤1000	0.2≤m_n≤0.5	25	35	50	70	99	140	198	280	396
	0.5<m_n≤0.8	25	36	51	72	102	144	204	288	408
	0.8<m_n≤1.0	26	37	52	74	104	148	209	295	417
	1.0<m_n≤1.5	27	38	54	76	107	152	215	304	429
	1.5<m_n≤2.5	28	40	57	80	114	161	228	322	455
	2.5<m_n≤4.0	31	44	62	88	125	177	250	353	499
	4.0<m_n≤6.0	35	50	70	99	141	199	281	398	562
	6.0<m_n≤10	42	59	83	118	166	235	333	471	665

表 6-126 一齿径向综合偏差 f_i'' （单位：μm）

分度圆直径 d/mm	法向模数 m_n/mm	精度等级								
		4	5	6	7	8	9	10	11	12
5≤d≤20	0.2≤m_n≤0.5	1.0	2.0	2.5	3.5	5.0	7.0	10	14	20
	0.5<m_n≤0.8	2.0	2.5	4.0	5.5	7.5	11	15	22	31
	0.8<m_n≤1.0	2.5	3.5	5.0	7.0	10	14	20	28	39
	1.0<m_n≤1.5	3.0	4.5	6.5	9.0	13	18	25	36	50
	1.5<m_n≤2.5	4.5	6.5	9.5	13	19	26	37	53	74
	2.5<m_n≤4.0	7.0	10	14	20	29	41	58	82	115
20<d≤50	0.2≤m_n≤0.5	1.5	2.0	2.5	3.5	5.0	7.0	10	14	20
	0.5<m_n≤0.8	2.0	2.5	4.0	5.5	7.5	11	15	22	31
	0.8<m_n≤1.0	2.5	3.5	5.0	7.0	10	14	20	28	40
	1.0<m_n≤1.5	3.0	4.5	6.5	9.0	13	18	25	36	51
	1.5<m_n≤2.5	4.5	6.5	9.5	13	19	26	37	53	75
	2.5<m_n≤4.0	7.0	10	14	20	29	41	58	82	116
	4.0<m_n≤6.0	11	15	22	31	43	61	87	123	174
	6.0<m_n≤10	17	24	34	48	67	95	135	190	269
50<d≤125	0.2≤m_n≤0.5	1.5	2.0	2.5	3.5	5.0	7.5	10	15	21
	0.5<m_n≤0.8	2.0	3.0	4.0	5.5	8.0	11	16	22	31
	0.8<m_n≤1.0	2.5	3.5	5.0	7.0	10	14	20	28	40
	1.0<m_n≤1.5	3.0	4.5	6.5	9.0	13	18	26	36	51
	1.5<m_n≤2.5	4.5	6.5	9.5	13	19	26	37	53	75
	2.5<m_n≤4.0	7.0	10	14	20	29	41	58	82	116
	4.0<m_n≤6.0	11	15	22	31	44	62	87	123	174
	6.0<m_n≤10	17	24	34	48	67	95	135	191	269
125<d≤280	0.2≤m_n≤0.5	1.5	2.0	2.5	3.5	5.5	7.5	11	15	21
	0.5<m_n≤0.8	2.0	3.0	4.0	5.5	8.0	11	16	22	32
	0.8<m_n≤1.0	2.5	3.5	5.0	7.0	10	14	20	29	41
	1.0<m_n≤1.5	3.0	4.5	6.5	9.0	13	18	26	36	52
	1.5<m_n≤2.5	4.5	6.5	9.5	13	19	27	38	53	75
	2.5<m_n≤4.0	7.5	10	15	21	29	41	58	82	116
	4.0<m_n≤6.0	11	15	22	31	44	62	87	124	175
	6.0<m_n≤10	17	24	34	48	67	95	135	191	270
280<d≤560	0.2≤m_n≤0.5	1.5	2.0	2.5	40	5.5	7.5	11	15	22
	0.5<m_n≤0.8	2.0	3.0	4.0	5.5	8.0	11	16	23	32
	0.8<m_n≤1.0	2.5	3.5	5.0	7.5	10	15	21	29	41
	1.0<m_n≤1.5	3.5	4.5	6.5	9.0	13	18	26	37	52
	1.5<m_n≤2.5	5.0	6.5	9.5	13	19	27	38	54	76

（续）

分度圆直径 d/mm	法向模数 m_n/mm	精 度 等 级								
		4	5	6	7	8	9	10	11	12
280<d≤560	2.5<m_n≤4.0	7.5	10	15	21	29	41	59	83	117
	4.0<m_n≤6.0	11	15	22	31	44	62	88	124	175
	6.0<m_n≤10	17	24	34	48	68	96	135	191	271
560<d≤1000	0.2≤m_n≤0.5	1.5	2.0	3.0	4.0	5.5	8.0	11	16	23
	0.5<m_n≤0.8	2.0	3.0	4.0	6.0	8.5	12	17	24	33
	0.8<m_n≤1.0	2.5	3.5	5.5	7.5	11	15	21	30	42
	1.0<m_n≤1.5	3.5	4.5	6.5	9.5	13	19	27	38	53
	1.5<m_n≤2.5	5.0	7.0	9.5	14	19	27	38	54	77
	2.5<m_n≤4.0	7.5	10	15	21	30	42	59	83	118
	4.0<m_n≤6.0	11	16	22	31	44	62	88	125	176
	6.0<m_n≤10	17	24	34	48	68	96	136	192	272

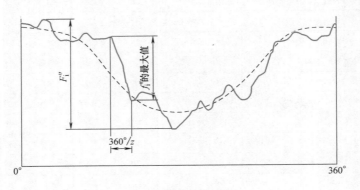

图 6-8　径向综合偏差

表 6-127　径向跳动公差 F_r　　　　　　　　　　（单位：μm）

分度圆直径 d/mm	法向模数 m_n/mm	精 度 等 级												
		0	1	2	3	4	5	6	7	8	9	10	11	12
5≤d≤20	0.5≤m_n≤2.0	1.5	2.5	3.0	4.5	6.5	9.0	13	18	25	36	51	72	102
	2.0<m_n≤3.5	1.5	2.5	3.5	4.5	6.5	9.5	13	19	27	38	53	75	106
20<d≤50	0.5≤m_n≤2.0	2.0	3.0	4.0	5.5	8.0	11	16	23	32	46	65	92	130
	2.0<m_n≤3.5	2.0	3.0	4.0	6.0	8.5	12	17	24	34	47	67	95	134
	3.5<m_n≤6.0	2.0	3.0	4.5	6.0	8.5	12	17	25	35	49	70	99	139
	6.0<m_n≤10	2.5	3.5	4.5	6.5	9.5	13	19	26	37	52	74	105	148
50<d≤125	0.5≤m_n≤2.0	2.5	3.5	5.0	7.5	10	15	21	29	42	59	83	118	167
	2.0<m_n≤3.5	2.5	4.0	5.5	7.5	11	15	21	30	43	61	86	121	171
	3.5<m_n≤6.0	3.0	4.0	5.5	8.0	11	16	22	31	44	62	88	125	176
	6.0<m_n≤10	3.0	4.0	6.0	8.0	12	16	23	33	46	65	92	131	185

（续）

分度圆直径 d/mm	法向模数 m_n/mm	精 度 等 级												
		0	1	2	3	4	5	6	7	8	9	10	11	12
$50<d\leqslant125$	$10<m_n\leqslant16$	3.0	4.5	6.0	9.0	12	18	25	35	50	70	99	140	198
	$16<m_n\leqslant25$	3.5	5.0	7.0	9.5	14	19	27	39	55	77	109	154	218
$125<d\leqslant280$	$0.5\leqslant m_n\leqslant2.0$	3.5	5.0	7.0	10	14	20	28	39	55	78	110	156	221
	$2.0<m_n\leqslant3.5$	3.5	5.0	7.0	10	14	20	28	40	56	80	113	159	225
	$3.5<m_n\leqslant6.0$	3.5	5.0	7.0	10	14	20	29	41	58	82	115	163	231
	$6.0<m_n\leqslant10$	3.5	5.5	7.5	11	15	21	30	42	60	85	120	169	239
	$10<m_n\leqslant16$	4.0	5.5	8.0	11	16	22	32	45	63	89	126	179	252
	$16<m_n\leqslant25$	4.5	6.0	8.5	12	17	24	34	48	68	96	136	193	272
	$25<m_n\leqslant40$	4.5	6.5	9.5	13	19	27	36	54	76	107	152	215	304
$280<d\leqslant560$	$0.5\leqslant m_n\leqslant2.0$	4.5	6.5	9.0	13	18	26	36	51	73	103	146	206	291
	$2.0<m_n\leqslant3.5$	4.5	6.5	9.0	13	18	26	37	52	74	105	148	209	296
	$3.5<m_n\leqslant6.0$	4.5	6.5	9.5	13	19	27	38	53	75	106	150	213	301
	$6.0<m_n\leqslant10$	5.0	7.0	9.5	14	19	27	39	55	77	109	155	219	310
	$10<m_n\leqslant16$	5.0	7.0	10	14	20	29	40	57	81	114	161	228	323
	$16<m_n\leqslant25$	5.5	7.5	11	15	21	30	43	61	86	121	171	242	343
	$25<m_n\leqslant40$	6.0	8.5	12	17	23	33	47	66	94	132	187	265	374
	$40<m_n\leqslant70$	7.0	9.5	14	19	27	38	54	76	108	153	216	306	432
$560<d\leqslant1000$	$0.5\leqslant m_n\leqslant2.0$	6.0	8.5	12	17	23	33	47	66	94	133	188	266	376
	$2.0<m_n\leqslant3.5$	6.0	8.5	12	17	24	34	48	67	95	134	190	269	380
	$3.5<m_n\leqslant6.0$	6.0	8.5	12	17	24	34	48	68	96	136	193	272	385
	$6.0<m_n\leqslant10$	6.0	8.5	12	17	25	35	49	70	98	139	197	279	394
	$10<m_n\leqslant16$	6.5	9.0	13	18	25	36	51	72	102	144	204	288	407
	$16<m_n\leqslant25$	6.5	9.5	13	19	27	38	53	76	107	151	214	302	427

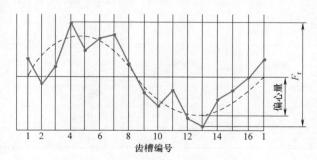

图 6-9　一个齿轮（16齿）的径向跳动

2. 齿轮精度数值

标准 GB/T 10095.1 规定了单个渐开线圆柱齿轮同侧齿面精度的允许值，见表 6-117～表 6-119、表 6-122；标准 GB/T 10095.2 规定了单个渐开线圆柱齿轮径向综合偏差的精度允许值，见表 6-125、表 6-126。表 6-120、表 6-121、表 6-123 和表 6-124 所列精度数据为 GB/T 10095.1 的检验项目，但不是必检项目；表 6-127 为 GB/T 10095.2 给出的径向跳动参考数值。

齿轮精度一般根据传动的用途、使用条件、传动功率、圆周速度等工况条件确定。标准 GB/T 10095—2008《渐开线圆柱齿轮 精度制》中规定的检验项目见表 6-128。

表 6-128 《渐开线圆柱齿轮 精度制》中规定的检验项目

标　准	轮齿同侧齿面偏差（GB/Z 18620.1）				径向综合偏差与径向跳动（GB/Z 18620.2）	
公差选择范围	同侧齿面精度允许值	检验项目，非必检项目	参考和评定值，非必检项目	高速时增加检验	径向综合偏差允许值	径向跳动允许值及公差值
公差项目	f_{pt}、F_p、F_α、F_β	f_i'、F_i'	$f_{f\alpha}$、$f_{H\alpha}$、$f_{f\beta}$、$f_{H\beta}$	F_{pk}	F_i''、f_i''	F_r

3. 齿轮副侧隙

齿轮副最小侧隙，即允许侧隙，是当一个齿轮的齿最大允许实效齿厚与一个也具有最大允许实效齿厚的相配齿轮在最紧的允许中心距相啮合时的静态条件下的侧隙，如图 6-10 所示。设计者提供中心距公差和允许侧隙是为了避免以下情况的影响：①箱体、轴和轴承偏斜；②由于箱体的偏差和轴承的间隙导致齿轮轴线对不准；③由于箱体的偏差和轴承的间隙导致齿轮轴线偏斜；④安装误差，如轴偏心；⑤轴承径向跳动；⑥温度影响；⑦离心影响；⑧其他影响，如润滑剂污染及非金属零件的溶胀等。表 6-129 列出了 GB/Z 18620.2—2008 给出的工业传动装置最小侧隙推荐值，适用于钢铁金属齿轮和箱体，工作节圆线速度小于 15m/s，箱体、轴和轴承采用常用的商业制造公差。

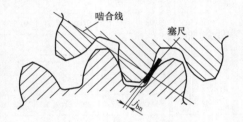

图 6-10 测量（法向平面）侧隙

表 6-129 中、大模数齿轮最小侧隙 j_{bnmin} 的推荐数据　　　　（单位：mm）

法向模数 /（m_n/mm）	最小中心距					
	50	100	200	400	800	1600
1.5	0.09	0.11	—	—	—	—
2	0.10	0.12	0.15	—	—	—
3	0.12	0.14	0.17	0.24	—	—
5	—	0.18	0.21	0.28	—	—
8	—	0.24	0.27	0.34	0.47	—
12	—	—	0.35	0.42	0.55	—
18	—	—	—	0.54	0.67	0.94

4. 齿轮坯精度

齿轮坯精度，按照 GB/Z 18620.3—2008 检验规定，表 6-130 ~ 表 6-132 分别为齿轮基准面与安装面的形状公差、齿轮安装面的跳动公差和两齿轮安装轴线的平行度公差。其中 L 为较大的轴承跨距，b 为齿宽，D_d 为基准面直径。齿轮坯的公差应减至能经济地制造的最小值。其他工作安装面、制造安装面，其形状公差不应大于表 6-130 中的值。作为基准面的齿顶圆柱面，可将表 6-130、表 6-131 所列数值用作尺寸公差，其形状公差不应大于表 6-130 中的值。

表 6-130　齿轮基准面与安装面的形状公差

确定轴线的基准面	公 差 项 目		
	圆　度	圆 柱 度	平 面 度
两个"短的"圆柱或圆锥形基准面	$0.04(L/b)F_\beta$ 或 $0.1F_p$ 取两者中的小值		
一个"长的"圆柱或圆锥形基准面		$0.04(L/b)F_\beta$ 或 $0.1F_p$ 取两者中的小值	
一个短的圆柱面和一个端面	$0.06F_p$		$0.06(D_d/b)F_\beta$

表 6-131　齿轮安装面的跳动公差

确定轴线的基准面	跳动量项目	
	径　向	轴　向
仅指圆柱或圆锥形基准面	$0.15(L/b)F_p$ 或 $0.3F_p$，取两者中的大值	
一个圆柱基准面和一个端面基准面	$0.3F_p$	$0.2(D_d/b)F_\beta$

中心距公差是设计者规定的允许偏差，表 6-132 所列为 GB/Z 18620.3—2008 中给出的齿轮轴线偏差的推荐最大值。齿轮轴线平行度偏差：轴线平面内的偏差 $f_{\Sigma\delta}$，垂直平面上的偏差 $f_{\Sigma\beta}$，如图 6-11 所示。

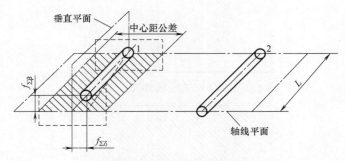

图 6-11　轴线平行度偏差

表 6-132　两齿轮安装轴线的平行度偏差

测 量 平 面	轴线平行度偏差项目	
	轴线平面内的偏差 $f_{\Sigma\delta}$	垂直平面上的偏差 $f_{\Sigma\beta}$
跨距较大的（两轴相同时取小齿轮）轴线和另一轴的一个支点构成的轴线平面	$2f_{\Sigma\beta}$	
与轴线平面垂直的平面		$0.5(L/b)F_\beta$

5. 接触斑点的检验

GB/Z 18620.4—2008 规定了直齿轮和斜齿轮装配后空载检测时所预计的齿轮精度等级

和接触斑点分布之间关系的一般指示，不适用于对齿廓和螺旋线修形的齿面，不作为证明精度等级的可替代方法，见表 6-133。图 6-12 所示为齿面接触斑点示意图。

表 6-133　直齿轮/斜齿轮装配后的接触斑点

精度等级	占有效齿面高度的百分比 h_{c1}		占齿宽的百分比 b_{c1}	占有效齿面高度的百分比 h_{c2}		占齿宽的百分比 b_{c2}
	直齿轮	斜齿轮		直齿轮	斜齿轮	
高于 4	70%	50%	50%	50%	30%	40%
5、6	50%	40%	45%	30%	20%	35%
7、8	50%	40%	35%	30%	20%	35%
9~12	50%	40%	25%	30%	20%	25%

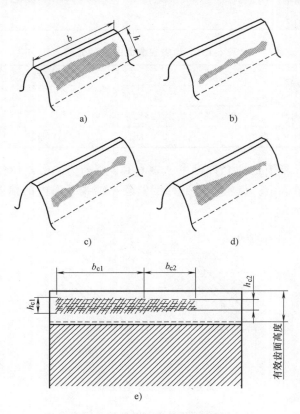

图 6-12　齿面接触斑点示意图

a) 典型的规范，接触近似为：齿宽 b 的 80%，有效齿面高度 h 的 70%，齿端修薄　b) 齿长方向配合正确，有齿廓偏差　c) 波纹度示例　d) 有螺旋线偏差、齿廓正确，有齿端修薄　e) 接触斑点分布示意图

二、锥齿轮精度（GB/T 11365—1989 摘录）

1. 精度等级与检验要求

标准 GB/T 11365—1989 对锥齿轮及齿轮副规定有 12 个精度等级，1 级精度最高，12 级精度最低。锥齿轮副中两锥齿轮一般取相同精度等级，也允许取不同精度等级。

按照公差的特性对传动性能的影响，将锥齿轮与齿轮副的公差项目分成三个公差组（表 6-134）。根据使用要求的不同，允许各公差组以不同精度等级组合，但对齿轮副中两齿轮的同一公差组，应规定同一精度等级。

锥齿轮精度应根据传动用途、使用条件、传递功率、圆周速度以及其他技术要求决定。锥齿轮第 Ⅱ 组公差的精度主要根据圆周速度决定（表 6-135）。

锥齿轮及齿轮副的检验项目应根据工作要求和生产规模确定；对于 7、8、9 级精度的一般齿轮传动，推荐的检验项目见表 6-136。

表 6-134　锥齿轮各项公差的分组

公差组	公差与极限偏差项目	误差特性	对传动性能的主要影响
Ⅰ	F_i'，F_r，F_p，F_{pk}，$F_{i\Sigma}''$	以齿轮一转为周期的误差	传递运动的准确性
Ⅱ	f_i'，$f_{i\Sigma}''$，f_{zk}'，$\pm f_{pt}$，f_c	在齿轮一周内，多次周期地重复出现的误差	传动的平稳性
Ⅲ	接触斑点	齿向线的误差	载荷分布的均匀性

注：F_i'—切向综合公差；F_r—齿圈跳动公差；F_p—齿距累积公差；F_{pk}—k 个齿距累积公差；$F_{i\Sigma}''$—轴交角综合公差；f_i'——齿切向综合公差；$f_{i\Sigma}''$——齿轴交角综合公差；f_{zk}'—周期误差的公差；$\pm f_{pt}$—齿距极限偏差；f_c—齿形相对误差的公差。

表 6-135　锥齿轮第 Ⅱ 组精度等级的选择

第 Ⅱ 组精度等级	直　齿		非　直　齿	
	≤350HBW	>350HBW	≤350HBW	>350HBW
	圆周速度／（m/s）（≤）			
7	7	6	16	13
8	4	3	9	7
9	3	2.5	6	5

注：1. 表中的圆周速度按锥齿轮平均直径计算。
　　2. 此表不属于国家标准内容，仅供参考。

表 6-136　推荐的锥齿轮和齿轮副检验项目

项　　目		精　度　等　级		
		7	8	9
公差组	Ⅰ	F_p 或 F_r		F_r
	Ⅱ	$\pm f_{pt}$		
	Ⅲ	接触斑点		
齿轮副	对锥齿轮	$E_{\overline{ss}}$，$E_{\overline{si}}$		
	对箱体	$\pm f_a$		
	对传动	$\pm f_{AM}$，$\pm f_a$，$\pm E_{\Sigma}$，$j_{n\,min}$		
齿轮毛坯公差		齿坯顶锥母线跳动公差　基准端面跳动公差　外径尺寸极限偏差　齿坯轮冠距和顶锥角极限偏差		

注：1. 本表推荐项目的名称、代号和定义见表 6-137。
　　2. 此表不属于国家标准内容，仅供参考。

表 6-137　推荐的锥齿轮和锥齿轮副检验项目的名称、代号和定义

名　称	代　号	定　义
齿距累积误差 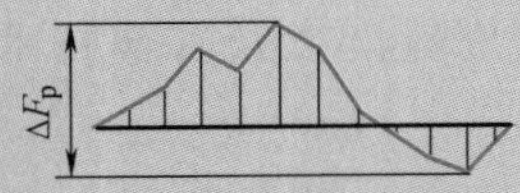 齿距累积公差	ΔF_P F_P	在中点分度圆①上，任意两个同侧齿面间的实际弧长与公称弧长之差的最大绝对值
齿圈跳动 齿圈跳动公差	ΔF_r F_r	齿轮一转范围内，测头在齿槽内与齿面中部双面接触时，沿分锥法向相对齿轮轴线的最大变动量
齿距偏差 齿距极限偏差：上极限偏差 　　　　　　下极限偏差	Δf_{pt} $+f_{pt}$ $-f_{pt}$	在中点分度圆①上，实际齿距与公称齿距之差
接触斑点 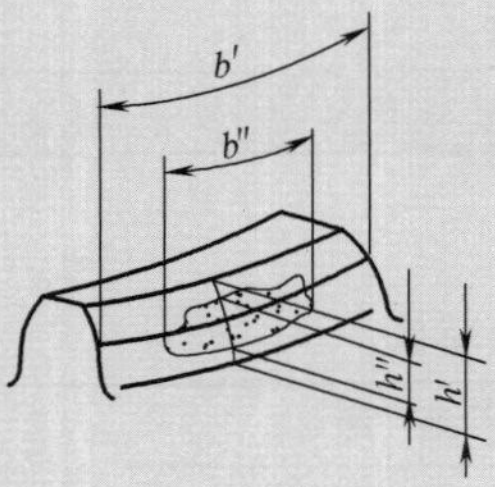	—	安装好的齿轮副（或被测齿轮与测量齿轮）在轻微力的制动下转动后，在齿轮工作齿面上得到的接触痕迹 接触斑点包括形状、位置、大小三方面的要求
齿轮副轴间距偏差 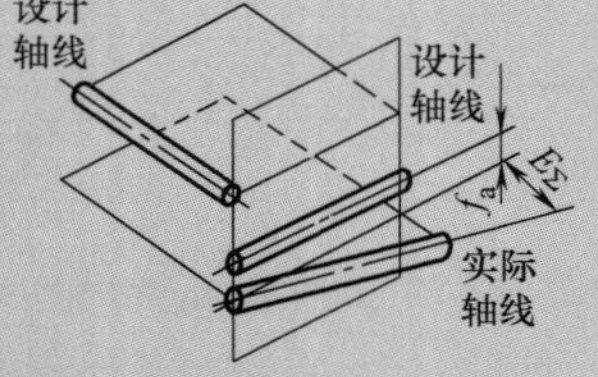 齿轮副轴间距极限偏差：上极限偏差 　　　　　　　　　下极限偏差	Δf_a $+f_a$ $-f_a$	齿轮副实际轴间距与公称轴间距之差
齿轮副轴交角偏差 齿轮副轴交角极限偏差：上极限偏差 　　　　　　　　　下极限偏差	ΔE_Σ $+E_\Sigma$ $-E_\Sigma$	齿轮副实际轴交角与公称轴交角之差，以齿宽中点处线值计

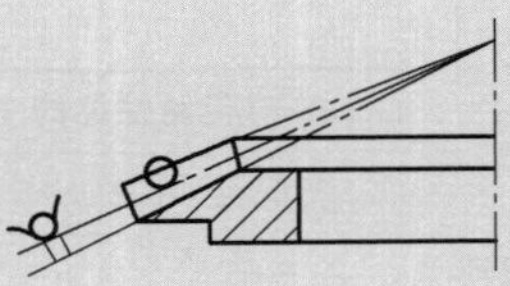

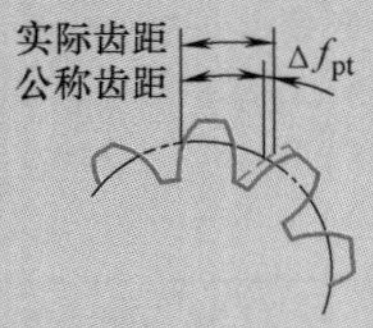

（续）

名　称	代　号	定　义
齿厚偏差 齿厚极限偏差：上极限偏差 　　　　　　　下极限偏差 　　　　　　　　公　差	$\Delta E_{\overline{s}}$ $E_{\overline{ss}}$ $E_{\overline{si}}$ $T_{\overline{s}}$	齿宽中点法向弦齿厚的实际值与公称值之差
齿圈轴向位移 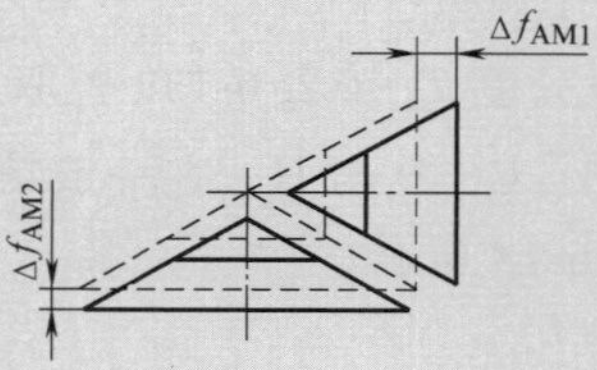	Δf_{AM}	齿轮装配后，齿圈相对于滚动检查机上确定的最佳啮合位置的轴向位移量
齿圈轴向位移极限偏差：上极限偏差 　　　　　　　　　　下极限偏差	$+f_{AM}$ $-f_{AM}$	
齿轮副侧隙 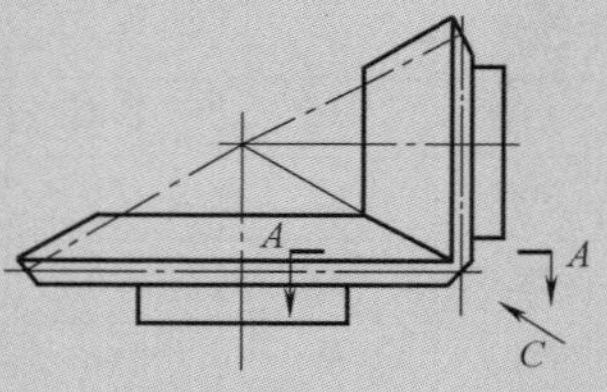 圆周侧隙 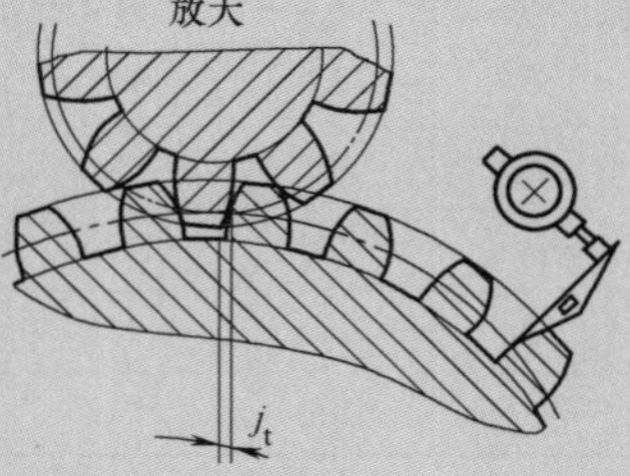	j_t j_{tmin} j_{tmax}	齿轮副按规定的位置安装后，其中一个齿轮固定时，另一个齿轮从工作齿面接触到非工作齿面接触所绕过的齿宽中点分度圆弧长
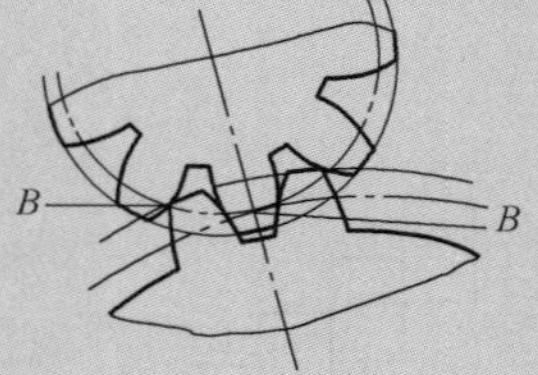 法向侧隙 	j_n j_{nmin} j_{nmax}	齿轮副按规定的位置安装后，工作齿面接触时，非工作齿面间的最小距离，以齿宽中点处计 $j_n = j_t \cos\beta\cos\alpha$

① 允许在齿面中部测量。

2. 锥齿轮副的侧隙规定

标准规定，锥齿轮副的最小法向侧隙有6种，即a、b、c、d、e和h。最小法向侧隙值a为最大，依次递减，h为零（图6-13）。最小法向侧隙种类与精度等级无关，其值见表6-138。最小法向侧隙种类确定之后，可按表6-140查取齿厚上极限偏差E_{ss}。

最大法向侧隙j_{nmax}的计算式为

$$j_{nmax} = (\,|E_{ss1} + E_{ss2}| + T_{s1} + T_{s2} + E_{s\Delta1} + E_{s\Delta2}\,)\cos\alpha_n$$

式中，$E_{s\Delta}$是制造误差的补偿部分，由表6-140查取。齿厚公差T_s按表6-139查取。

标准规定，锥齿轮副的法向侧隙公差有5种，即A、B、C、D与H。在一般情况下，推荐法向侧隙公差种类与最小法向侧隙种类的对应关系如图6-13所示。

表 6-138　最小法向侧隙值 j_{nmin}　　　　　　　　（单位：μm）

中点锥距/mm		小轮分锥角/（°）		最小法向侧隙 j_{nmin} 值					
				最小法向侧隙种类					
大于	到	大于	到	h	e	d	c	b	a
—	50	—	15	0	15	22	36	58	90
		15	25	0	21	33	52	84	130
		25	—	0	25	39	62	100	160
50	100	—	15	0	21	33	52	84	130
		15	25	0	25	39	62	100	160
		25	—	0	30	46	74	120	190
100	200	—	15	0	25	39	62	100	160
		15	25	0	35	54	87	140	220
		25	—	0	40	63	100	160	250
200	400	—	15	0	30	46	74	120	190
		15	25	0	46	72	115	185	290
		25	—	0	52	81	130	210	320

注：1. 表中数值用 $\alpha = 20°$ 的正交齿轮副。

　　2. 对正交齿轮副，按中点锥距 R_m 查取 j_{nmin} 值。

表 6-139　齿厚公差 T_s 值

（单位：μm）

齿圈跳动公差		法向间隙公差种类				
大于	到	H	D	C	B	A
32	40	42	55	70	85	110
40	50	50	65	80	100	130
50	60	60	75	95	120	150
60	80	70	90	110	130	180
80	100	90	110	140	170	220
100	125	110	130	170	200	260

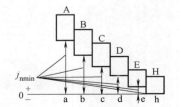

图 6-13　法向侧隙公差种类与最小
　　　　法向侧隙种类的对应关系

表 6-140　锥齿轮的 E_{ss} 与 $E_{s\Delta}$ 值

（单位：μm）

齿厚上极限偏差 E_{ss} 值（基本值）

中点法向模数/mm	≤125, ≤20	≤125, >20~45	>125~400, ≤20	>125~400, >20~45	>400~800, ≤20	>400~800, >20~45
>1~3.5	-20	-20	-22	-28	-30	-45
>3.5~6.3	-22	-25	-32	-30	-38	-55
>6.3~10	-25	-28	-36	-40	-55	-50

注：中点分度圆直径/mm，分锥角/(°)。

最大法向侧隙 j_{nmax} 的制造误差补偿部分 $E_{s\Delta}$ 值（第Ⅱ组精度等级）

中点法向模数/mm	7 ≤125 ≤20	7 ≤125 >20~45	7 ≤125 >45	7 >125~400 ≤20	7 >125~400 >20~45	7 >125~400 >45	7 >400~800 ≤20	7 >400~800 >20~45	7 >400~800 >45
>1~3.5	20	22	20	28	32	30	36	50	45
>3.5~6.3	20	22	22	32	32	30	38	55	55
>6.3~10	22	25	25	36	36	34	40	55	55

中点法向模数/mm	8 ≤125 ≤20	8 ≤125 >20~45	8 ≤125 >45	8 >125~400 ≤20	8 >125~400 >20~45	8 >125~400 >45	8 >400~800 ≤20	8 >400~800 >20~45	8 >400~800 >45
>1~3.5	22	24	22	30	36	32	40	55	50
>3.5~6.3	24	28	24	36	36	32	42	60	50
>6.3~10	28	30	28	40	45	38	45	60	55

中点法向模数/mm	9 ≤125 ≤20	9 ≤125 >20~45	9 ≤125 >45	9 >125~400 ≤20	9 >125~400 >20~45	9 >125~400 >45	9 >400~800 ≤20	9 >400~800 >20~45	9 >400~800 >45
>1~3.5	24	24	25	32	38	36	45	65	55
>3.5~6.3	25	25	30	38	38	36	45	65	55
>6.3~10	30	30	32	45	45	40	48	65	60

系数

最小法向侧隙种类 第Ⅱ精度等级	a	b	c	d	e	h
7	5.5	3.8	2.7	2.0	1.6	1.0
8	6.0	4.2	3.0	2.2	—	—
9	6.6	4.6	3.2	—	—	—

注：各最小法向侧隙种类的各种精度等级齿轮的 E_{ss} 值，由本表查出基本值乘以系数得出。

3. 图样标注

在锥齿轮零件图上应标注锥齿轮的精度等级和最小法向侧隙种类及法向侧隙公差种类的数字（字母）代号。标注示例：

1）锥齿轮的第Ⅰ公差组精度为 8 级，第Ⅱ、Ⅲ公差组精度为 7 级，最小法向侧隙种类为 c，法向侧隙公差种类为 B

8-7-7 c B GB/T 11365

第 Ⅰ 公差组精度等级

第 Ⅱ 公差组精度等级

第 Ⅲ 公差组精度等级

法向侧隙公差种类

最小法向侧隙种类

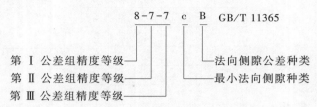

2）锥齿轮的三个公差组精度同为 7 级，最小法向侧隙种类为 b，法向侧隙公差种类为 B

7 b GB/T 11365

最小法向侧隙和法向侧隙公差种类

第 Ⅰ、Ⅱ、Ⅲ 公差组的精度等级

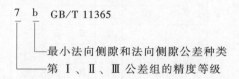

3）锥齿轮的三个公差组精度同为 7 级，最小法向侧隙为 160μm，法向侧隙公差种类为 B

7-160 B GB/T 11365

法向侧隙公差种类

最小法向侧隙数值

第 Ⅰ、Ⅱ、Ⅲ 公差组的精度等级

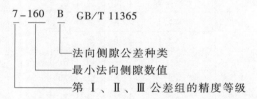

4. 锥齿轮精度数值表（见表 6-141～表 6-144）

表 6-141 锥齿轮的 F_r、$\pm f_{pt}$ 值 （单位：μm）

中点分度圆直径 /mm		中点法向模数 /mm	齿圈径向跳动公差 F_r			齿距极限偏差 $\pm f_{pt}$		
			第Ⅰ组精度等级			第Ⅱ组精度等级		
			7	8	9	7	8	9
—	125	≥1～3.5	36	45	56	14	20	28
		>3.5～6.3	40	50	63	18	25	36
		>6.3～10	45	56	71	20	28	40
125	400	≥1～3.5	50	63	80	16	22	32
		>3.5～6.3	56	71	90	20	28	40
		>6.3～10	63	80	100	22	32	45
400	800	≥1～3.5	63	80	100	18	25	36
		>3.5～6.3	71	90	112	20	28	40
		>6.3～10	80	100	125	25	36	50

表 6-142　锥齿轮齿距累积公差 F_p 值　　　　　　　（单位：μm）

中点分度圆弧长 L/mm		第Ⅰ组精度等级		
大于	到	**7**	**8**	**9**
32	50	32	45	63
50	80	36	50	71
80	160	45	63	90
160	315	63	90	125
315	630	90	125	180
630	1000	112	160	224

注：F_p 按中点分度圆弧长 L（mm）查表，L 的计算公式为

$$L = \frac{\pi d_m}{2} = \frac{\pi m_{nm} z}{2\cos\beta}$$

式中　β——锥齿轮螺旋角；m_{nm}——中点法向模数；d_m——齿宽中点分度圆直径。

表 6-143　接 触 斑 点　　　　　　　　　　（%）

第Ⅱ组精度等级	7	8, 9
沿齿长方向	50% ~ 70%	35% ~ 65%
沿齿高方向	55% ~ 75%	40% ~ 70%

注：1. 表中数值范围用于齿面修形的齿轮；不对齿面修形的齿轮，其接触斑点的大小不小于其平均值。

2. 接触痕迹的大小按百分比确定：

沿齿长方向——接触痕迹长度 b'' 与工作长度 b' 之比，即 $b''/b' \times 100\%$；

沿齿高方向——接触痕迹高度 h'' 与接触痕迹中部的工作齿高 h' 之比，即 $h''/h' \times 100\%$。

表 6-144　锥齿轮副检验安装误差项目 $\pm f_a$、$\pm f_{AM}$ 与 $\pm E_\Sigma$ 值　　　　　　（单位：μm）

中点锥距 /mm		轴间距极限偏差 $\pm f_a$ 第Ⅱ组精度等级			齿圈轴向位移极限偏差 $\pm f_{AM}$ 分锥角/(°)		第Ⅱ组精度等级 中点法向模数/mm 7			8			9			轴交角极限偏差 $\pm E_\Sigma$ 小轮分锥角/(°)		最小法向侧隙种类		
大于	到	7	8	9	大于	到	≥1~3.5	>3.5~6.3	>6.3~10	≥1~3.5	>3.5~6.3	>6.3~10	≥1~3.5	>3.5~6.3	>6.3~10	大于	到	d	c	b
—	50	18	28	36	—	20	20	11	—	28	16	—	40	22	—	—	15	11	18	30
					20	45	17	9.5	—	24	13	—	34	19	—	15	25	16	26	42
					45	—	7	4	—	10	5.6	—	14	8	—	25	—	19	30	50
50	100	20	30	45	—	20	67	38	24	95	53	34	140	75	50	—	15	16	26	42
					20	45	56	32	21	80	45	30	120	66	42	15	25	19	30	50
					45	—	24	13	8.5	34	17	12	48	26	17	25	—	22	32	60

（续）

中点锥距/mm		轴间距极限偏差±f_a			齿圈轴向位移极限偏差±f_{AM}											轴交角极限偏差±E_Σ				
		第Ⅱ组精度等级			分锥角/(°)		第Ⅱ组精度等级									小轮分锥角/(°)		最小法向侧隙种类		
							7			8			9							
							中点法向模数/mm													
大于	到	7	8	9	大于	到	≥1~3.5	>3.5~6.3	>6.3~10	≥1~3.5	>3.5~6.3	>6.3~10	≥1~3.5	>3.5~6.3	>6.3~10	大于	到	d	c	b
100	200	25	36	55	—	20	150	80	53	200	120	75	300	160	105	—	15	19	30	50
					20	45	130	71	45	180	100	63	260	140	90	15	25	26	45	71
					45	—	53	30	19	75	40	26	105	60	38	25	—	32	50	80
200	400	30	45	75	—	20	340	180	120	480	250	170	670	360	240	—	15	22	32	60
					20	45	280	150	100	400	210	140	560	300	200	15	25	36	56	90
					45	—	120	63	40	170	90	60	240	130	85	25	—	40	63	100

注：1. 表中±f_a值用于无纵向修形的齿轮副。

　　2. 表中±f_{AM}值用于$\alpha = 20°$的非修形齿轮。

　　3. 表中±E_Σ值的公差带位置相对于零线，可以不对称或取在一侧。

　　4. 表中±E_Σ值用于$\alpha = 20°$的正交齿轮副。

5. 锥齿轮齿坯公差（见表6-145～表6-147）

表6-145　齿坯轮冠距与顶锥角极限偏差

中点法向模数/mm	轮冠距极限偏差/μm	顶锥角极限偏差/（′）
>1.2~10	0 -75	+8 0

表6-146　齿坯尺寸公差

精度等级	7, 8	9
轴径尺寸公差	IT6	IT7
孔径尺寸公差	IT7	IT8
外径尺寸极限偏差	$\begin{pmatrix} 0 \\ -IT8 \end{pmatrix}$	$\begin{pmatrix} 0 \\ -IT9 \end{pmatrix}$

注：当3个公差组精度等级不同时，按最高精度等级确定公差值。

表6-147　齿坯顶锥母线跳动和基准端面跳动公差

项　目		尺　寸　范　围		精　度　等　级	
		大于	到	7, 8	9
顶锥母线跳动公差 /μm	外径/mm	30	50	30	60
		50	120	40	80
		120	250	50	100
		250	500	60	120
		500	800	80	150
		800	1250	100	200

（续）

项　　目		尺　寸　范　围		精　度　等　级	
		大于	到	7，8	9
基准端面跳动公差 /μm	基准端面直径 /mm	30 50	50 120	12 15	20 25
		120 250	250 500	20 25	30 40
		500 800	800 1250	30 40	50 60

注：当 3 个公差组精度等级不同时，按最高的精度等级确定公差值。

三、圆柱蜗杆、蜗轮精度（GB/T 10089—2018 摘录）

1. 精度等级与检验要求

标准 GB/T 10089—2018 规定圆柱蜗杆、蜗轮和蜗杆传动有 12 个精度等级，其中，1 级精度最高，12 级精度最低。对于动力传动的蜗杆、蜗轮，一般采用 7~9 级。

蜗杆和配对蜗轮的精度等级一般取成相同，也允许取成不相同。对于有特殊要求的蜗杆传动，除 F_r、F_i''、f_i'、f_r 项目外，其蜗杆、蜗轮左右齿面的精度等级也可取成不相同。

按照公差特性对传动性能的主要保证作用，将公差（或极限偏差）分成 3 个公差组，见表 6-148。根据使用要求不同，允许各公差组选用不同的精度等级组合，但在同一公差组中，各项公差与极限偏差应保持相同的精度等级。

蜗杆、蜗轮精度应根据传动用途、使用条件、传递功率、圆周速度以及其他技术要求决定。其第 Ⅱ 公差组主要由蜗轮圆周速度决定，见表 6-149。

表 6-148　蜗杆、蜗轮和蜗杆传动各项公差的分组

公差组	检验对象	公差与极限偏差项目	误　差　特　性	对传动性能的主要影响
Ⅰ	蜗杆	—	一转为周期的误差	传递运动的准确性
	蜗轮	F_i'，F_i''，F_p，F_{pk}，F_r		
	传动	F_{ic}'		
Ⅱ	蜗杆	f_h，f_{hL}，$\pm f_{px}$，f_{pxL}，f_r	一周内多次周期重复出现的误差	传动的平稳性、噪声、振动
	蜗轮	f_i'，f_i''，$\pm f_{pt}$		
	传动	f_{ic}'		
Ⅲ	蜗杆	f_{f1}	齿向线的误差	载荷分布的均匀性
	蜗轮	f_{f2}		
	传动	接触斑点，$\pm f_a$，$\pm f_\Sigma$，$\pm f_x$		

注：F_i'—蜗轮切向综合公差；F_i''—蜗轮径向综合公差；F_p—蜗轮齿距累积公差；F_{pk}—蜗轮 k 个齿距累积公差；F_r—蜗轮齿圈径向跳动公差；F_{ic}'—蜗杆副的切向综合公差；f_h—蜗杆一转螺旋线公差；f_{hL}—蜗杆螺旋线公差；$\pm f_{px}$—蜗杆轴向齿距极限偏差；f_{pxL}—蜗杆轴向齿距累积公差；f_r—蜗杆齿槽径向跳动公差；f_i'—蜗轮一齿切向综合公差；f_i''—蜗轮一齿径向综合公差；$\pm f_{pt}$—蜗轮齿距极限偏差；f_{ic}'—蜗杆副的一齿切向综合公差；f_{f1}—蜗杆齿形公差；f_{f2}—蜗轮齿形公差；$\pm f_a$—蜗杆副的中心距极限偏差；$\pm f_\Sigma$—蜗杆副的轴交角极限偏差；$\pm f_x$—蜗杆副的中间平面极限偏差。

表 6-149 第 Ⅱ 公差组精度等级与蜗轮圆周速度的关系

项　　目	第 Ⅱ 公 差 组 精 度 等 级		
	7	8	9
蜗轮圆周速度/（m/s）	≤7.5	≤3	≤1.5

注：此表不属于国家标准内容，仅供参考。

　　蜗杆、蜗轮和蜗杆传动的检验项目应根据工作要求、生产规模和生产条件确定。对于动力传动的一般圆柱蜗杆传动，推荐的检测项目见表 6-150。

表 6-150 推荐的圆柱蜗杆、蜗轮和蜗杆传动的检验项目

项　　　目			精　度　等　级		
			7	8	9
公差组	Ⅰ	蜗杆	—		
		蜗轮	F_p		F_r
	Ⅱ	蜗杆	$\pm f_{px}$, f_{pxL}		
		蜗轮	$\pm f_{pt}$		
	Ⅲ	蜗杆	f_{f1}		
		蜗轮	f_{f2}		
蜗杆副	对蜗杆		E_{ss1}, E_{si1}		
	对蜗轮		E_{ss2}, E_{si2}		
	对箱体		$\pm f_a$, $\pm f_x$, $\pm f_\Sigma$		
	对传动		接触斑点，$\pm f_a$, j_{nmin}		
毛坯公差			蜗杆、蜗轮齿坯尺寸公差，形状公差，基准面径向和端面跳动公差		

注：1. 当蜗杆副的接触斑点有要求时，蜗轮的齿形误差 f_{f2} 可不检验。
　　2. 本表推荐项目的名称、代号和定义见表 6-150。
　　3. 此表不属于国家标准内容，仅供参考。

表 6-151 推荐的圆柱蜗杆、蜗轮和蜗杆传动检验项目的名称、代号和定义

名　　称	代号	定　义	名　　称	代号	定　义
蜗轮齿距累积误差 蜗轮齿距累积公差	ΔF_p F_p	在蜗轮分度圆上，任意两个同侧齿面间的实际弧长与公称弧长之差的最大绝对值	蜗轮齿圈径向跳动 蜗轮齿圈径向跳动公差	ΔF_r F_r	在蜗轮一转范围内，测头在靠近中间平面的齿槽内与齿高中部的齿面双面接触，其测头相对于蜗轮轴线径向距离的最大变动量

（续）

名　称	代号	定　义	名　称	代号	定　义
蜗杆轴向齿距偏差 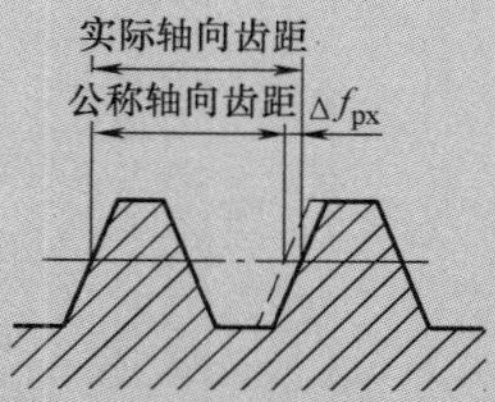 实际轴向齿距 公称轴向齿距　Δf_{px} 蜗杆轴向齿距极限偏差： 　上偏差 　下偏差	Δf_{px} $+f_{px}$ $-f_{px}$	在蜗杆轴向截面上实际齿距与公称齿距之差	蜗轮齿形误差 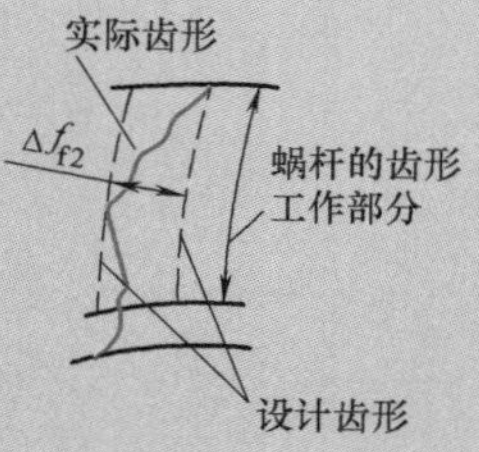 实际齿形 Δf_{f2}　蜗杆的齿形工作部分 设计齿形 蜗轮齿形公差	Δf_{f2} f_{f2}	在蜗轮轮齿给定截面上的齿形工作部分内，包容实际齿形且距离为最小的两条设计齿形间的法向距离 当两条设计齿形线为非等距离曲线时，应在靠近齿体内的设计齿形线的法线上确定其两者间的法向距离
蜗杆轴向齿距累积误差 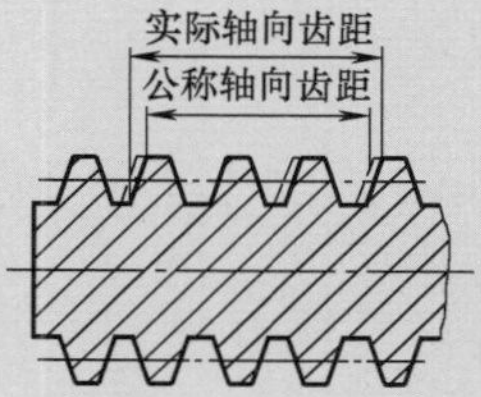 实际轴向齿距 公称轴向齿距 蜗杆轴向齿距累积公差	Δf_{pxL} f_{pxL}	在蜗杆轴向截面上的工作齿宽范围（两端不完整齿部分应除外）内，任意两个同侧齿面间实际轴向距离与公称轴向距离之差的最大绝对值	蜗杆齿厚偏差 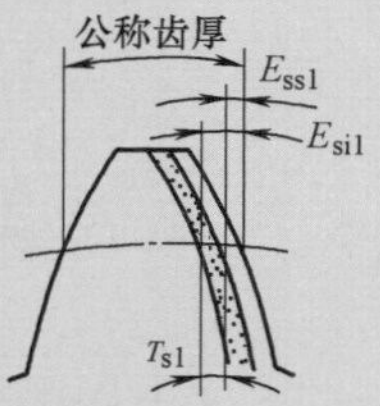 公称齿厚　E_{ss1} 　E_{si1} T_{s1} 蜗杆齿厚极限偏差：上偏差 　　　　　　　　下偏差 蜗杆齿厚公差	ΔE_{s1} E_{ss1} E_{si1} T_{s1}	在蜗杆分度圆柱上，法向齿厚的实际值与公称值之差
蜗轮齿距偏差 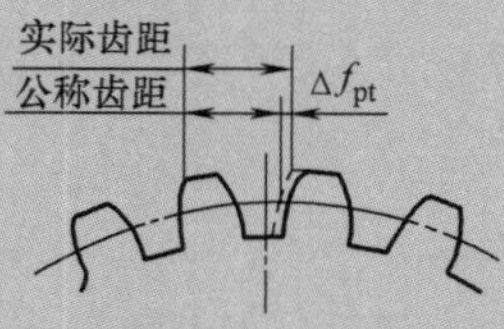 实际齿距 公称齿距　Δf_{pt} 蜗轮齿距极限偏差： 　上偏差 　下偏差	Δf_{pt} $+f_{pt}$ $-f_{pt}$	在蜗轮分度圆上，实际齿距与公称齿距之差 用相对法测量时，公称齿距是指所有实际齿距的平均值	蜗轮齿厚偏差 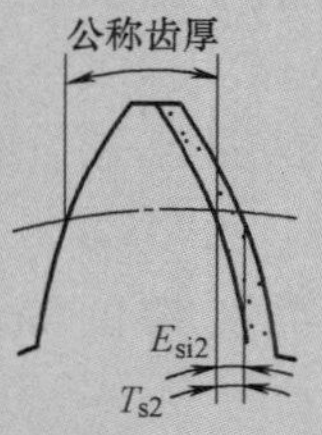 公称齿厚 E_{si2} T_{s2} 蜗轮齿厚极限偏差：上偏差 　　　　　　　　下偏差 蜗轮齿厚公差	ΔE_{s2} E_{ss2} E_{si2} T_{s2}	在蜗轮中间平面上，分度圆齿厚的实际值与公称值之差
蜗杆齿形误差 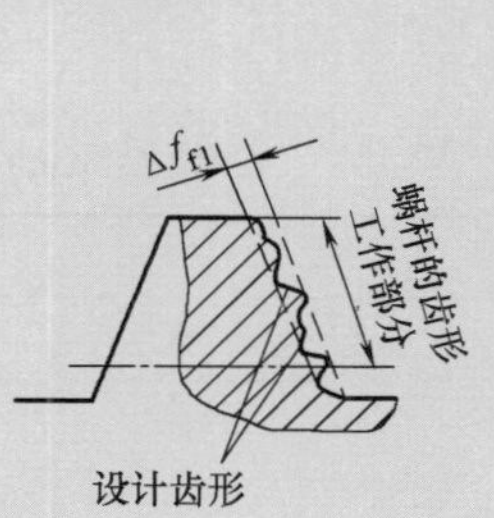 Δf_{f1}　蜗杆的齿形工作部分 设计齿形 蜗杆齿形公差	Δf_{f1} f_{f1}	在蜗杆轮齿给定截面上的齿形工作部分内，包容实际齿形且距离为最小的两条设计齿形间的法向距离 当两条设计齿形线为非等距离的曲线时，应在靠近齿体内设计齿形线的法线上确定其两者间的法向距离	蜗杆副的中心距偏差 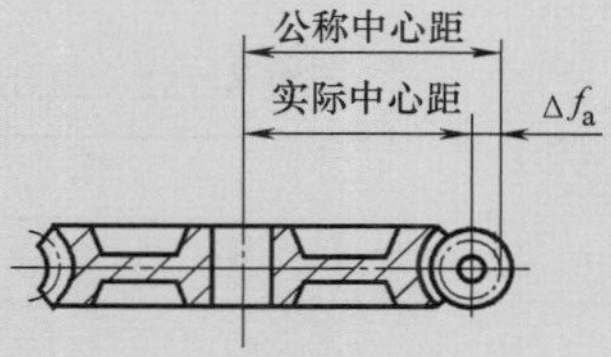 公称中心距 实际中心距　Δf_a 蜗杆副的中心距极限偏差： 　上偏差 　下偏差	Δf_a $+f_a$ $-f_a$	在安装好的蜗杆副中间平面内，实际中心距与公称中心距之差

（续）

名　　　称	代号	定　义	名　　　称	代号	定　义
蜗杆副的中间平面偏移　Δf_x	Δf_x	在安装好的蜗杆副中，蜗轮中间平面与传动中间平面之间的距离	蜗杆副的侧隙 圆周侧隙	j_t	在安装好的蜗杆副中，蜗杆固定不动时，蜗轮从工作齿面接触到非工作齿面接触所转过的分度圆弧长
蜗杆副的中间平面极限偏差： 　上偏差 　下偏差	$+f_x$ $-f_x$		法向侧隙	j_n	在安装好的蜗杆副中，蜗杆和蜗轮的工作齿面接触时，两非工作齿面间的最小距离
蜗杆副的轴交角偏差　Δf_Σ 实际轴交角 公称轴交角	Δf_Σ	在安装好的蜗杆副中，实际轴交角与公称轴交角之差偏差值按蜗轮齿宽确定，以其线性值计			
蜗杆副的轴交角极限偏差： 　上偏差 　下偏差	$+f_\Sigma$ $-f_\Sigma$		最小圆周侧隙 最大圆周侧隙 最小法向侧隙 最大法向侧隙	$j_{t\,min}$ $j_{t\,max}$ $j_{n\,min}$ $j_{n\,max}$	

2. 蜗杆传动的侧隙规定

本标准按蜗杆传动的最小法向侧隙 j_{nmin} 的大小，将侧隙种类分为 8 种：a、b、c、d、e、f、g、h。a 的最小法向侧隙值最大，其他依次减小，h 为零，如图 6-14 所示。侧隙的种类与精度等级无关。

蜗杆传动的侧隙种类，应根据工作条件和使用要求选定，用代号（字母）表示。传动一般采用的最小法向侧隙的种类及其值，按表 6-152 的规定查取。

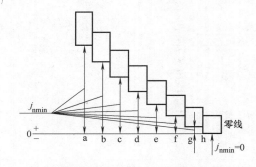

图 6-14　侧隙种类和最小法向侧隙

表 6-152　最小法向侧隙 j_{nmin} 值　　　　　　　　　　（单位：μm）

传动中心距 a/mm	侧　隙　种　类		
	b	c	d
≤30	84	52	33
>30~50	100	62	39
>50~80	120	74	46
>80~120	140	87	54

（续）

传动中心距 a/mm	侧　隙　种　类		
	b	c	d
>120~180	160	100	63
>180~250	185	115	72
>250~315	210	130	81
>315~400	230	140	89

注：传动的最小圆周侧隙　$f_{tmin} \approx f_{nmin}/\cos\gamma'\cos\alpha_n$

式中，γ' 是蜗杆节圆柱导程角；α_n 是蜗杆法向齿形角。

传动的最小法向侧隙由蜗杆齿厚的减薄量来保证，即取蜗杆齿厚上偏差 $E_{ss1} = -(j_{nmin}/\cos\alpha_n + E_{s\Delta})$（其中 $E_{s\Delta}$ 为制造误差的补偿部分），齿厚下偏差 $E_{si1} = E_{ss1} - T_{s1}$。最大法向侧隙由蜗杆、蜗轮齿厚公差 T_{s1}、T_{s2} 确定。蜗轮齿厚上偏差 $E_{ss2} = 0$，下偏差 $E_{si2} = -T_{s2}$。对精度为 7、8、9 级的 $E_{s\Delta}$、T_{s1} 和 T_{s2} 的值，按表 6-153、表 6-154 和表 6-155 中的规定查取。

表 6-153　蜗杆齿厚上偏差（E_{ss}）中的制造误差补偿部分 $E_{s\Delta}$ 值　　（单位：μm）

传动中心距 a /mm	精　度　等　级														
	7					8					9				
	模　数　m/mm														
	≥1~3.5	>3.5~6.3	>6.3~10	>10~16	>16~25	≥1~3.5	>3.5~6.3	>6.3~10	>10~16	>16~25	≥1~3.5	>3.5~6.3	>6.3~10	>10~16	>16~25
≤30	45	50	60	—		50	68	80	—		75	90	110	—	
>30~50	48	56	63	—		56	71	85	—		80	95	115	—	
>50~80	50	58	65	—		58	75	90	—		90	100	120	—	
>80~120	56	63	71	80	—	63	78	90	110		95	105	125	160	—
>120~180	60	68	75	85	115	68	80	95	115	150	100	110	130	165	215
>180~250	71	75	80	90	120	75	85	100	115	155	110	120	140	170	220
>250~315	75	80	85	95	120	80	90	100	120	155	120	130	145	180	225
>315~400	80	85	90	100	125	85	95	105	120	160	130	140	155	185	230

注：精度等级按蜗杆的第Ⅱ公差组确定。

表 6-154　蜗杆齿厚公差 T_{s1} 值　　（单位：μm）

模数 m/mm	精　度　等　级		
	7	8	9
≥1~3.5	45	53	67
>3.5~6.3	56	71	90
>6.3~10	71	90	110
>10~16	95	120	150
>16~25	130	160	200

注：1. T_{s1} 按蜗杆第Ⅱ公差组精度等级确定。

2. 当传动的最大法向侧隙 j_{nmax} 无要求时，允许 T_{s1} 增大，但最大不得超过表中值的 2 倍。

表 6-155　蜗轮齿厚公差 T_{s2} 值　　(单位：μm)

模数 m/mm	蜗轮分度圆直径 d_2/mm								
	≤125			>125~400			>400~800		
	精度等级								
	7	8	9	7	8	9	7	8	9
≥1~3.5	90	110	130	100	120	140	110	130	160
>3.5~6.3	110	130	160	120	140	170	120	140	170
>6.3~10	120	140	170	130	160	190	130	160	190
>10~16	—	—	—	140	170	210	160	190	230
>16~25	—	—	—	170	210	260	190	230	290

注：1. T_{s2} 按蜗轮第Ⅱ公差组精度等级确定。

2. 在最小侧隙能保证的条件下，T_{s2} 公差带允许采用对称分布。

3. 图样标注

1）在蜗杆、蜗轮工作图上，应分别标注其精度等级、齿厚极限偏差或相应的侧隙种类代号和国家标准代号。标注示例如下：

蜗杆的第Ⅱ、Ⅲ公差组的精度等级是8级，齿厚极限偏差为标准值，相配的侧隙种类是c，标注为

蜗杆　8　c　GB/T 10089—2018

标准代号

侧隙种类代号

第Ⅱ、Ⅲ公差组的精度等级

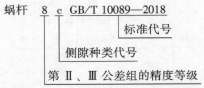

蜗轮的第Ⅰ公差组为7级精度，第Ⅱ和第Ⅲ公差组同为8级精度，齿厚极限偏差为标准值，相配侧隙种类为b，则标注为

7 - 8 - 8　b　GB/T 10089—2018

标准代号

侧隙种类代号

第Ⅲ公差组的精度等级

第Ⅱ公差组的精度等级

第Ⅰ公差组的精度等级

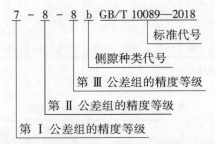

2）对传动，应标注出相应的精度等级、侧隙种类代号和国家标准代号。标注示例如下：

传动的三个公差组的精度同为8级，侧隙种类为d，则标注为

传动　8　d　GB/T 10089—2018

标准代号

侧隙种类代号

第Ⅰ、Ⅱ、Ⅲ公差组的精度等级

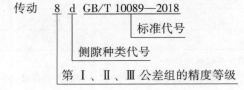

传动的第Ⅰ公差组的精度为 7 级，第Ⅱ、Ⅲ公差组的精度为 8 级，侧隙种类为 c，则标注为

传动 7 - 8 - 8 c GB/T 10089—2018

> 标准代号
> 侧隙种类代号
> 第Ⅲ公差组的精度等级
> 第Ⅱ公差组的精度等级
> 第Ⅰ公差组的精度等级

4. 蜗杆、蜗轮和蜗杆传动精度数值表

表 6-156 蜗杆的公差和极限偏差 $\pm f_{px}$、f_{pxL} 和 f_{f1} 值 （单位：μm）

模数 m/mm	蜗杆轴向齿距偏差 $\pm f_{px}$			蜗杆轴向齿距累积公差 f_{pxL}			蜗杆齿形公差 f_{f1}		
	精 度 等 级								
	7	8	9	7	8	9	7	8	9
≥1~3.5	11	14	20	18	25	36	16	22	32
>3.5~6.3	14	20	25	24	34	48	22	32	45
>6.3~10	17	25	32	32	45	63	28	40	53
>10~16	22	32	46	40	56	80	36	53	75
>16~25	32	45	63	53	75	100	53	75	100

表 6-157 蜗轮齿距累积公差 F_p 值 （单位：μm）

精度等级	分 度 圆 弧 长 L/mm									
	≤11.2	>11.2 ~20	>20 ~32	>32 ~50	>50 ~80	>80 ~160	>160 ~315	>315 ~630	>630 ~1000	>1000 ~1600
7	16	22	28	32	36	45	63	90	112	140
8	22	32	40	45	50	63	90	125	160	200
9	32	45	56	63	71	90	125	180	224	280

注：F_p 按分度圆弧长 $L = \frac{1}{2}\pi d_2 = \frac{1}{2}\pi m z_2$ 查表。

表 6-158 蜗轮的公差和极限偏差 F_r、$\pm f_{pt}$ 和 f_{f2} 值 （单位：μm）

分度圆直径 d_2/mm	模数 m /mm	蜗轮齿圈径向跳动公差 F_r			蜗轮齿距极限偏差 $\pm f_{pt}$			蜗轮齿形公差 f_{f2}		
		精 度 等 级								
		7	8	9	7	8	9	7	8	9
≤125	≥1~3.5	40	50	63	14	20	28	11	14	22
	>3.5~6.3	50	63	80	18	25	36	14	20	32
	>6.3~10	56	71	90	20	28	40	17	22	36

（续）

分度圆直径 d_2/mm	模数 m /mm	蜗轮齿圈径向跳动公差 F_r			蜗轮齿距极限偏差 $\pm f_{pt}$			蜗轮齿形公差 f_{f2}		
		精度等级								
		7	8	9	7	8	9	7	8	9
>125~400	≥1~3.5	45	56	71	16	22	32	13	18	28
	>3.5~6.3	56	71	90	20	28	40	16	22	36
	>6.3~10	63	80	100	22	32	45	19	28	45
	>10~16	71	90	112	25	36	50	22	32	50
>400~800	≥1~3.5	63	80	100	18	25	36	17	25	40
	>3.5~6.3	71	90	112	20	28	40	20	28	45
	>6.3~10	80	100	125	25	36	50	24	36	56
	>10~16	100	125	160	28	40	56	26	40	63
	>16~25	125	160	200	36	50	71	36	56	90

表 6-159　传动有关极限偏差 $\pm f_a$、$\pm f_x$ 及 $\pm f_\Sigma$ 值　　（单位：μm）

传动中心距 a /mm	蜗杆副的中心距极限偏差 $\pm f_a$			蜗杆副的中间平面极限偏差 $\pm f_x$		
	精度等级					
	7	8	9	7	8	9
≤30	26		42	21		34
>30~50	31		50	25		40
>50~80	37		60	30		48
>80~120	44		70	36		56
>120~180	50		80	40		64
>180~250	58		92	47		74
>250~315	65		105	52		85
>315~400	70		115	56		92

蜗轮宽度 b_2 /mm	蜗杆副的轴交角极限偏差 $\pm f_\Sigma$		
	精度等级		
	7	8	9
≤30	12	17	24
>30~50	14	19	28
>50~80	16	22	32
>80~120	19	24	36
>120~180	22	28	42
>180~250	25	32	48

表 6-160　接触斑点

精度等级	接触面积的百分比（%）		接触位置
	沿齿高不小于	沿齿长不小于	
7，8	55	50	接触斑点痕迹应偏于啮出端，但不允许在齿顶和啮入、啮出端的棱边接触
9	45	40	

注：采用修形齿面的蜗杆传动，接触斑点的要求可不受本标准规定的限制。

5. 蜗杆、蜗轮的齿坯公差

表 6-161　蜗杆、蜗轮齿坯尺寸和形状公差

精度等级		7	8	9
孔	尺寸公差	IT7		IT8
	形状公差	IT6		IT7

（续）

精度等级		7	8	9
轴	尺寸公差	IT6		IT7
	形状公差	IT5		IT6
齿顶圆直径公差		IT8		IT9

注：1. 当三个公差组的精度等级不同时，按最高精度等级确定公差。

　　2. 当齿顶圆不作测量齿厚的基准时，尺寸公差按 IT11 确定，但不得大于 0.1mm。

表 6-162　蜗杆、蜗轮齿坯基准面径向和端面跳动公差　（单位：μm）

基准面直径 d/mm	精度等级	
	7，8	9
≤31.5	7	10
>31.5～63	10	16
>63～125	14	22
>125～400	18	28
>400～800	22	36

注：1. 当三个公差组的精度等级不同时，按最高精度等级确定公差。

　　2. 当以齿顶圆作为测量基准时，也即为蜗杆、蜗轮的齿坯基准面。

第九节　电动机

　　YE3 系列（IP55）超高效率三相异步电动机（机座号 80-355）（以下简称电动机）的相关技术数据由 GB/T 28575—2012 对其形式、基本参数与尺寸、检验规则、标志、包装等做出了规定。电动机外壳防护等级为 IP55（按 GB/T 4942.1—2006）。

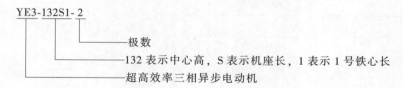

1. 电动机技术性能

　　电动机的结构尺寸由机座号确定，电动机额定功率和转速与产品机座号的关系见表 6-163。

表 6-163　电动机机座号与转速和功率的对应关系（GB/T 28575—2012 摘录）

机座号	同步转速/（r/min）		
	3000	1500	1000
	功率/kW		
80M1	0.75	—	—
80M2	1.1	0.75	—

（续）

机座号	同 步 转 速/(r/min)		
	3000	**1500**	**1000**
	功率/kW		
90S	1.5	1.1	0.75
90L	2.2	1.5	1.1
100L1	3	2.2	1.5
100L2		3	
112M	4	4	2.2
132S1	5.5	5.5	3
132S2	7.5		
132M1	—	7.5	4
132M2			5.5
160M1	11	11	7.5
160M2	15		
160L	18.5	15	11
180M	22	18.5	—
180L	—	22	15
200L1	30	30	18.5
200L2	37		22
225S	—	37	—
225M	45	45	30
250M	55	55	37
280S	75	75	45
280M	90	90	55
315S	110	110	75
315M	132	132	90
315L1	160	160	110
315L2	200	200	132
355M1	250	250	160
355M2			200
355L	315	315	250
3551	355	355	—
3552	375	375	315

2. 电动机机座形式和结构尺寸

电动机的机座有多种形式，不同安装方式的机座结构尺寸见表 6-164～表 6-169，电动机各安装面公差要求见 GB/T 28575—2012。

表 6-164　带底脚端盖上无凸缘的电动机机座结构尺寸（GB/T 28575—2012 摘录）

（单位：mm）

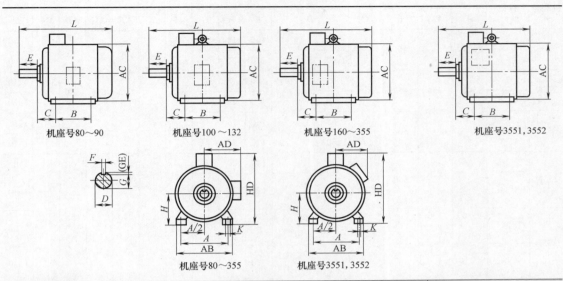

机座号80～90　　机座号100～132　　机座号160～355　　机座号3551,3552

机座号80～355　　机座号3551,3552

机座号	极数	安装尺寸及公差										外形尺寸				
		A	$A/2$	B	C	D		E	F	G	H	K	AB	AC	AD	HD	L
80M	2, 4, 6	125	62.5	100	50	19		40	6	15.5	80	10	165	175	145	220	305
90S		140	70		56	24	$+0.009$ -0.004	50	8	20	90		180	205	170	265	360
90L				125													390
100L		160	80		63	28		60		24	100		205	215	180	270	435
112M		190	95	140	70						112	12	230	255	200	310	440
132S		216	108		89	38		80	10	33	132		270	310	230	365	510
132M				178													550
160M		254	127	210	108	42	$+0.018$ $+0.002$		12	37	160	14.5	330	340	260	425	730
160L				254													760
180M		279	139.5	241	121	48		110	14	42.5	180		355	390	285	460	770
180L				279													800
200L		318	159	305	133	55			16	49	200		295	445	320	520	860
225S	4	356	178	286	149	60		140	18	53	225	18.5	435	495	350	575	830
225M	2			311		55		110	16	49							830
	4, 6					60				53							860
250M	2	406	203	349	168		$+0.030$ $+0.011$		16		250		490	550	390	635	990
	4, 6					68		140		58		24					
280S	2	457	228.5	368	190	75			20	67.5	280		550	630	435	705	990
	4, 6					65			18	58							
280M	2			419		75			20	67.5							1040
	4, 6																

（续）

机座号	极数	安装尺寸及公差										外形尺寸				
		A	A/2	B	C	D	E	F	G	H	K	AB	AC	AD	HD	L
315S	2			406		65	140	18	58							1180
	4, 6					80	170	22	71							1290
315M	2	508	254	457	216	65	140	18	58	315		635	645	530	845	1210
	4, 6					80 +0.030 +0.011	170	22	71							1320
315L	2			508		65	140	18	58		28					1210
	4, 6					80	170	22	71							1320
355M	2			560		75	140	20	67.5							1500
	4, 6					95 +0.035 +0.013	170	25	86			730	710	655	1010	1530
355L	2	610	306	830	254	75 +0.030 +0.011	140	20	67.5	355						1500
	4, 6					95 +0.035 +0.013	170	25	86							1530
3551	2	630	315	800	224	80 +0.030 +0.011	170	22	71		35	760	770	760	1130	1870
3552	4, 6					110 +0.035 +0.013	210	28	100							1920

表 6-165　带底脚端盖上有凸缘（带通孔）的电动机机座结构尺寸（GB/T 28575—2012 摘录）

（单位：mm）

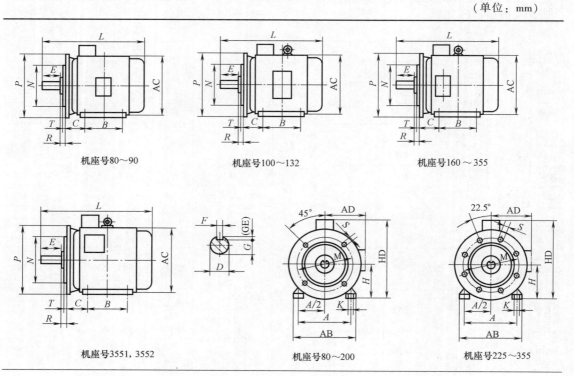

机座号80～90　　机座号100～132　　机座号160～355

机座号3551, 3552　　机座号80～200　　机座号225～355

（续）

机座号	极数	A	A/2	B	C	D 基本尺寸	D 极限偏差	E	F	G	H	K	M	N	P	R	S	T	凸缘孔数	AB	AC	AD	HD	L
80M	2,4,6	125	62.5	100	50	19		40	6	16.8	80	10	165	130	200		12	3.5	4	165	175	145	220	305
90S		140	70	100	56	24	+0.009 −0.004	50	8	20	90									180	266	170	265	395
90L		140	70	125	56	24		50	8	20	90									180	266	170	265	425
100L		160	80	140	63	28		60	8	24	100	12	215	160	250		14.5	4		205	215	180	270	435
112M		190	95	140	70	28		60	8	24	112	12								230	255	200	310	475
132S		216	108	178	89	38		80	10	23	132		265	230	300					270	310	230	385	535
132M		216	108	178	89	38		80	10	23	132									270	310	230	385	550
160M		254	127	210	108	42	+0.618 +0.002	110	12	37	160	14.5	300	250	350					320	340	260	425	730
160L		254	127	254	108	42		110	12	37	160	14.5	300	250	350					320	340	260	425	760
180M		279	139.5	241	121	48		110	14	42.5	180									355	390	265	460	805
180L		279	139.5	279	121	48		110	14	42.5	180									355	390	265	460	835
200L		318	159	305	133	55		110	16	49	200		350	300	400		18.5	5		395	445	320	520	890
225S	4	356	178	286	149	60		140	18	53	225	18.5	400	350	450					435	495	350	575	865
225M	2	356	178	311	149	55		110	16	49	225		400	350	450					435	495	350	575	865
225M	4,6	356	178	311	149	50			18	53	225									435	495	350	575	895
250M	2	408	203	349	168	50		140	18	53	250		500	450	550	0				490	550	300	625	995
250M	4,6	408	203	349	168	65		140	18	58	250									490	550	300	625	995
280S	2	457	228.8	358	190	65		140	18	58	280	24	500	450	550					550	630	435	705	1030
280S	4,6	457	228.8	358	190	75	+0.030 +0.011	140	20	67.5	280									550	630	435	705	1030
280M	2	457	228.8	419	190	65		140	18	98	280									550	630	435	705	1080
280M	4,6	457	228.8	419	190	75		140	20	67.5	280									550	630	435	705	1080
315S	2	508	254	406	216	60		140	18	58	315		600	550	660				8	635	645	530	845	1180
315S	4,6	508	254	406	216	80		170	22	71	315									635	645	530	845	1290
315M	2	508	254	457	216	65		140	18	58	315		600	550	660					635	645	530	845	1210
315M	4,6	508	254	457	216	80		170	22	71	315									635	645	530	845	1320
315L	2	508	254	508	216	65		140	18	58	315						24	6		635	645	530	845	1210
315L	4,6	508	254	508	216	80		170	22	71	315	28								635	645	530	845	1320
355M	2	610	308	560	254	75		140	20	67.5	358		740	680	800					730	710	655	1610	1500
355M	4,6	610	308	560	254	95	+0.033 +0.513	170	25	86	358									730	710	655	1610	1530
355L	2	610	308	630	254	75	+0.530 +0.611	140	20	67.5	358		740	680	800					730	710	655	1610	1500
355L	4,6	610	308	630	254	95	+0.045 +0.015	170	25	86	358									730	710	655	1610	1530

（续）

机座号	极数	安装尺寸及公差																		外形尺寸				
		A	A/2	B	C	D 基本尺寸	D 极限偏差	E	F	G	H	K	M	N	P	R	S	T	凸缘孔数	AB	AC	AD	HD	L
3551	2					80	+0.030 +0.011	170	22	71														1870
		610	315	800	224						358	35	846	780	900	0	24	6	8	760	900	760	1130	
3552	4，5					110	+0.035 +0.013	210	28	100														1920

表 6-166　不带底脚端盖上有凸缘（带通孔）的电动机机座结构尺寸（GB/T 28575—2012 摘录）

（单位：mm）

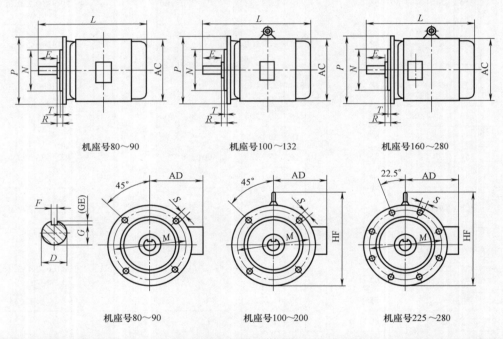

机座号80～90　　　机座号100～132　　　机座号160～280

机座号80～90　　　机座号100～200　　　机座号225～280

机座号	极数	安装尺寸及公差												外形尺寸			
		D 基本尺寸	D 极限偏差	E	F	G	M	N	P	R	S	T	凸缘孔数	AC	AD	HF	L
80M		19		40	6	15.5								175	145		305
90S		24	+0.009 -0.004	50		20	165	130	200		12	3.5		205	170		395
90L					8												425
100L	2，4，6	28		60		24	215	180	250	0			4	215	180	240	435
112M														255	200	275	475
132S		38	+0.018 +0.002	80	10	33	265	230	300		14.5	4		310	230	335	535
132M																	550

（续）

机座号	极数	D 基本尺寸	D 极限偏差	E	F	G	M	N	P	R	S	T	凸缘孔数	AC	AD	HF	L
160M	2,4,6	42	+0.018 +0.002	110	12	37	300	250	350				4	340	260	390	730
160L		42		110	12	37	300	250	350				4	340	260	390	750
180M		48		110	14	42.5	300	250	350				4	290	285	435	805
180L		48		110	14	42.5	300	250	350				4	290	285	435	835
200L		55		110	16	49	350	300	400				4	445	320	495	890
225S	4	60		140	18	53	400	350	450	0	18.5	5	4	495	350	550	865
225M	2	55		110	16	49	400	350	450				4	495	350	550	865
225M	4,6	60		140	18	53	400	350	450				4	495	350	550	895
250M	2	60	+0.030 +0.011	140	18	53	400	350	450				8	550	390	615	995
250M	4,6	65		140	18	58	400	350	450				8	550	390	615	995
280S	2	65		140	18	58	500	450	550				8	630	435	675	1030
280S	4,6	75		140	20	67.5	500	450	550				8	630	435	675	1030
280M	2	65		140	18	58	500	450	550				8	630	435	675	1080
280M	4,6	75		140	20	67.5	500	450	550				8	630	435	675	1080

表 6-167　带底脚端盖上有凸缘（带螺孔）的电动机机座结构尺寸（GB/T 28575—2012 摘录）

（单位：mm）

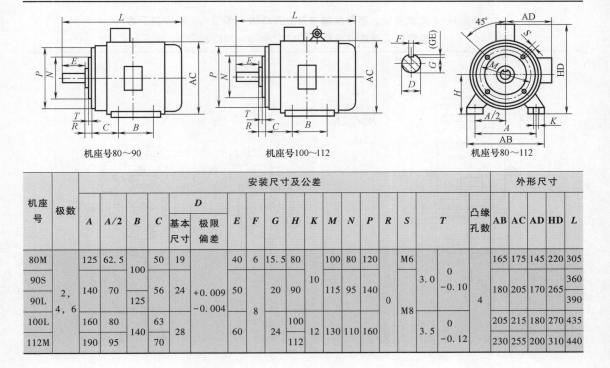

机座号80～90　　　　机座号100～112　　　　机座号80～112

机座号	极数	A	A/2	B	C	D 基本尺寸	D 极限偏差	E	F	G	H	K	M	N	P	R	S	T	凸缘孔数	AB	AC	AD	HD	L
80M	2,4,6	125	62.5	100	50	19	+0.009 -0.004	40	6	15.5	80		100	80	120	0	M6	0 -0.10	4	165	175	145	220	305
90S		140	70	100	56	24		50	8	20	90	10	115	95	140		M6	3.0	4	180	205	170	265	360
90L		140	70	125	56	24		50	8	20	90	10	115	95	140		M6	3.0	4	180	205	170	265	390
100L		160	80	140	63	28		60	8	24	100	12	130	110	160		M8	3.5 / 0 -0.12	4	205	215	180	270	435
112M		190	95	140	70	28		60	8	24	112	12	130	110	160		M8	3.5	4	230	255	200	310	440

表 6-168 不带底脚端盖上有凸缘（带螺孔）的电动机机座结构尺寸（GB/T 28575—2012 摘录）

（单位：mm）

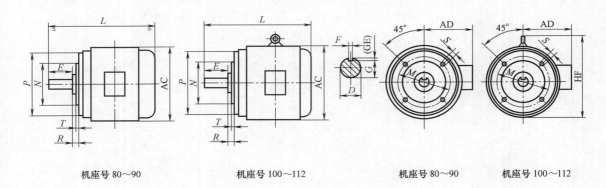

机座号 80～90　　　机座号 100～112　　　机座号 80～90　　　机座号 100～112

机座号	极数	D		E	F	G	M	N	P	R	S	T	凸缘孔数	AC	AD	HF	L
		基本尺寸	极限偏差														
														安装尺寸及公差			外形尺寸
80M		19		40	6	15.5	100	80	120		M6			175	145		305
90S	2,4,6	24	+0.009 −0.004	50		20	115	95	140	0		3.0	4	205	170		360
90L					8						M8						390
100L		28		60		24	130	110	160			3.5		215	180	245	435
112M														255	200	275	440

表 6-169 立式安装、不带底脚端盖上有凸缘（带通孔）轴伸向下的电动机机座结构尺寸（GB/T 28575—2012 摘录）

（单位：mm）

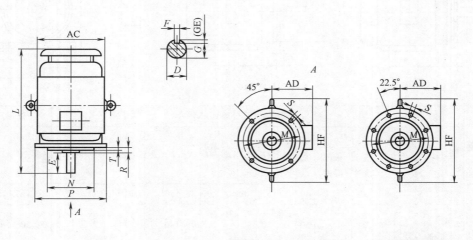

机座号 180～200　　　机座号 225～355

（续）

机座号	极数	D 基本尺寸	D 极限偏差	E 基本尺寸	F 基本尺寸	G 基本尺寸	M 基本尺寸	N 基本尺寸	P 基本尺寸	R 基本尺寸	S 基本尺寸	T 基本尺寸	凸缘孔数	AC	AD	HF	L
180M	2, 4, 6	48	+0.018/+0.002	110	14	42.5	300	250	350	0	18.5	5	4	390	285	505	825
180L																	845
200L		55			16	49	350	300	400					445	320	565	940
225S	4	60		140	18	53	400	350	450					495	350	625	945
225M	2	55		110	16	49											
225M	4, 6	60		140	18	53											975
250M	2	60	+0.030/+0.011	140	18	53	500	450	550					550	390	670	1095
250M	4, 6	65			18	58											
280S	2	65			18	58								630	435	745	1155
280S	4, 6	75			20	67.5											
280M	2	65			18	58											1195
280M	4, 6	75			20	67.5											
315S	2	65		140	18	58	600	550	660				8	645	530	900	1280
315S	4, 6	80		170	22	71											1400
315M	2	65		140	18	58											1310
315M	4, 6	80		170	22	71											1430
315L	2	68		140	18	58											1310
315L	4, 6	80		170	22	71											1430
355M	2	75		140	20	67.5	740	680	800		24	6		710	655	1010	1640
355M	4, 6	95	+0.035/+0.013	170	25	86											1670
355L	2	75	+0.030/+0.011	140	20	67.5											1640
355L	4, 6	95	+0.030/+0.013	170	25	86											1670
3551	2	80	+0.030/+0.011	170	22	71	840	780	900					900	760	1220	1920
3552	4, 6	110	+0.035/+0.013	210	28	100											1970

3. YE3 系列（IP55）超高效率三相异步电动机的其他技术指标

电动机技术要求见表 6-170，电动机运行的工作环境要求：海拔高度不超过 1000m，环境温度−15~40℃，测定效率时不安装轴密封圈。

表 6-170　电动机技术要求（GB/T 28575—2012 摘录）

功率	电动机转速/(r/min)														
	3000	1500	1000	3000	1500	1000	3000	1500	1000	3000	1500	1000	3000	1500	1000
	效率保证值(%)			功率因数			堵转转矩/额定转矩			最小转矩/额定转矩			最大转矩/额定转矩		
0.75	80.7	82.5	78.9	0.82	0.75	0.71	2.3					1.5			
1.1	82.7	84.1	81.0	0.83	0.76	0.73				1.5	1.6				
1.5	84.2	85.3	82.5	0.84	0.77	0.73		2.3							
2.2	85.9	86.7	84.3	0.85	0.81	0.74	2.2								
3	87.1	87.7	85.6	0.87	0.82	0.74				1.4	1.5	1.3			
4	88.1	88.6	86.8	0.88	0.82	0.74		2.2							
5.5	89.2	89.6	88.0	0.88	0.83	0.75		2.0							2.1
7.5	90.1	90.4	89.1	0.88	0.84	0.79				1.2	1.4				
11	91.2	91.4	90.3	0.89	0.85	0.80		2.2							
15	91.9	92.1	91.2	0.89	0.86	0.81			2.0					2.3	
18.5	92.4	92.6	91.7	0.89	0.86	0.81	2.0					1.2	2.3		
22	92.7	93.0	92.2	0.89	0.86	0.81				1.1	1.2				
30	93.3	93.6	92.9	0.89	0.86	0.83		2.0							
37	93.7	93.9	93.3	0.89	0.86	0.84									
45	94.0	94.2	93.7	0.90	0.86	0.85				1.0	1.1	1.1			
55	94.3	94.6	94.1	0.90	0.86	0.86		2.2							
75	94.7	95.0	94.6	0.90	0.88	0.84									
90	95.0	95.2	94.9	0.90	0.88	0.85									
110	95.2	95.4	95.1	0.90	0.89	0.85	1.8			0.9	1.0	1.0			2.0
132	95.4	95.6	95.4	0.90	0.89	0.86		2.0							
160	95.6	95.8	95.6	0.91	0.89	0.86									
200	95.8	96.0	95.8	0.91	0.90	0.87		1.8							
250	95.8	96.0	95.8	0.91	0.90	0.87				0.8	0.9	0.9	2.2	2.2	
315	95.8	96.0	95.8	0.91	0.90	0.86	1.6					0.8			
355	95.8	96.0	—	0.91	0.88	—					0.8	—			
375	95.8	96.0	—	0.91	0.88	—		1.7		0.7		—			—

第七章　　参考图例

第一节　常用减速器装配图例

一、一级圆柱齿轮减速器

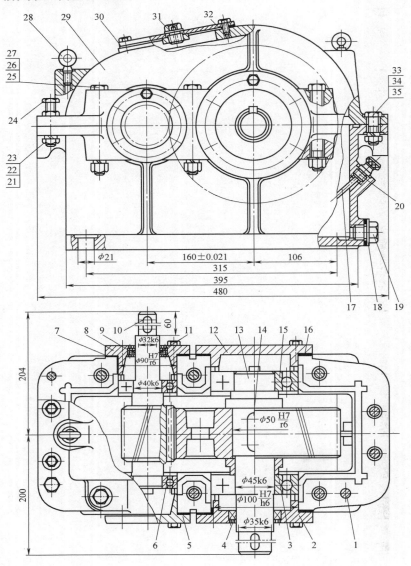

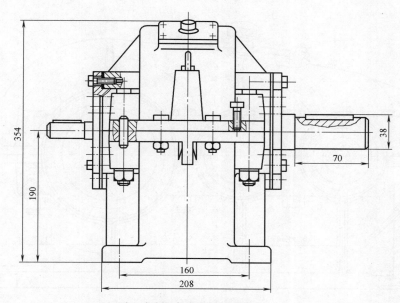

嵌入式端盖 轴承部件结构方案

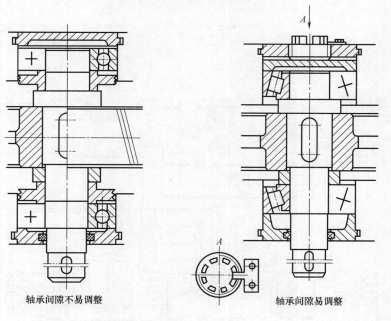

轴承间隙不易调整   轴承间隙易调整

二、二级圆柱齿轮减速器

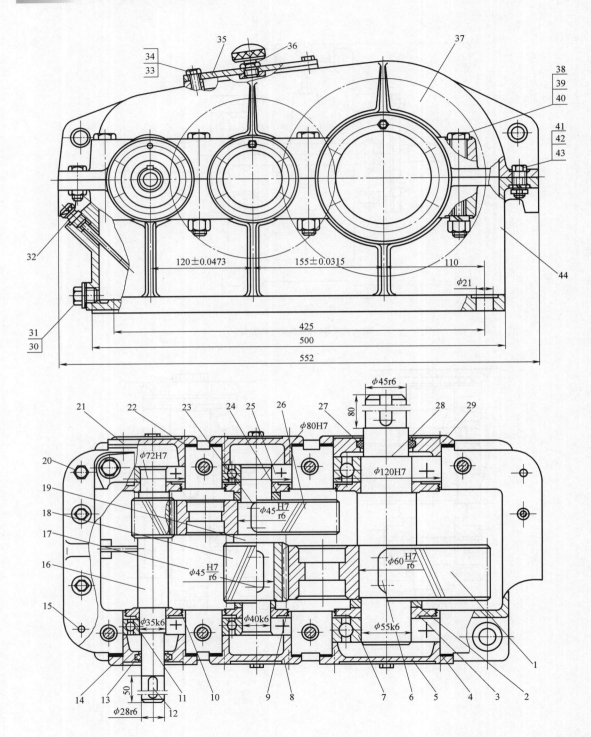

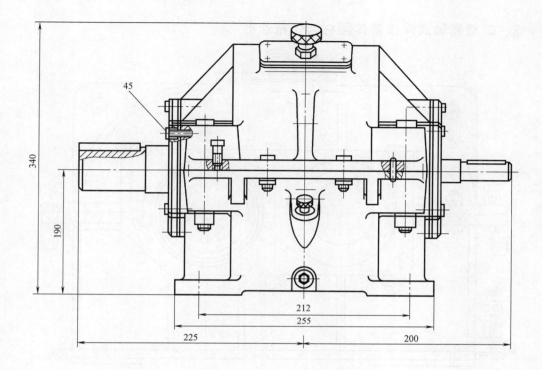

技 术 特 性

输入功率	输入转速	传动效率 η	总传动比 i	级别	m_n	z_1	z_2	β
5.58 kW	1450 r/min	0.87	11	高速	1.5	30	114	10°56′33″
				低速	3.0	26	76	9°12′51″

技 术 要 求

1. 在装配前所有零件用煤油清洗，滚动轴承用汽油清洗，箱体内不允许有任何杂物存在。

2. 调整、固定轴承时应留轴向间隙，$\Delta = 0.25 \sim 0.4$mm。

3. 箱体内装全损耗系统用油 L–AN68 至规定高度。

4. 减速器剖分面、各接触面及密封处均不允许漏油，剖分面允许涂以密封胶或水玻璃，不允许使用垫片。

5. 接触斑点沿齿高方向不小于 45%，沿齿长方向不小于 60%。

6. 减速器外表面涂灰色油漆。

...	...			
16	高速轴	1	45 钢	
15	销 A8×30	2	35 钢	GB/T 117—2000
14	透 盖	1	HT150	
13	毡圈油封	1	半粗羊毛毡	
12	键 8×56	1	45 钢	GB/T 1096—2003
11	滚动轴承 7207C	2		GB/T 292—2007	成对使用
10	挡油环	2	Q235A	
9	挡油环	2	Q235A	
8	端 盖	2	HT150	
7	滚动轴承 7311C	2		GB/T 292—2007	成对使用
6	键 18×56	1	45 钢	GB/T 1096—2003
5	端 盖	1	HT150	
4	调整垫片	2	08F	成组使用
3	挡油环	2	Q235A	
2	套 筒	1	Q235A	
1	齿 轮	1	45 钢	
序号	名 称	数量	材料	标 准	备 注

二级圆柱齿轮减速器		比例		图号	
		数量		材料	
设计		（日期）	（课程名称）	（校　名）	
绘图					
审核				（班　号）	

三、二级同轴式焊接箱体圆柱齿轮减速器

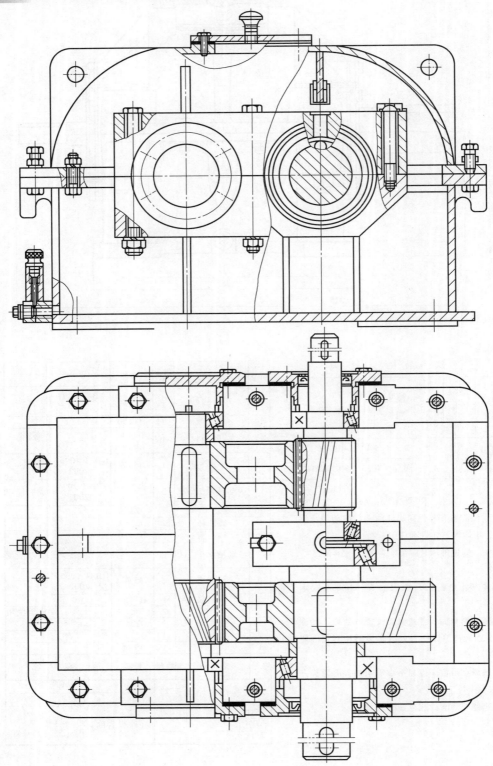

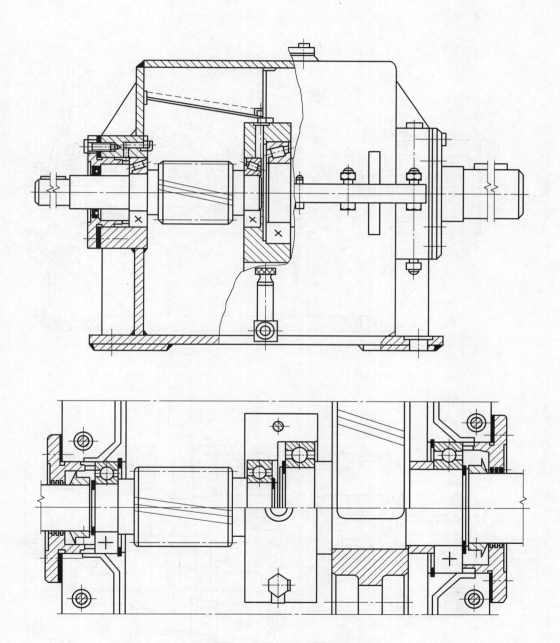

四、二级圆锥-圆柱齿轮减速器

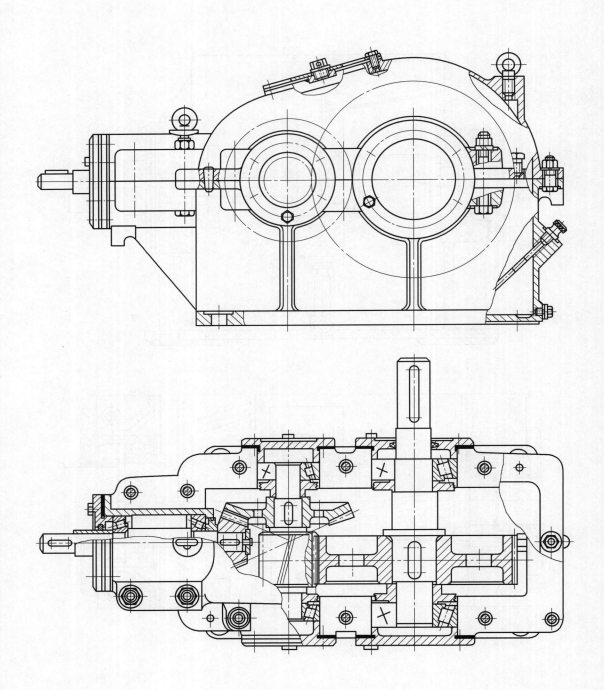

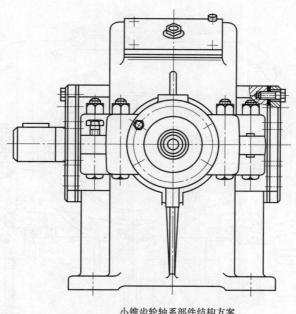

小锥齿轮轴系部件结构方案

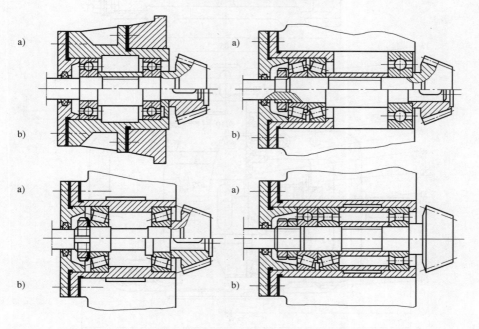

五、一级蜗杆减速器（蜗杆下置）

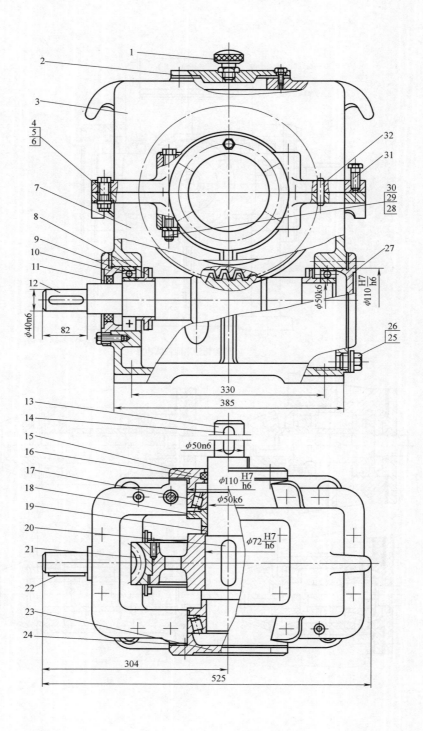

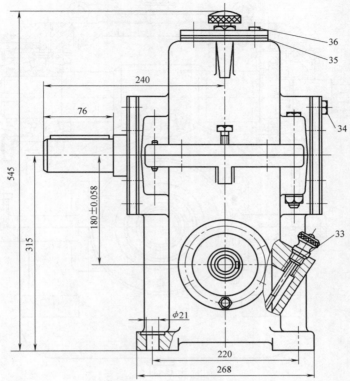

技 术 特 性

输入功率	P	4kW
输入转速	n	960r/min
传动比	i	19
传动效率	η	0.82
精度等级		传动 8c GB/T 10089—2018

技 术 要 求

1. 零件装配前用煤油清洗，滚动轴承用汽油清洗。

2. 保持侧隙不小于 0.115mm。

3. 蜗杆轴与蜗轮轴上轴承轴向游隙为 0.25~0.4mm。

4. 涂色检查接触斑点，沿齿高方向不小于 55%，沿齿长方向不小于 50%。

5. 空载试验，在 $n_1 = 1000r/min$、L-AN68 润滑油条件下进行，正反转各 1h，要求减速器平稳，无撞击声，温升不大于 60℃，无漏油。

6. 箱体外表面涂深灰色油漆，内表面涂耐油油漆。

7. 箱内装全损耗系统用油 L-AN68 至规定高度。

...	...				
14	键 14×56	1	45 钢	GB/T 1096—2003	
13	蜗轮轴	1	45 钢		
12	蜗杆轴	1	45 钢		
11	内包骨架唇形 密封圈	1	耐油橡胶	GB/T 13871—2007	
10	透 盖	1	HT200		
9	滚动轴承 7310C			GB/T 292—2007	
8	甩油环	2	Q235A		
7	箱 体	1	HT200		
6	弹簧垫圈 10	4	65Mn	GB 93—1987	
5	螺母 M10	4	Q235A	GB/T 6170—2015	
4	螺栓 M10×35	4	Q235A	GB/T 5783—2016	
3	箱 盖	1	HT200		
2	视孔盖	1	HT200		
1	通气器	1			组件
序号	名 称	数量	材料	标 准	备注

一级蜗杆减速器 （蜗杆下置式）		比例		图号	
		数量		第 张 共 张	
设计		（日期）			（校 名）
绘图			（课程名称）		
审核					（班 号）

六、一级蜗杆减速器（蜗杆上置）

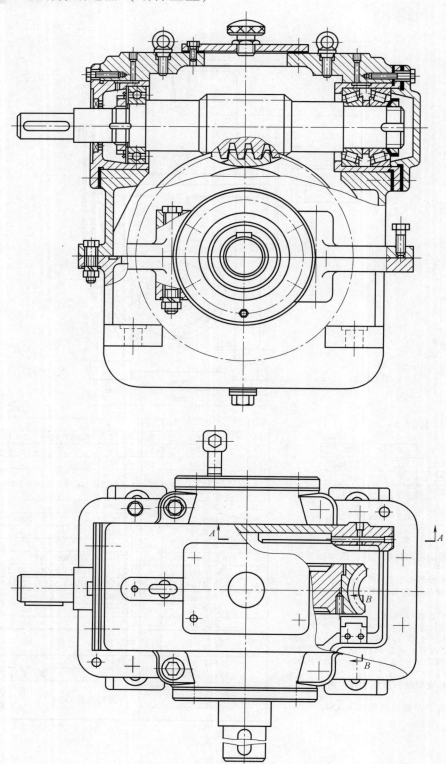

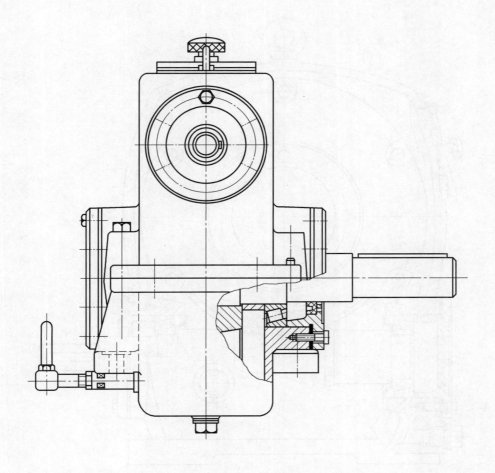

B—B   *A—A*

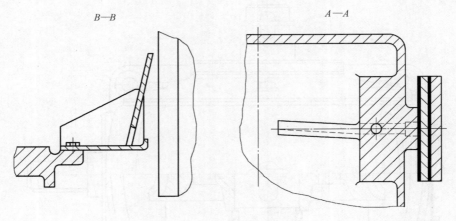

七、一级大端盖结构蜗杆减速器

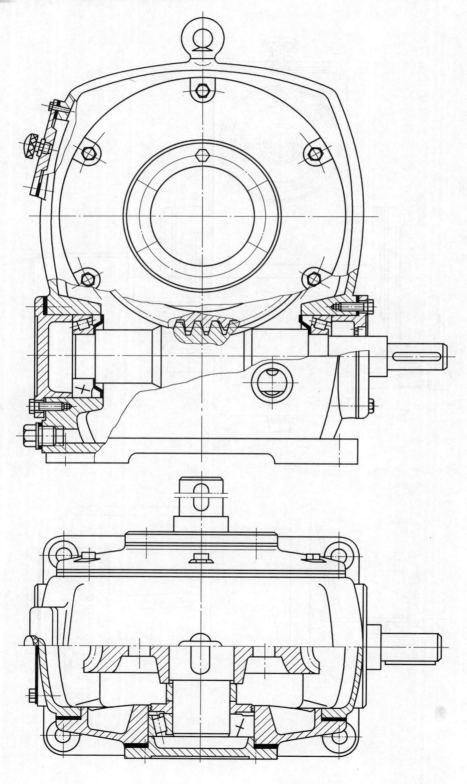

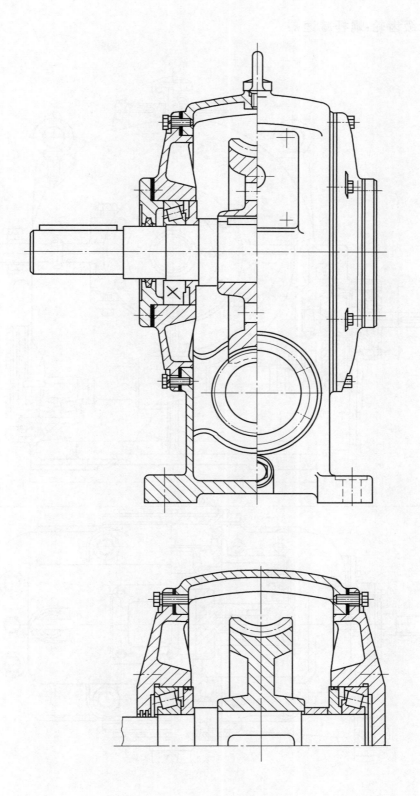

八、二级齿轮-蜗杆减速器

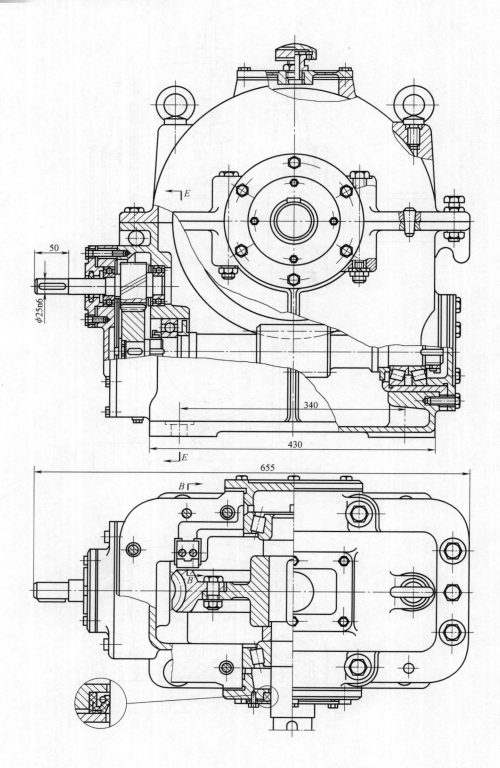

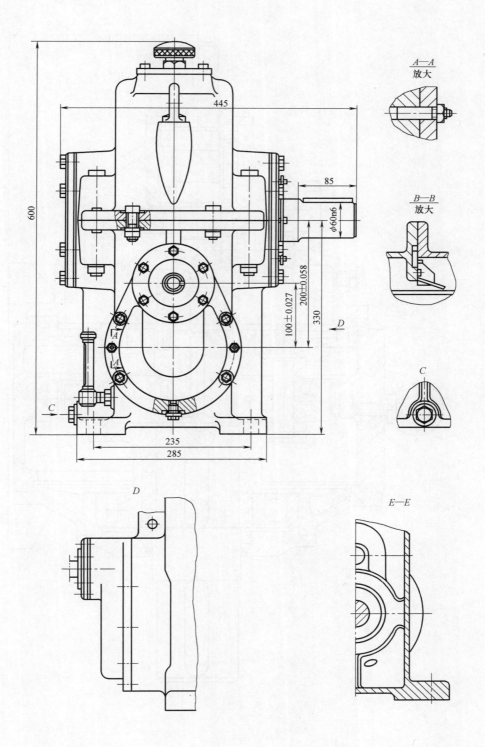

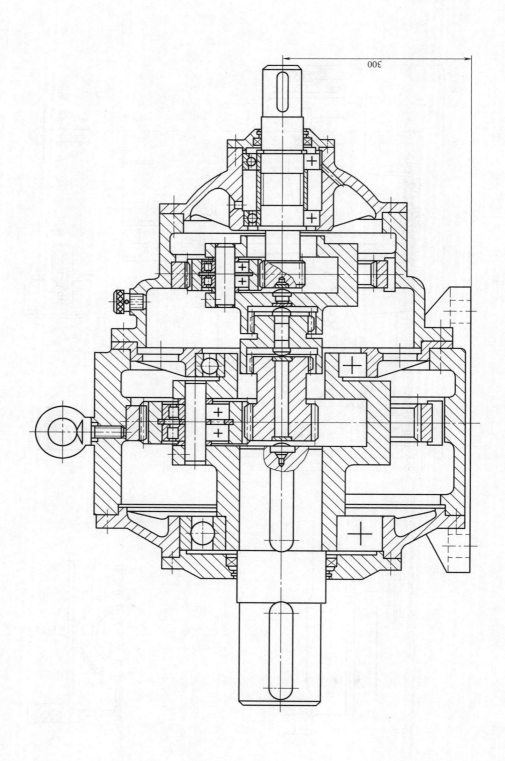

九、二级行星圆柱齿轮减速器

十、PT6A—27 发动机减速器

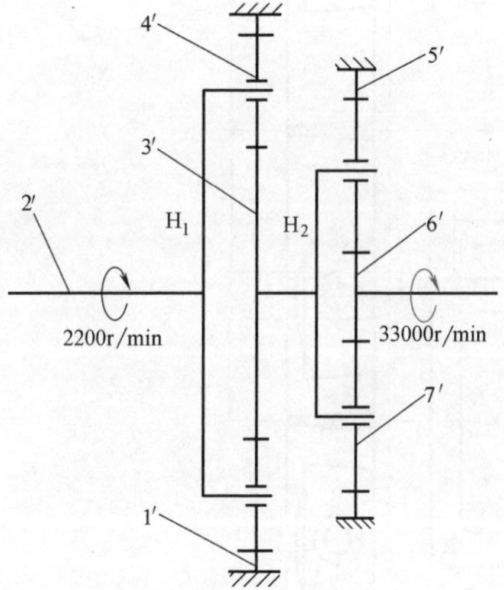

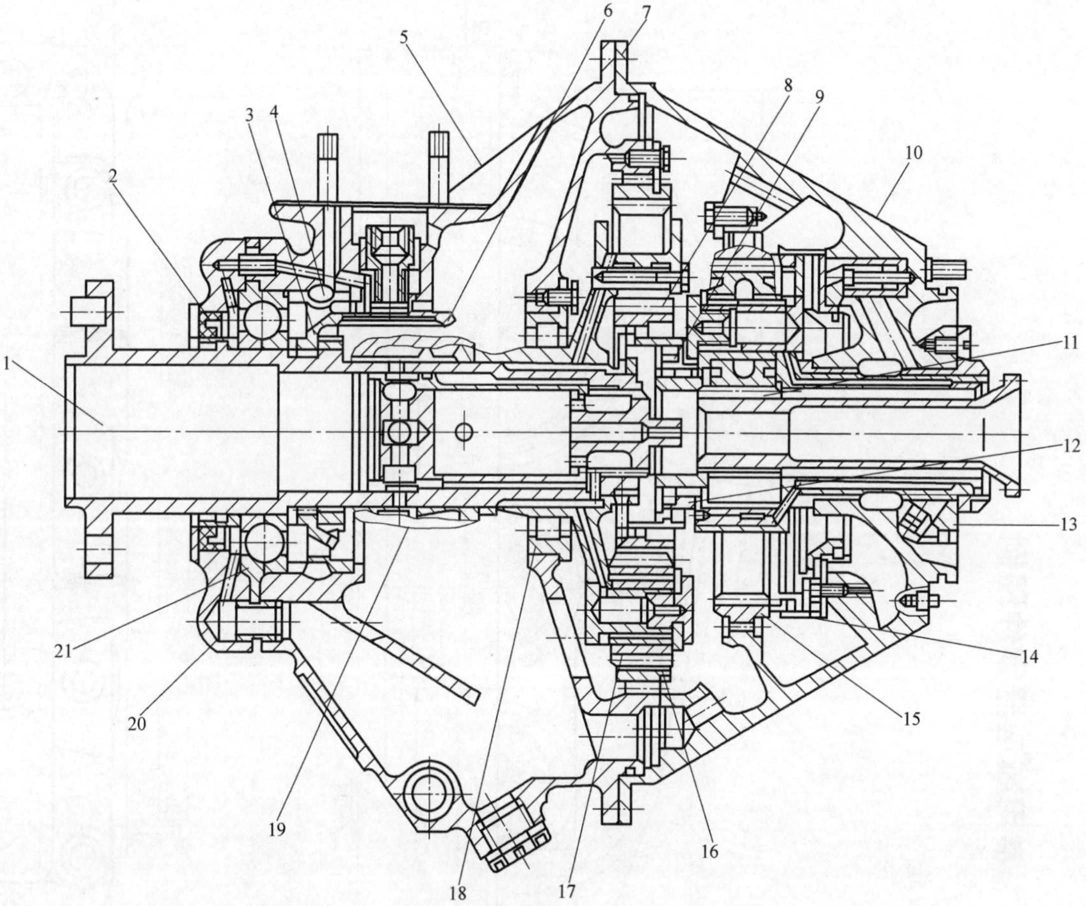

1'—2级固定齿圈 2'—螺桨轴 3'—2级太阳轮 4'—2级行星轮 5'—1级固定齿圈 6'—1级太阳轮 7'—1级行星轮
1—桨轴 2—密封圈 3—锥齿轮 4—分油环 5—前机匣 6—螺旋桨调速器传动轴 7—安装边A 8—第二级主动齿轮 9—弹性
套齿环 10—后机匣 11—第一级行星齿轮 12—套齿 13—安装边B 14—测矩机构 15—第二级固定齿圈 16—第二级固定
齿圈 17—第二级行星齿轮 18—圆柱滚子轴承 19—分油衬套 20—角接触球轴承 21—角接触球轴承盖

运动简图

第二节　常用减速器零件图例

一、箱盖

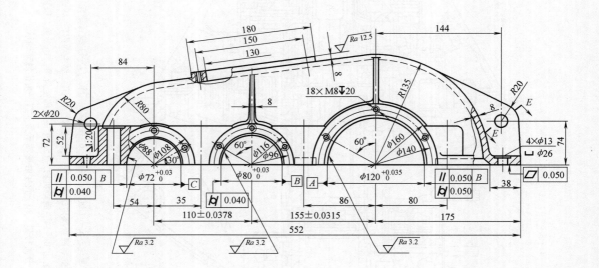

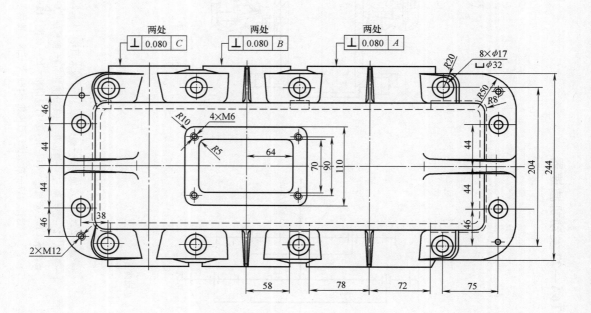

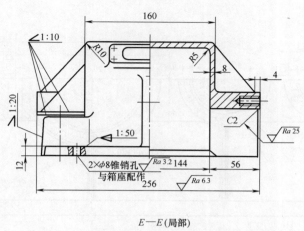

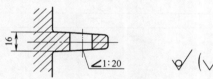

$E—E$(局部)

技术要求

1. 箱盖铸成后，应进行清砂，并进行时效处理。
2. 箱盖和箱座合箱后，边缘应平齐，相互错位每边不大于1mm。
3. 应仔细检查箱盖和箱座剖分面的密合性，用0.05mm塞尺塞入深度不大于剖分面宽度的1/3，用涂色法检查
   接触面情况，达到每平方厘米不少于一个斑点。
4. 箱盖和箱座合箱后，先打定位销，联接后镗孔，相同轴线上两孔一次加工完成。
5. 未注圆角$R5 \sim R10$。
6. 未注加工表面粗糙度Ra值不小于12.5μm。

箱　盖		比例		图号	
		数量		材料	
设计		（日期）	（课程名称）	（校名）	
绘图					
审核				（班号）	

二、箱座

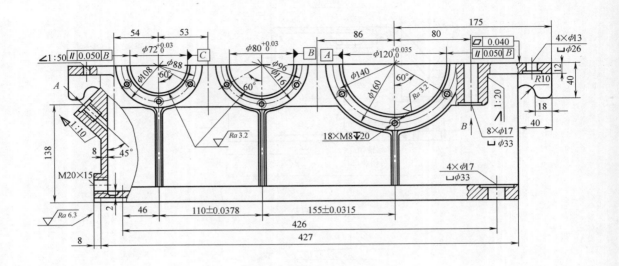

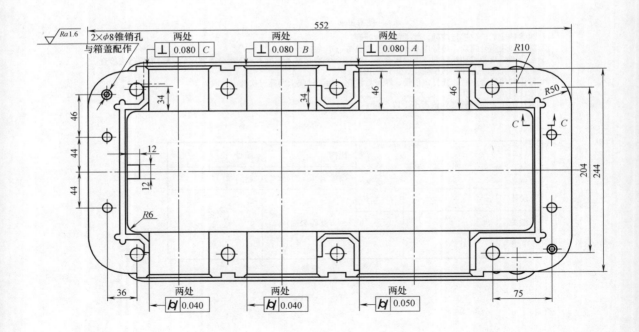

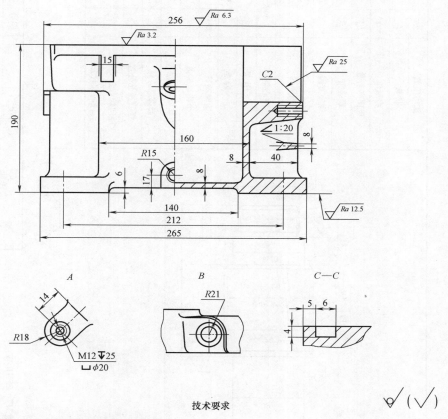

技术要求

1. 箱座铸成后，应进行清砂，并进行时效处理。
2. 箱盖和箱座合箱后，边缘应平齐，相互错位每边不大于1mm。
3. 应仔细检查箱盖和箱座剖分面的密合性，用0.05mm塞尺塞入深度不大于剖分面宽度的1/3，用涂色法检查
   接触面情况，达到每平方厘米不少于一个斑点。
4. 箱盖和箱座合箱后，先打定位销，联接后镗孔，相同轴线上两孔一次加工完成。
5. 未注圆角$R5 \sim R10$。
6. 未注加工表面粗糙度Ra值不大于12.5μm。

箱 座		比例		图号	
		数量		材料	
设计		(日期)			
绘图			(课程名称)	(校名)	
审核				(班号)	

配偶齿轮	法向模数	m_n	2
	齿数	z_1	23
	齿形角	α	20°
	齿顶高系数	h_a^*	1
	螺旋角	β	10°56′33″
	螺旋方向		右旋
	精度等级		7 GB/T 10095—2008
	中心距		140±0.0361
	图号		
	齿数	z_2	114
	检验项目	符号	公差值
	单个齿距偏差	±f_{pt}	0.010
	齿距累积总公差	F_p	0.023
	齿廓总公差	F_α	0.009
	螺旋线总公差	F_β	0.019
	径向综合总偏差	F_i''	0.032
	一齿径向综合公差	f_i''	0.013

齿轮轴	图号		(校名)
	材料		(班号)
	(课程名称)		
	比例		
	数量		
设计		(日期)	
绘图			
审核			

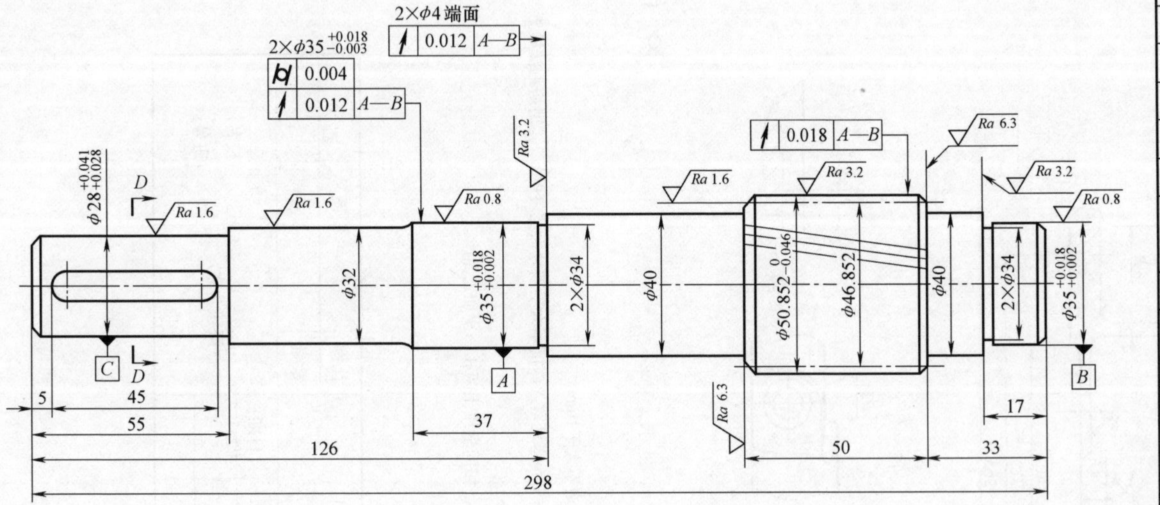

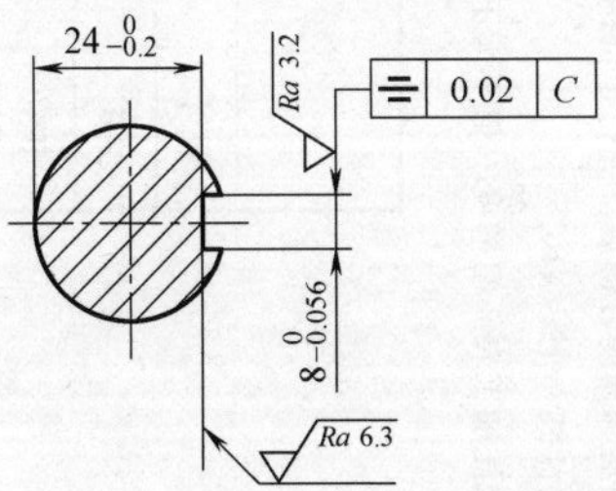

$\sqrt{Ra\ 12.5}\ (\ \sqrt{\ \ }\ )$

三、齿轮轴

技术要求

1. 调质处理硬度217~255HBW。
2. 两端中心孔B3.15/10(GB/T 145—2001)。
3. 未注圆角R1.5。
4. 未注圆角C2。

四、大齿轮

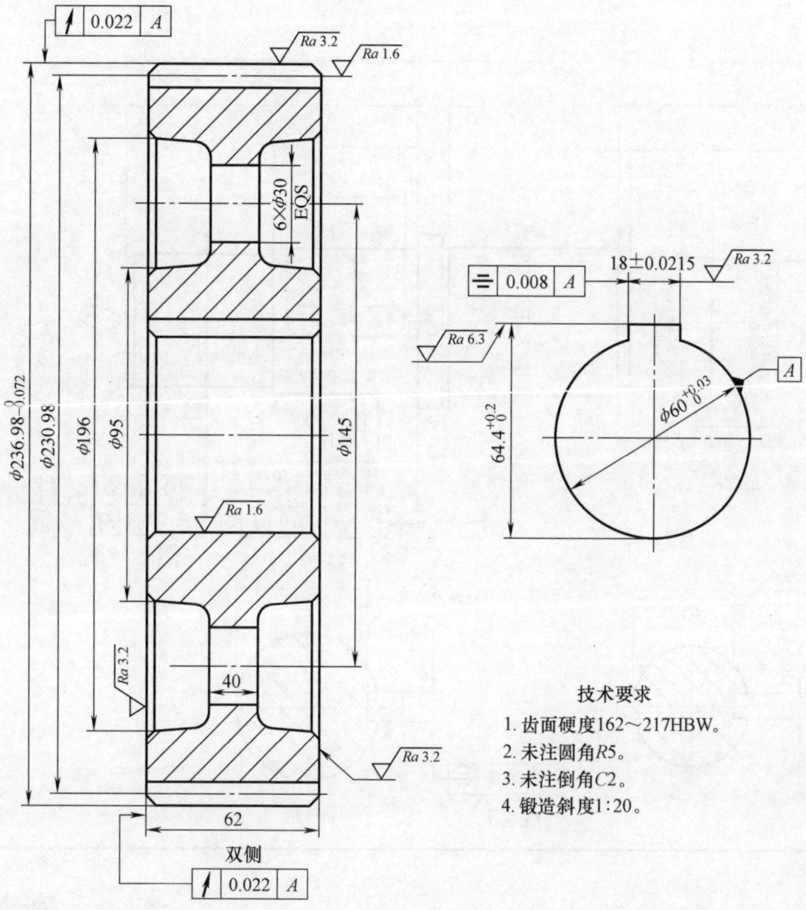

	符号	
法向模数	m_n	3
齿数	z_2	76
齿形角	α	20°
齿顶高系数	h_a^*	1
螺旋角	β	9°12′51″
螺旋方向		左旋
变位系数	x	o
精度等级		7 GB/T 10095—2008
中心距	$a\pm f_a$	155±0.0361
配偶齿轮	图号	
	齿数 z_1	26
检验项目	符号	公差值
单个齿距偏差	$\pm f_{pt}$	0.013
齿距累积总公差	F_p	0.050
齿廓总公差	F_α	0.018
螺旋线总公差	F_β	0.021
径向综合总偏差	F_i''	0.061
一齿径向综合公差	f_i''	0.021

技术要求
1. 齿面硬度162~217HBW。
2. 未注圆角R5。
3. 未注倒角C2。
4. 锻造斜度1:20。

$\sqrt{}\ (\sqrt{})$

大齿轮		图号	
		材料	
		(校名)	
		(班号)	
		比例	
		数量	
	(课程名称)		
设计		(日期)	
绘图			
审核			

五、轴

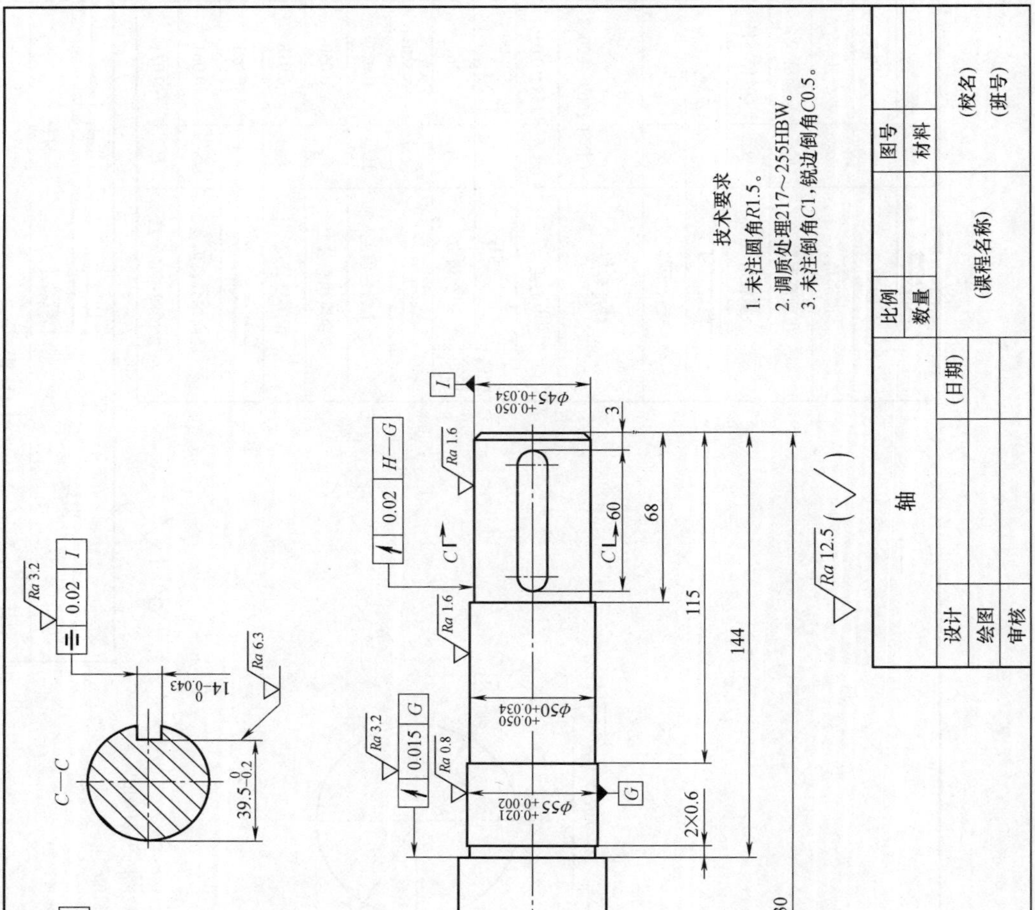

技术要求
1. 未注圆角R1.5。
2. 调质处理217~255HBW。
3. 未注倒角C1，锐边倒角C0.5。

$\sqrt{Ra\,12.5}$ ($\sqrt{}$)

		(校名)	
			(班号)
	图号		
	材料		
比例		(课程名称)	
数量			
	(日期)		
轴			
设计			
绘图			
审核			

六、小锥齿轮轴

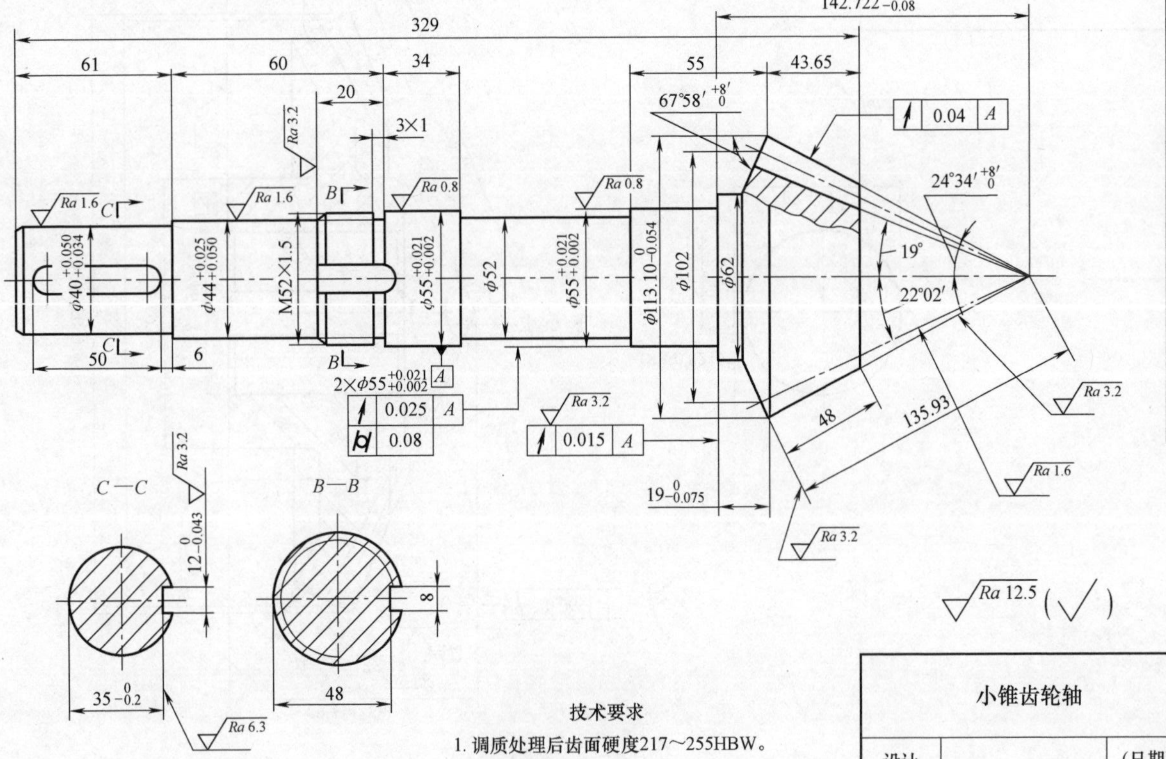

模数	m	6
齿数	z_1	17
齿形角	α	20°
齿顶高系数	h_a^*	1
径向间隙系数	c^*	0.2
变位系数	x	0
精度等级	8bGB/T 11365—1989	
配偶齿轮	图号	
	齿数	z_2	42
齿距累积公差	F_P	0.063
齿距极限偏差	f_{pt}	±0.025
分度圆弦齿高	$\bar{h}_a$	6.205
分度圆弧齿厚	$\bar{s}$	$9.413_{-0.19}^{-0.09}$

小锥齿轮轴

比例		图号	
数量		材料	
(课程名称)			(校名)
			(班号)

设计		(日期)	
绘图			
审核			

$\sqrt{Ra\ 12.5}\ (\sqrt{\ \ })$

技术要求

1. 调质处理后齿高齿面硬度217~255HBW。
2. 未注倒角C2。
3. 未注圆角R2~R3。
4. 两端中心孔B4/12.5(GB/T 145—2001)。

七、大锥齿轮

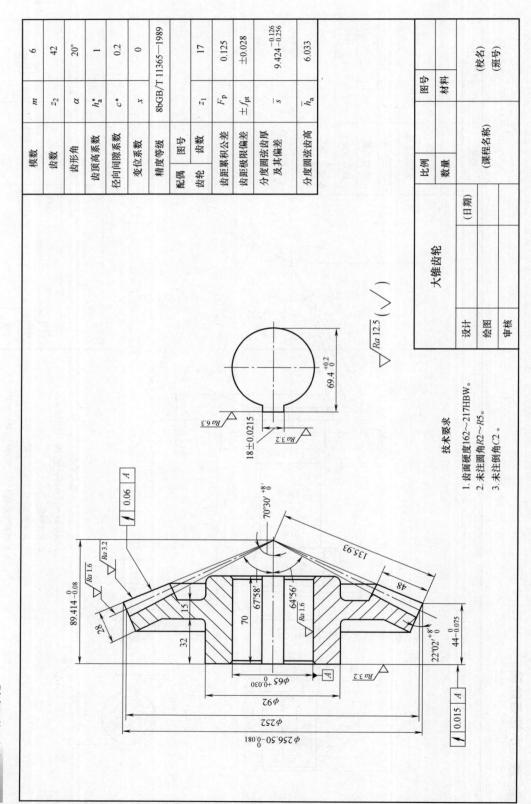

模数	m	6
齿数	z_2	42
齿形角	α	20°
齿顶高系数	h_a^*	1
径向间隙系数	c^*	0.2
变位系数	x	0
精度等级		8bGB/T 11365—1989
配偶齿轮	图号	
	齿数 z_1	17
齿距累积公差	F_p	0.125
齿距极限偏差	$\pm f_{pt}$	±0.028
分度圆弧齿厚及其偏差	$\bar{s}$	$9.424^{-0.126}_{-0.256}$
分度圆弦齿高	$\bar{h}_a$	6.033

$\sqrt{Ra\ 12.5}\ (\sqrt{\ })$

技术要求
1. 齿面硬度162~217HBW。
2. 未注圆角R2~R5。
3. 未注倒角C2。

	图号		
	材料		(校名)
比例			(班号)
数量		(课程名称)	
大锥齿轮	(日期)		
设计			
绘图			
审核			

八、蜗杆

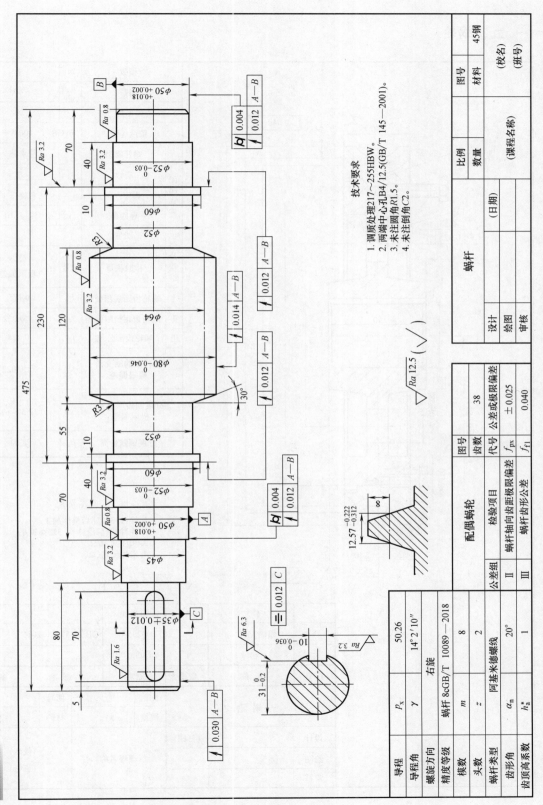

技术要求

1. 调质处理217~255HBW。
2. 两端中心孔B4/12.5(GB/T 145—2001)。
3. 未注圆角R1.5。
4. 未注倒角C2。

$\sqrt{Ra\ 12.5}\ (\sqrt{\ })$

导程	P_x		50.26
导程角方向	γ		14°2′10″
螺旋方向			右旋
精度等级			蜗杆 8cGB/T 10089—2018
模数	m		8
头数	z		2
蜗杆类型			阿基米德螺线
齿形角	α_n		20°
齿顶高系数	h_a^*		1

配偶蜗轮		图号	
检验项目		齿数	38
	代号	公差或极限偏差	
公差组	II	蜗杆轴向齿距极限偏差	f_{px}	±0.025
	III	蜗杆齿形公差	f_{f1}	0.040

蜗杆			
设计			
绘图		(日期)	
审核			
(课程名称)			
比例		图号	
数量		材料	45钢
(校名)			
(班号)			

九、蜗轮

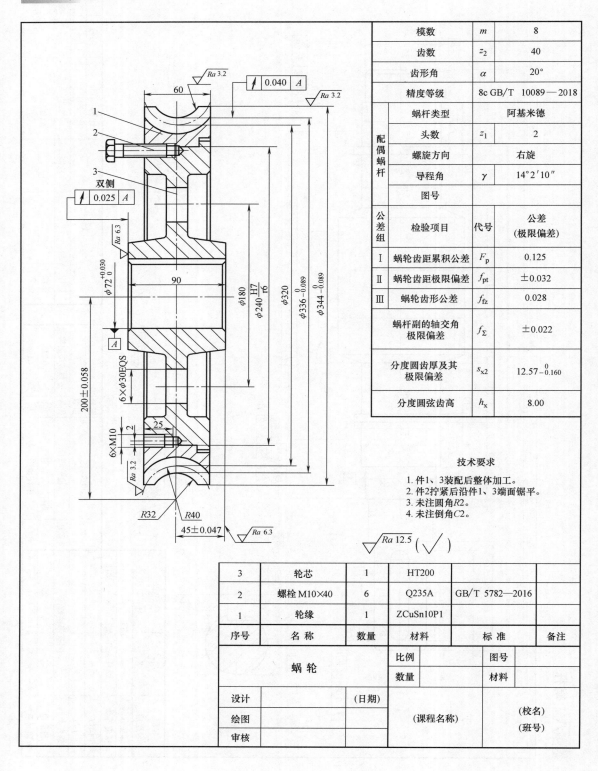

模数	m	8
齿数	z_2	40
齿形角	α	20°
精度等级		8c GB/T 10089—2018

配偶蜗杆	蜗杆类型		阿基米德
	头数	z_1	2
	螺旋方向		右旋
	导程角	γ	14°2′10″
	图号		

公差组	检验项目	代号	公差（极限偏差）
Ⅰ	蜗轮齿距累积公差	F_p	0.125
Ⅱ	蜗轮齿距极限偏差	f_{pt}	±0.032
Ⅲ	蜗轮齿形公差	f_{fz}	0.028
	蜗杆副的轴交角极限偏差	f_Σ	±0.022
	分度圆齿厚及其极限偏差	s_{x2}	$12.57_{-0.160}^{\ 0}$
	分度圆弦齿高	h_x	8.00

技术要求

1. 件1、3装配后整体加工。
2. 件2拧紧后沿件1、3端面锯平。
3. 未注圆角$R2$。
4. 未注倒角$C2$。

$\sqrt{Ra\ 12.5}\ (\sqrt{\quad})$

3	轮芯	1	HT200		
2	螺栓 M10×40	6	Q235A	GB/T 5782—2016	
1	轮缘	1	ZCuSn10P1		
序号	名　称	数量	材料	标　准	备注

蜗　轮			比例		图号		
			数量		材料		
设计		（日期）					
绘图			（课程名称）			（校名）	
审核						（班号）	

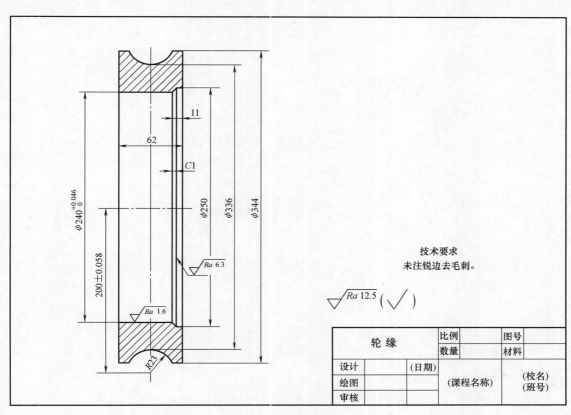

十、轮芯和轮缘

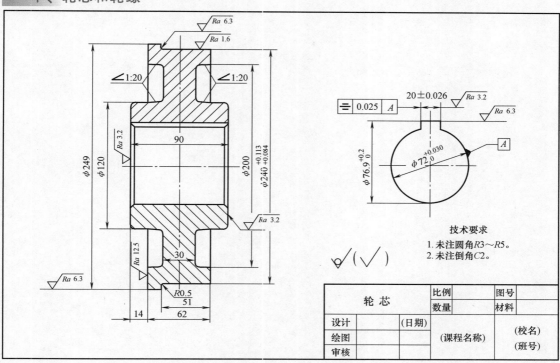

技术要求
1. 未注圆角R3～R5。
2. 未注倒角C2。

轮 芯	比例		图号	
	数量		材料	
设计		(日期)	(课程名称)	(校名)
绘图				(班号)
审核				

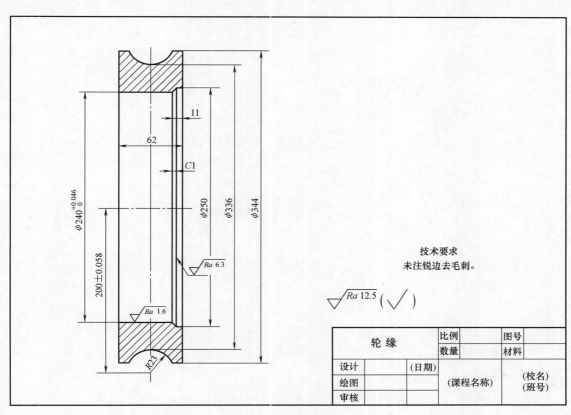

技术要求
未注锐边去毛刺。

轮 缘	比例		图号	
	数量		材料	
设计		(日期)	(课程名称)	(校名)
绘图				(班号)
审核				

第三部分

设计任务书

■ 一、高架灯提升装置设计

1. 设计要求

提升装置用于城市高架路灯的升降，电力驱动，电动机水平放置，采用正、反转按钮控制升降。提升装置静止时采用机械自锁，并设有力矩限制器和电磁制动器。其卷筒上曳引钢丝绳直径为 11mm，设备工作要求安全、可靠，调整、安装方便，结构紧凑，造价低。提升装置为间歇工作，载荷平稳，半开式。生产批量为 10 台。其工作要求如任务一图所示。

任务一图　高架灯驱动卷筒工作要求简图

2. 原始技术数据

数据编号	1	2	3	4
提升力/N	5000	6000	8000	10000
容绳量/m	40	50	65	80
安装尺寸/mm	270×450	280×460	290×470	300×480
电动机功率</kW	1.1	1.5	2.2	3

3. 设计任务

1) 绘制提升装置原理方案图。

2) 完成传动部分的装配图 1 张（用 A0 或 A1 图纸）。

3) 完成零件图 2 张。

4) 编写设计说明书 1 份。

■ 二、自动包装机设计

1. 设计要求

自动包装机用于食品、医药、化工和植物种子等物料的自动包装，物料为颗粒、片剂、液体、粉剂或膏体。自动包装机应具有自动计量、充料、制袋、封合、切断、输送、打印生产批号、增设易断口、无料示警和搅拌等功能。具体设计要求为：

1) 所有与物料接触的部分均选用不锈钢和无毒耐腐蚀塑料制成，符合各种包装要求。

2) 在规定任务范围内，不更换零件，能实现包装速度和袋长的无级调整，操作简单。

3) 采用光电检测，稳定可靠。

4) 采用双路热封，可根据不同袋材，设定温度，使温度均匀，以保证封口质量。

5) 结构简单、外形美观、操作简单、维修方便、价格适中。

6) 重量轻、搬运方便，性能稳定，使用寿命长。

自动包装机的动力采用三相四线制电源。机械系统由动力部分、主传动部分（包括无级调速装置）、执行部分（包括拉袋机构、袋成型机构、热封机构、供纸机构、成品送出机构、计量机构等）及控制部分组成。

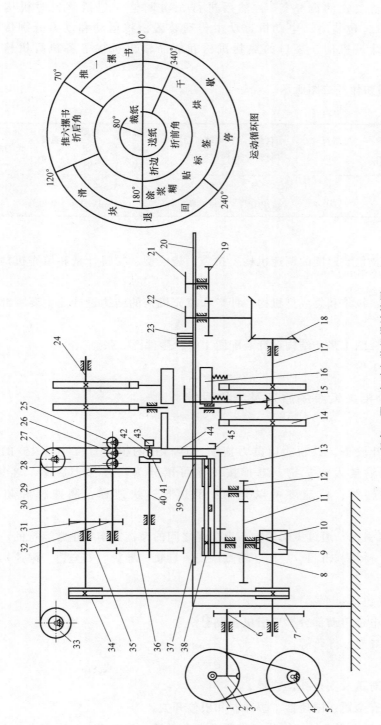

运动循环图

任务二图 自动包装机设计简图

1—减速蜗杆 2、4—减速带轮 3—减速蜗轮 5—飞轮 6、7、8、11、12、13、19、32、35、36—齿轮 9—圆柱凸轮 10—圆柱销轮
14—折边凸轮 15—折前边凸轮 16—折侧边挡板 17—主轴 18—锥齿轮 20—烘干工位 21—贴标签盘 22—涂浆糊盘 23—折
后角滚轮 24—上主轴 25、26—从动轮带纸滚轮 27—转向轮 28—从动摩擦轮 29—主动摩擦轮 30—摩擦轮轴 31—不
完全齿轮 33—卷纸 34、38—带轮 37—工作台 39—驱动杆 40—端面凸轮 41—端面凸轮 42—移动刀 43—固定刀
44—送纸导向杆 45—接纸挡板

机器运行前，首先进行空袋调整（即进行封袋温度的设定、袋速的调整，以及切刀位置的确定及光电控制装置的调整等）；然后进行充料调整（包括落料时机构的调整、计量装置的调整等）；包装时，电动机带动主传动装置，将运动和动力分别传递给供纸机构、填充机构、计量机构、袋口的热封机构和成品输出机构等各执行机构，协同动作。

自动包装机设计简图如任务二图所示。

2. 原始技术数据

包装物料	计量范围/mL	包装速度/（袋/min）	制袋尺寸/mm	包装材料	电动机功率/W	热封器功率/W	电源电压/V	重量/kg	外形尺寸长×宽×高/mm
液体	0~50	40~60	长50~120宽60~85	铝箔、聚乙烯、BOPP	主电动机370供纸电动机40	180×2	380（三相四线）	小于170	625×751×1558
膏体	0~250								

3. 设计任务

1）完成主传动部分及包装速度的调速机构，拉袋、袋成型、物料计量和填充机构的原理方案设计。

2）完成主传动部分、拉袋和袋成型机构、计量和填充机构的结构设计及主要零部件的强度校核。

3）完成原理方案设计图1张，结构设计装配图1张，零件图2张。

4）编写设计说明书1份。

三、电梯机械部分相关系统的原理及结构设计

1. 设计要求

电梯是一种固定提升设备，其轿箱由电力拖动，运行在两根垂直度小于15°的刚性轨道上，在规定楼层间输送人或货物。电梯按用途可以分为：客梯、货梯、客货梯、住宅梯、观光梯、杂货梯等；按速度可以分为：低速梯、快速梯、高速梯和超高速梯等。

电梯是由曳引机的曳引轮，通过曳引轮槽与曳引绳之间的摩擦力实现正常运行的。电梯的主要结构包括曳引机、轿箱、轿门、层门、对重层门、导轨、导靴、安全钳、限速器、缓冲器、限位装置和控制柜等。

电梯的机械部分主要包括：

1）曳引系统：包括电梯传动部分、曳引机和曳引钢索。

2）引导部分：包括导轨、导靴等。

3）轿门和层门。

4）对重部分：包括对重及安全补偿装置。

5）安全装置：包括安全钳、限速器、缓冲器和限位开关。

根据给定参数设计电梯曳引系统。电梯工作要求安全可靠，乘坐舒适，噪声小，平层准确。电梯曳引卷筒驱动简图如任务三图所示。

任务三图 电梯曳引卷筒驱动简图

2. 原始技术数据

梯 种		乘客电梯	载货电梯	住宅电梯	杂物电梯
额定载质量/kg	A	630	630	400	40
	B	800	1000	630	100
	C	1000	1600	1000	250
	D	1250	2000		
	E	1600	3000		
	F		5000		
额定速度/(m/s)	A	0.63	0.4	0.63	0.25
	B	1.00	0.63	1.00	0.40
	C	1.60	1.00	1.60	
	D	2.50		2.50	

3. 设计任务

1）曳引系统的传动方案设计。

2）齿轮式曳引机的设计。

3）按比例绘制曳引系统的原理方案简图。

4）完成传动部分的结构装配图 1 张（用 A0 或 A1 图纸），零件图 2 张。

5）编写设计说明书 1 份。

四、上光机上光辊传动装置设计

1. 设计要求

上光是在印刷品表面涂（或喷、印）上一层无色透明的涂料（上光油），经流平、干燥、压光后，在印刷品表面形成一层薄且均匀的透明光亮层，用于美化和保护印刷品，延长其使用寿命。上光包括全面上光、局部上光、光泽型上光、哑光上光和特殊涂料上光等类型。上光机上光辊传动装置由独立的电动机提供动力，经机械传动驱动上光辊，如任务四图所示。

1）设计以电动机安装面为 0 高度，上光辊中心高 500mm，传动装置最大设计高度为 620mm。参考传动方案见任务四图。

2）室内工作，生产批量为小批量。

3）动力源为交流电动机，单向运转，载荷平稳。

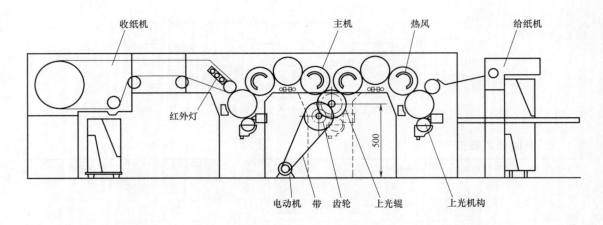

任务四图　上光机及其传动装置

4）使用期限为 10 年，大修周期为 3 年，双班制工作。

2. 原始技术数据

数据组编号	1	2	3	4	5	6	7	8	9	10
上光辊速度/(r/min)	60	70	80	90	100	110	120	130	140	150
上光辊直径 D/mm	290	290	295	295	300	300	305	305	310	310
上光辊输入转矩 T/N·m	30	35	35	35	40	40	40	45	45	45

3. 设计任务

1）完成上光机传动方案的总体设计。

2）完成上光机传动装置的结构设计。

3）完成装配图 1 张，零件图 2 张。

4）编写设计说明书 1 份。

五、飞剪机传动装置设计

1. 设计要求

1）飞剪机用于轧件的剪切，在轧件运动方向上剪刃的速度应等于或略大于轧件运动速度。

2）为保证轧件剪切断面质量，要求飞剪机的一对剪切刀片在剪切过程中做平移运动。

3）剪刃的运动轨迹应是一条封闭曲线，且在剪切段应尽量平直，剪切过程中要求剪切速度均匀。

4）单向运转，频繁起动，使用期限为 10 年，专业机械厂制造，小批量生产，两班制工作。

5）参考传动方案如任务五图所示。

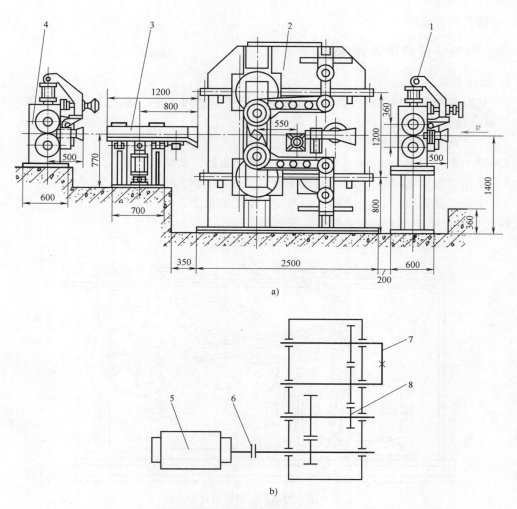

任务五图 飞剪机机械系统设计参考图

a）飞剪机机械系统外形图 b）飞剪机本体机械系统简图

1—夹送测量辊 2—飞剪机本体 3—卸料导槽 4—夹尾测量辊 5—电动机 6—联轴器 7—剪切机构 8—传动齿轮箱

2. 原始技术数据

数据组编号	1	2	3	4
公称最大剪切力/kN	400	450	500	600
剪切轧件规格/mm²	60×60	65×65	70×70	75×75
剪切速度/（m/s）	0.5~3	0.5~3	0.5~3	0.5~3

3. 设计任务

1）选择电动机。

2）设计工作机构和减速器。

3）选择联轴器。

4）绘制减速器装配图 1 张，零件工作图 2 张。

5）编写设计说明书 1 份。

六、加热炉装料机设计

1. 设计要求

1）装料机用于向加热炉内送料，由电动机驱动，室内工作，通过传动装置使装料机推杆做往复移动，将物料送入加热炉内。

2）生产批量为 5 台。

3）动力源为三相交流 380/220V，电动机单向运转，载荷较平稳。

4）使用期限为 10 年，大修周期为 3 年，双班制工作。

5）生产厂具有加工 7、8 级精度的齿轮、蜗轮的能力。

加热炉装料机设计参考图如任务六图所示。

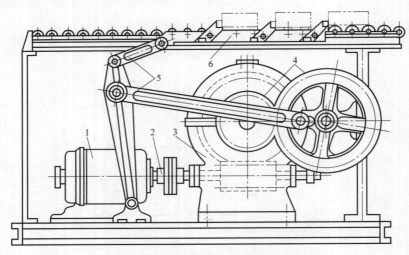

任务六图　加热炉装料机设计参考图
1—电动机　2—联轴器　3—蜗杆副　4—齿轮　5—连杆　6—装料推板

2. 原始技术数据

1）设计任务Ⅰ技术数据表。

数据编号	1	2	3	4	5	6	7	8	9
推杆行程/mm					200				
所需电动机功率/kW	2	2.5	2.8	3	3.4	3.9	4.5	5.1	6
推杆工作周期/s	4.3	3.7	3.3	3.0	2.7	2.5	2.3	2.1	2.0

2）设计任务Ⅱ技术数据表。

数据编号	1	2	3	4	5	6	7	8	9	10
推杆行程/mm[①]	300	290	280	270	260	250	240	230	220	200
推杆所需推力/N	6000	6200	6400	6600	6800	7000	7200	7400	7600	7800
推杆工作周期/s	4.3	3.7	3.3	3.0	2.7	2.5	2.3	2.1	2.0	2.0

① 有效工作行程不小于推杆行程的 35%。

3. 设计任务（按设计任务Ⅰ或Ⅱ任选一项）

1）完成加热炉装料机总体方案设计和论证，绘制总体原理方案图。

2）完成主要传动部分的结构设计。

3）完成装配图 1 张（用 A0 或 A1 图纸），零件图 2 张。

4）编写设计说明书 1 份。

七、轴辊搓丝机传动装置设计

1. 设计要求

1）该机用于加工轴辊螺纹，其结构如任务七图所示。上搓丝板 6 安装在机头 8 上，下搓丝板 4 安装在滑块 3 上。加工时，下搓丝板随滑块做往复运动。在起始（前端）位置时，送料装置 7 将工件 5 送入上、下搓丝板之间。滑块往复运动时，工件在上、下搓丝板之间滚动，搓制出与搓丝板一致的螺纹。搓丝板共两对，可同时搓出工件两端的螺纹。滑块往复运动一次，加工一件。

2）室内工作，生产批量为 5 台。

3）动力源为三相交流 380/220V，电动机单向运转，载荷较平稳。

4）使用期限为 10 年，大修周期为 3 年，双班制工作。

5）专业机械厂制造，可加工 7、8 级精度的齿轮、蜗轮。

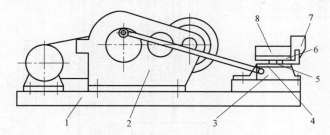

任务七图 轴辊搓丝机传动装置设计参考图

1—床身 2—传动系统 3—滑块 4—下搓丝板 5—工件
6—上搓丝板 7—送料装置 8—机头

2. 原始技术数据

数据组编号	1			2			3		
最大加工直径/mm	6	8	10	8	10	12	10	12	16
最大加工长度/mm	160			180			200		
滑块行程/mm	300~320			320~340			340~360		
公称搓动力/kN	8			9			10		
生产率/（件/min）	40			32			24		

3. 设计任务

1）完成轴辊搓丝机传动装置总体方案的设计和论证，绘制总体设计原理方案图。

2）完成主要传动装置的结构设计。

3）完成装配图 1 张（用 A0 或 A1 图纸），零件图 2 张。

4）编写设计说明书 1 份。

八、简易专用半自动三轴钻床传动装置设计

1. 设计要求

1）三个钻头以相同的切削速度 v 做切削主运动，安装工件的工作台做进给运动。每个钻头的切削阻力矩为 T，每个钻头的轴向进给阻力为 F，被加工零件上三孔直径均为 D，每分钟加工两件。

2）室内工作，生产批量为 5 台。

3）动力源为三相交流 380/220V，电动机单向运转，载荷较平稳。

4）使用期限为 10 年，大修周期为 3 年，双班制工作。

5）专业机械厂制造，可加工 7、8 级精度的齿轮、蜗轮。

该钻床的传动装置设计参考图如任务八图所示。

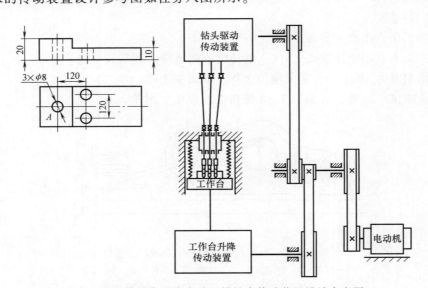

任务八图　简易专用半自动三轴钻床传动装置设计参考图

2. 原始技术数据

数据编号	1	2	3	4
切削速度 v/（m/s）	0.23	0.22	0.21	0.20
孔径 D/mm	6	7	8	9
总切削阻力矩 T/（N·m）	100	110	120	130
工作台及附件最大重量/kg	450	500	550	600
工作台最大速度/（m/s）	0.15	0.15	0.15	0.15
切削时间/s	5	6	7	8
工作台切削阻力/N	1220	1250	1280	1320

3. 设计任务

1）完成钻床总体传动方案的设计和论证，绘制总体设计原理方案图。

2）完成钻头主要传动装置的结构设计。

3）完成装配图 1 张（用 A0 或 A1 图纸），零件图 2 张。

4）编写设计说明书 1 份。

九、卷扬机传动装置设计

1. 设计要求

1）卷扬机由电动机驱动，用于建筑工地提升物料。

2）室外工作，生产批量为 5 台。

3）动力源为三相交流 380/220V，电动机单向运转，载荷较平稳。

4）使用期限为 10 年，大修周期为 3 年，双班制工作。

5）专业机械厂制造，可加工 7、8 级精度的齿轮、蜗轮。

该装置的设计参考图如任务九图所示。

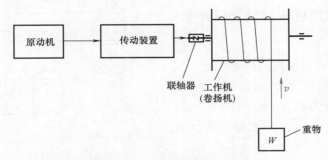

任务九图　卷扬机传动装置设计参考图

2. 原始技术数据

数据编号	1	2	3	4	5	6	7	8	9	10
绳牵引力 W/kN	12	12	10	10	10	10	8	8	7	7
绳牵引力速度 v/（m/s）	0.3	0.4	0.3	0.4	0.5	0.6	0.4	0.6	0.5	0.6
卷筒直径 D/mm	470	500	420	430	470	500	430	470	440	460

3. 设计任务

1）完成卷扬机总体传动方案的设计和论证，绘制总体设计原理方案图。

2）完成卷扬机主要传动装置结构设计。

3）完成装配图 1 张（用 A0 或 A1 图纸），零件图 2 张。

4）编写设计说明书 1 份。

十、带式运输机传动装置设计 I

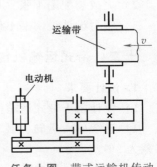

任务十图　带式运输机传动装置设计 I 参考图

1. 设计要求

1）设计用于带式运输机的传动装置。

2）连续单向运转，载荷较平稳，空载起动，运输带速允许误差为 5%。

3）使用期限为 10 年，小批量生产，双班制工作。

该装置的参考图如任务十图所示。

2. 原始技术数据

数据编号	1	2	3	4	5	6	7	8	9	10
运输带工作拉力 F/N	1100	1150	1200	1250	1300	1350	1450	1500	1500	1600
运输带工作速度 v/(m/s)	1.5	1.6	1.7	1.5	1.55	1.6	1.55	1.65	1.7	1.8
卷筒直径 D/mm	250	260	270	240	250	260	250	260	280	300

3. 设计任务

1）完成带式运输机传动方案的设计和论证，绘制总体设计原理方案图。

2）完成传动装置的结构设计。

3）完成装配图 1 张（用 A0 或 A1 图纸），零件图 2 张。

4）编写设计说明书 1 份。

十一、带式运输机传动装置设计 II

1. 设计要求

1）设计用于带式运输机的传动装置。

2）连续单向运转，载荷较平稳，空载起动，运输带速允许误差为 5%。

3）使用期限为 10 年，小批量生产，双班制工作。

该装置的参考图如任务十一图所示。

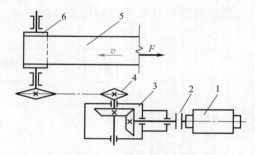

任务十一图　带式运输机传动装置设计 II 参考图
1—电动机　2—联轴器　3——级锥齿轮减速器
4—链传动　5—运输带　6—卷筒

2. 原始技术数据

数据编号	1	2	3	4	5	6	7	8	9	10
运输带工作拉力 F/N	1500	1800	2000	2200	2400	2600	2800	2800	2700	2500
运输带工作速度 v/(m/s)	1.5	1.5	1.6	1.6	1.7	1.7	1.8	1.8	1.5	1.4
卷筒直径 D/mm	250	260	270	280	300	320	320	300	300	300

3. 设计任务

1）设计一级锥齿轮减速器。

2）完成装配图 1 张（用 A0 或 A1 图纸），零件图 2 张。

3）编写设计说明书 1 份。

十二、带式运输机传动装置设计 III

1. 设计要求

1）设计用于带式运输机的传动装置。

2）连续单向运转，载荷较平稳，空载起动，运输带允许误差为 5%。

3）使用期限为 10 年，小批量生产，双班制工作。

该装置的参考图如任务十二图所示。

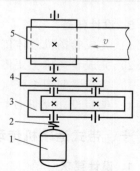

任务十二图　带式运输机
传动装置设计 III 参考图
1—电动机　2—联轴器
3——级闭式圆柱齿轮减速器
4—开式齿轮传动　5—运输带

2. 原始技术数据

数据组编号	1	2	3	4	5	6	7	8	9	10
运输带卷筒所需功率 P/kW	3.2	3.3	3.4	3.5	4.2	4.5	4.8	5.0	5.2	5.5
运输带卷筒工作转速 n/(r/min)	74	75	74	76	76	78	80	84	85	86
卷筒中心高 H/mm	300									

3. 设计任务

1) 设计一级闭式圆柱齿轮减速器。

2) 完成装配图 1 张（用 A0 或 A1 图纸），零件图 2 张。

3) 编写设计说明书 1 份。

十三、榫槽成形半自动切削机机械系统设计

1. 工作原理

榫槽成形半自动切削机的组成如下：

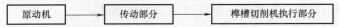

该机为用于在木质长方形料块上切削榫槽的木工机械，其执行部分的工作如任务十三图所示。当构件 2 下移压紧工作台上的工件后，通过端面切刀 3 将工件的右端面切平，然后，构件 2 松开工件，推杆 4 推动工件向左做直线移动，通过固定的榫槽刀在工件表面开出榫槽，切削过程中工件做近似等速运动。

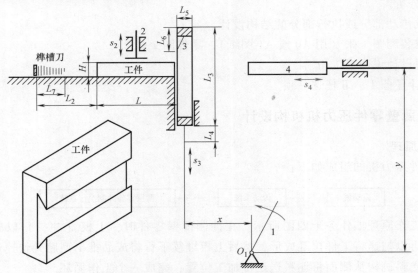

任务十三图　榫槽成形半自动切削机参考图

2. 原始技术数据

1) 机构结构尺寸要求。

（单位：mm）

x	y	H	L	L_2	L_3	L_4	L_5	L_6	L_7
50	220	10	70	30	70	30	20	18	20

2) 设计参数要求 I 。主轴转速 $n = 30 \text{r/min}$ ，切削次数 $k = 30$ 次/min。

3) 设计参数要求 II 。室内工作，有轻微冲击，动力源为三相交流 380/220V；使用期限为 10 年，大修周期为 3 年，双班制工作。生产批量为 5 台。设计参数见下表：

数据组编号	1	2	3	4	5
推杆工作载荷/N	2000	2500	3000	3500	4000
断面切刀工作载荷/N	1500	1800	2000	2200	2500
生产率/(件/min)	80	70	60	50	40

3. 设计任务 I

1) 按原始技术数据 1)、2) 进行总体方案的设计和论证，包括：工件压紧、切端面、推榫槽的机构系统的运动方案，绘制出原理方案图。

2) 用图解法设计凸轮机构，确定从动件位移线图和凸轮几何尺寸；用解析法设计连杆机构，进行运动分析，用图解法确定连杆机构在一个运动循环中 6 个位置的位置图和速度图，并与解析法结果做比较分析。

3) 按比例绘制机构组合系统的运动简图及运动循环图。

4. 设计任务 II

1) 按原始技术数据 1)、3) 进行总体方案的设计和论证，包括：工件压紧、切端面、推榫槽的机构及其传动系统的总体方案，绘制原理方案图。

2) 用图解法或解析法设计执行机构，绘制出机构组合系统运动简图及运动循环图，进行机构运动分析。

3) 完成传动部分或执行部分的结构设计。

4) 完成装配图 1 张（用 A0 或 A1 图纸），零件图 2 张。

5) 编写设计说明书 1 份。

上述设计任务 I 、 II 任选一项。

十四、薄壁零件压力机机构设计

1. 工作原理

薄壁零件压力机的组成如下：

压力机工作原理如任务十四图所示。在冲制薄壁零件时，上模（冲头）以较大的速度接近坯料后再以匀速将工件拉延成形，然后上模继续下行将成品推出型腔并快速返回，上模退出下模，送料机构从侧面将坯料送至待加工位置，完成一个工作循环。

2. 原始技术数据

1) 由电动机驱动的执行构件（上模）做上、下往复直线运动，其大致运动规律如任务十三图 b 所示。该机具有快速下沉、等速工作进给和快速返回的特性。上模工作段的长度 $L = 40 \sim 100 \text{mm}$ ，对应曲柄转角为 $60° \sim 90°$ ，上模行程长度必须大于工作段长度的两倍以上，行程速比系数 $K \geqslant 1.5$ 。

2) 上模到达工作段之前，送料机构已将坯料送至待加工位置（下模上方），送料距离

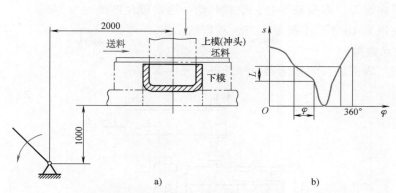

任务十四图 薄壁零件压力机设计参考图

$H = 60 \sim 250$mm。要求结构具有良好的传力特性，特别是工作段的许用压力角 $[\alpha] = 50°$，生产率为每分钟 70 件。

3）设计要求室内工作，有轻微冲击，动力源为三相交流 380/220V；使用期限为 10 年，大修周期为 3 年，双班制工作。生产批量为 5 台，专业机械厂制造，可加工 7、8 级精度的齿轮、蜗轮。设计参数见下表：

数据组编号	1	2	3	4	5
冲压载荷/N	9000	8000	7000	6000	5000
上模工作段长度 L/mm	40	55	70	85	100
上模工作段对应曲柄转角/（°）	60	65	70	80	90

3. 设计任务Ⅰ

1）按原始技术数据 1）、2）进行冲压及送料机构组合系统的运动方案设计和论证，绘制出原理方案图。

2）按比例绘制出机构运动简图及运动循环图。

3）用解析法或图解法设计方案中的常用机构，确定各构件的几何尺寸。

4. 设计任务Ⅱ

1）按原始技术数据 1）、2）、3）进行压力机机械系统总体方案的设计和论证，包括：上、下模动作和送料机构组合及其传动系统，绘制出原理方案图。

2）用图解法或解析法设计执行机构，绘制出机构运动简图及运动循环图，进行机构运动分析。

3）完成传动部分或执行部分的结构设计。

4）完成装配图 1 张（用 A0 或 A1 图纸），零件图 2 张。

5）编写设计说明书 1 份。

上述设计任务Ⅰ、Ⅱ任选一项。

十五、带式运输机二级闭式齿轮传动装置设计（4 组）

1. 设计要求

1）设计用于带式运输机的传动装置。

2）连续单向运转，载荷较平稳，空载起动，运输带允许误差为5%。

3）使用期限为10年，小批量生产，双班制工作。

2. 原始技术数据

1）展开式二级圆柱齿轮减速器，如任务十五-1图所示。

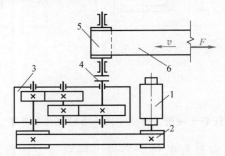

任务十五-1图 展开式二级圆柱齿轮减速器设计参考图

1—电动机 2—V带传动 3—二级圆柱齿轮减速器 4—联轴器 5—卷筒 6—运输带

展开式二级圆柱齿轮减速器设计原始数据见下表：

数据组编号	1	2	3	4	5	6	7	8	9	10
工作机轴输入转矩 $T/(\text{N}\cdot\text{m})$	800	850	900	950	800	850	900	800	850	900
运输带工作速度 $v/(\text{m/s})$	1.2	1.25	1.3	1.35	1.4	1.45	1.2	1.3	1.35	1.4
卷筒直径 D/mm	360	370	380	390	400	410	360	370	380	390

2）同轴式二级圆柱齿轮减速器，如任务十五-2图所示。

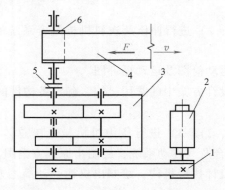

任务十五-2图 同轴式二级圆柱齿轮减速器设计参考图

1—V带传动 2—电动机 3—二级圆柱齿轮减速器

4—运输带 5—联轴器 6—卷筒

同轴式二级圆柱齿轮减速器设计原始数据见下表：

数据组编号	1	2	3	4	5	6	7	8	9	10
运输机工作轴转矩 $T/(\text{N}\cdot\text{m})$	1200	1250	1300	1350	1400	1450	1500	1250	1300	1350
运输带工作速度 $v/(\text{m/s})$	1.4	1.45	1.5	1.55	1.6	1.4	1.45	1.5	1.55	1.6
卷筒直径 D/mm	430	420	450	480	490	420	450	440	420	470

3）圆锥-圆柱齿轮减速器，如任务十五-3图所示。

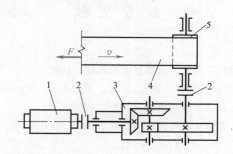

任务十五-3图　圆锥-圆柱齿轮减速器设计参考图

1—电动机　2—联轴器　3—圆锥-圆柱齿轮

减速器　4—运输带　5—卷筒

圆锥-圆柱齿轮减速器设计原始数据见下表：

数据组编号	1	2	3	4	5	6	7	8	9	10
运输机工作拉力 F/N	2500	2400	2300	2200	2100	2100	2800	2700	2600	2500
运输带工作速度 v/（m/s）	1.4	1.5	1.6	1.7	1.8	1.9	1.3	1.4	1.5	1.6
卷筒直径 D/mm	250	260	270	280	290	300	250	260	270	280

4）蜗杆减速器，如任务十五-4图所示。

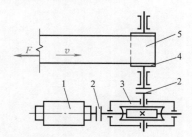

任务十五-4图　蜗杆减速器设计参考图

1—电动机　2—联轴器　3—蜗杆减速器　4—卷筒　5—运输带

蜗杆减速器设计原始数据见下表：

数据组编号	1	2	3	4	5	6	7	8	9	10
运输机工作拉力 F/N	2200	2300	2400	2500	2300	2400	2500	2300	2400	2500
运输带工作速度 v/（m/s）	1	1	1	1.1	1.1	1.1	1.1	1.2	1.2	1.2
卷筒直径 D/mm	380	390	400	400	410	420	390	400	410	420

3. 设计任务

1）确定传动方案，并绘出原理方案图。

2）设计减速器。

3）完成装配图1张（用A0或A1图纸），零件图2张。

4）编写设计说明书1份。

参 考 文 献

[1] 毛以生. 现代工程师手册 [M]. 北京：北京出版社，1986.

[2] 邱宣怀，等. 机械设计 [M]. 北京：高等教育出版社，1997.

[3] 王大康，卢颂峰. 机械设计课程设计 [M]. 北京：北京工业大学出版社，1999.

[4] 申永胜. 机械原理 [M]. 北京：清华大学出版社，1999.

[5] 濮良贵. 机械设计 [M]. 北京：高等教育出版社，1997.

[6] 任嘉卉，李建平，王之栎，等. 机械设计课程设计 [M]. 北京：北京航空航天大学出版社，2001.

[7] 卢颂峰. 机械设计课程设计 [M]. 北京：中央广播电视大学出版社，1998.

[8] 雷伏元. 自动包装机设计原理 [M]. 天津：天津科学技术出版社，1986.

[9] 吴宗泽，罗圣国. 机械设计课程设计手册 [M]. 北京：高等教育出版社，1997.

[10] 王太辰. 中国机械设计大典：第 6 卷 [M]. 南昌：江西科学技术出版社，2002.

[11] 陈立周. 飞剪机剪切机构的合理设计 [J]. 北京钢铁学院学报，1980（1）：46-50.

[12] 李克涵. 新型 250kN 曲柄连杆式钢坯飞剪机的研制 [J]. 冶金设备，1991（1）：24-29.

[13] 龚溎义. 机械设计课程设计指导书 [M]. 北京：高等教育出版社，1990.

[14] 王昆，罗圣国. 机械设计课程设计挂图 [M]. 北京：高等教育出版社，1997.